Preface

本書介紹

本書帶領讀者從了解 React Native 概念、入門到進階技術應用，一路由淺入深學習，並在各章節中都搭配練習範例，以「做中學」的方式帶領讀者深入了解 React Native，最後結合實務專題：旅遊推薦景點 APP 與跨境電商 APP 購物網站開發，做完 React Native 學習的檢核點，將所學技術活用至現實生活中的案例。本書選用時下最受歡迎的開發框架—— Redux 與其進階框架 Dva，讓程式資料流的部分更加彈性，資料的處理更加直覺，並同時保持程式碼的簡潔，使其容易理解，提升開發的效率。此外，本書在實作範例時，加入了許多知名且實用的套件，如：React Native Navigation 與 React Native Mapview，帶領讀者一步步地將套件引用至專案當中，並透過套件的使用，讓專案內容更加豐富。

本書特色

1. 撰寫一種程式碼，運行於 Android 與 iOS 兩大平台
2. 範例程式碼逐行解說，快速理解開發邏輯
3. 支援介面排版與美工設計，畫面呈現彈性且美觀
4. 採用時下流行的 Dva 架構，提升開發效率
5. OpenData 介接教學，跟上現今開發趨勢
6. 多國語系開發功能設計，迎合國際化需求
7. 各項應用範例貼近實務開發需求

商標聲明

團隊成員序

隨著資訊科技的快速進步與行動裝置的興起，應用程式的需求越來越大，許多企業逐漸將焦點轉移至行動應用的發展，同時因為兩大行動裝置的系統——Android 與 iOS 的版本與資安規範快速更新，讓許多使用原生語言撰寫 APP 的開發者，在維護各系統的 APP 上遇到許多難題。因此一個嶄新的思維，「跨平台」行動應用程式開發便開始崛起，開發者只需撰寫一種程式碼，就能同時開發出 Android 與 iOS 兩個平台的應用程式。而在眾多的跨平台程式語言中，React Native 是最著名的跨平台行動應用程式開發語言，並由 Facebook 開發與維護，有了 Facebook 的響應，讓更多人能夠認識 React Native。除此之外，它在社群上也相當的活躍，許多開發者不吝於分享所學的知識，並樂於共同維護與解決技術上的問題，使其成為目前為活躍的開發社群之一。

我們初期接觸 React Native 時，也像大部分的程式初學者一樣，碰到了許多問題，除了上網查詢教學資源之外，遇到問題時也只能自行摸索，找到的資源也容易因版本不同而有所差異，資源不易找尋，加上技術不斷推陳出新，時常會花費許多蒐集資料的時間，但找到的內容卻不是我們所要的。因此我們希望藉由本書，以 Visual Studio Code 與 JavaScript 語言為開發方式，輔以 React Native 基礎觀念教學與專案實作，從程式基礎教學與專案實作使讀者更容易上手。

本書針對初學者，由淺入深的設計教學與實例，在此概略介紹各章節的內容。React Native 架構可以一次開發 Android、iOS 兩大平台的應用程式，但其開發時所需的專案環境也大大不同，也因此在安裝環境時會比較麻煩。本書前三章將介紹如何安裝 React Native 的開發環境，讓讀者能以結構化步驟完成測試環境的安裝。第四到六章為讀者整理出 React Native 核心觀念的使用方式與理論介紹，如 React Native Component 的觀念與 React Native 的生命週期等，並在撰寫的過程中，向讀者講解每一行程式碼的作用，讓每章節的內容簡易好懂，使讀者能在本書的加持下獲得更棒的學習效率。隨著章節的遞增，程式觀念也一層一層的堆疊起來，而章節內容搭配實作程式的方式，讓讀者能從「做中學」中，更能透析觀念的意涵，直到第八章後開始將讀者在前七章所學的各項技術，透過簡單的實際案例，將其串接起來，以此複習整本書所表達與傳遞的開發觀念與知識。

在此，我們首先要感謝姜琇森老師與蕭國倫老師，帶領我們，相信我們，也給予我們勇氣去嘗試撰寫這本書籍，且不厭其煩的鼓勵與指導我們，讓這本書能夠順利完成，花費許多心力協助我們，並批改與校稿，將這本書的錯誤率降到

原來跨平台開發可以這麼簡單：

React Native 全攻略

姜琇森 蕭國倫
許瑋芩 黃子銘 楊鎧睿 黃煒凱 周冠瑜　編著

全華圖書股份有限公司　印行

國家圖書館出版品預行編目(CIP)資料

原來跨平台開發可以這麼簡單 : React Native 全攻略 / 姜琇森等編著. -- 初版. -- 新北市 : 全華圖書, 2020.06

面 ; 公分

ISBN 978-986-503-434-4(平裝)

1.系統程式 2.軟體研發 3.行動資訊

312.52 109008322

原來跨平台開發可以這麼簡單：React Native 全攻略

作者 / 姜琇森 蕭國倫 許偉芩 黃子銘 楊鎧睿 黃煒凱 周冠瑜

執行編輯 / 李慧茹

封面設計 / 戴巧耘

發行人 / 陳本源

出版者 / 全華圖書股份有限公司

郵政帳號 / 0100836-1 號

印刷者 / 宏懋打字印刷股份有限公司

圖書編號 / 06437007

初版一刷 / 2020 年 06 月

定價 / 新台幣 580 元

ISBN / 978-986-503-434-4

全華圖書 / www.chwa.com.tw

全華網路書店 Open Tech / www.opentech.com.tw

若您對書籍內容、排版印刷有任何問題，歡迎來信指導 book@chwa.com.tw

臺北總公司(北區營業處)
地址：23671 新北市土城區忠義路 21 號
電話：(02) 2262-5666
傳真：(02) 6637-3695、6637-3696

中區營業處
地址：40256 臺中市南區樹義一巷 26 號
電話：(04) 2261-8485
傳真：(04) 3600-9806

南區營業處
地址：80769 高雄市三民區應安街 12 號
電話：(07) 381-1377
傳真：(07) 862-5562

最低。同時也必須感謝姜琇森老師的帶領，提供空間、場所與教材，且塑造一個良好的學習氛圍，給予本團隊擁有一個良好的空間與氛圍學習且成長，提供企業實習的機會，讓本團隊有機會接觸到公司正式的專案開發流程；也非常感謝網城在線有限公司提供資源與協助，讓我們能夠從真實的開發經驗中，進一步掌握 React Native 的核心觀念與運用技巧；最後要特別感謝研究室中的學長姊們吳其聯、王柏皓和梁瀚中，手把手的帶領本團隊學習專案開發的模式，成了本團隊專案開發的敲門磚。

最後感謝研究室中的陳璟誼、許孟蘋、蔡佳諭、劉千縈與王薇涵學妹，以及劉仁恩學弟為這本書進行初步校正，告訴本團隊許多在敘述上不通順與需要修改的地方，給予本團隊相當多實用的建議，也感謝共同撰寫的夥伴，雖然撰寫過程中因為彼此的思考切入點不同而有過爭論，以及彼此都有課業要兼顧，時間上的搭配成為本團隊溝通上的問題，使撰寫這本書變得更加困難，但最後我們還是互相包容與體諒，並融合彼此的思維，讓這本書能夠順利產出，也希望這本書能夠協助許多想要學習 React Native 與跨平台開發的讀者。

許瑋芩、黃子銘、楊鎧睿、黃煒凱、周冠瑜
撰寫於 國立臺中科技大學資訊管理系

作者序

隨著網際網路與行動設備的普及，行動應用程式技術進步非常快速，業界對於 iOS 與 Android 兩大平台的 APP 開發需求也隨著趨勢上升，許多網路應用程式開發者對行動應用程式技術有著濃厚的興趣，身為一個 Web 端要轉入行動端技術的開發者，React Native 剛好就是一個合適的敲門磚。React Native 除了囊括 iOS 與 Android 雙平台的開發外，更因為採用 JavaScript 語言以及類似 HTML 元素的 Component 組件所構成的 JSX (JavaScript XML)，降低學習者的進入門檻，且能夠加快開發效率。

隨著 JavaScript 語言的蓬勃發展，JavaScript，簡稱 JS，在其強大的網路應用能力與充足的社群資源發展下，已成為現階段主流的程式語言之一。為了提升開發效率，讓程式碼容易理解與維護，「軟體框架」的概念與工具便油然而生，現今以 JS 為基礎的軟體框架有許多種，諸如：Angular、React、Vue 等，而當中又以 React 為主流。有別於以往的「單向資料流理念」，React 讓開發者能更靈活的量身定做應用程式，但在現階段的開發主流已從網路應用程式轉向行動應用程式開發，因此基於 React 理念所架構出的全新框架 React Native 就此誕生。該框架不僅沿襲先前 React 所擁有的各項優勢外，還將目前主流兩大行動應用程式平台 Android 與 iOS 進行整合，讓開發者能開發「跨平台」的行動應用程式，因此讓開發者不必理解原生的 Android 與 iOS 程式語言，也可以輕易上手。在眾多優勢下，React Native 在短短的時間內便成為開發行動應用程式的主流。

過往行動裝置開發的工程師若要開發雙平台的 APP，就必須學習兩種程式語言，但若是學習以 JavaScript 為基礎的 React Native 框架，就可以一次開發雙平台的 APP。然而，網路上有眾多學習 React Native 的方法與內容，對於剛接觸此框架的初學者無法輕易判斷及理解內容的深淺與適合度，容易陷入混亂的窘境。再者，React Native 框架開發寫法眾多，無法讓初學者由淺入深且系統化的學習。

基於此，本書從行動裝置開發初學者的角度出發編撰這本書籍，想要讓讀者了解 React Native 發展的來龍去脈，一次搞懂 React Native 的觀念、程式基礎與專案實作，因此，本書在撰寫的過程中不斷地與初學 React Native 的學生討論，持續修改各章節架構與小案例的設計，務必讓每章節的內容簡易好懂，觀念與觀念彼此間環環相扣，隨著章節的遞增，初學者能輕易理解內容並且循序漸進的學習，開發能力也一層一層的堆疊起來。而章節內容搭配案例，實現

「做中學」的學習方式，讓讀者能更輕易的上手。最後透過實作旅遊 APP 與電商 APP 的專案設計與開發，整合整本書所有的內容。

為了讓讀者能夠更好的理解與銜接這本書的內容，建議讀者需有一定基礎的前端觀念養成，並具備網路應用程式開發能力，且需要有 JS 的語法基礎與開發經驗，將可避免讀者因不理解 JS 語法，而造成學習成效不佳。透過紮實的前端基礎觀念，讀者將更能掌握本書從 React Native 基礎語法、應用程式畫面與佈局設計，並提供一系列的單元實作，由淺入深地引導讀者們從環境建置到應用程式建立的過程，期許這本書的編排與設計，能夠讓想要學習 React Native 的讀者們有一個依循的學習路徑，逐步的理解及運用 React Native 框架。

全書分為三大部分

1. 「教戰守則篇」：為 React Native 基礎概念教學的部分，從 React Native 技術發展過程開始介紹、並循序漸進地描述 React Native 撰寫的 JSX 語法、邏輯與重要觀念，建立紮實的觀念與基礎。
2. 「觀念養成篇」：從 React Native 組件的操作循序漸進的介紹到頁面切換的流程，完整描述與講解所有核心觀念與實用程式技巧，各章節透過淺顯易懂的圖文以及程式語法逐行說明，搭配小型範例練習的方式，協助讀者加深先前描述的觀念，並透過範例練習，更清楚掌握書本的內容。
3. 「實作練習篇」：以完整的範例演繹前面章節提到的觀念，並詳細解釋每行程式碼，採用逐步引導的方式帶領讀者一步步完成範例。第八章的旅遊景點 App，透過 React Native 組件與 OpenData 結合，讓讀者可以在範例複習時，藉由 OpenData 的導入，瞭解開發時資料傳遞的過程，並貫穿整本書所要表達的觀念。第九章的購物商城 APP，強化讀者從觀念理解到實作執行的能力，進而能獨力完成行動應用程式的建構。

這本書是由學生團隊和指導老師們合力完成的書籍，章節中的範例都是學生學習後的成果，範例程式也都經過學生們再三確認無誤，在此，特別感謝網城在線有限公司總經理 Jason 提供相當多的資源與真實案例的開發經驗，培養這些學生；也非常感謝畢業學長姐瀚中、其聯、柏皓願意將本身的知識與學習經驗分享，透過一次又一次地討論與修改，由淺入深的編排整個 React Native 行動開發的重要觀念，並輔以小型範例程式的實作說明。為了更了解初學者的需求與角度，與實驗室學弟妹們的互動與回饋更是不可或缺的寶貴意見。最後特別感謝璟誼、仁恩、孟蘋、佳諭、千棨與薇涵對於書本內容的細心校稿、程式碼的測試與學習過程的貼心建議，讓這本書的內容與編排能更臻完善，更貼近初學者的角度，再次強調學生們才是這本書的真正作者。

姜琇森 蕭國倫
撰寫於 國立臺中科技大學資訊管理系

目錄

Contents

Chapter4 React Native 基本介紹

Contents

Chapter 5 路由

Chapter 6 Redux Library

Contents

Chapter 7 Dva 框架

Chapter 8 結合 OpenData 之旅遊景點分享 APP

Chapter9 實戰演練－購物商城

Contents

Contents

附錄 A Windows 10 環境建置

Chapter 1

React Native

本章內容

隨著世代的進步，不管是 Web 或是行動裝置的前端程式開發，都越來越受矚目，當然要求也就變得更爲嚴苛，不再像是過去單純撰寫 HTML、CSS 及 JavaScript 就可以滿足。而爲了達到互動式的效果，以提升使用者體驗，同時也要顧及跨瀏覽器和跨平台使用的需求，往往會讓開發的複雜度增加許多，因此便衍生出許多讓開發更直覺的前端 JavaScript 框架（Framework）或函式庫（Library），例如 React、Angular、Vue 等。

而本書要介紹的 React Native 是由 React 函式庫所衍生的技術，用來開發適用於 Android 和 iOS 雙平台的手機應用程式，因此本章將會從 React 生態圈開始介紹，帶領讀者一步一步了解 React 的入門知識，接著會進一步講解 React Native，讓大家在開發手機 APP 時有一個新的選項。

1-1 路由概念

在各式的 JavaScript 框架或函式庫中，React 是由 Facebook 在 2013 年所創建的開源函式庫，並將 React 定位爲「A JavaScript library for building user interfaces.」，表示是用來建立使用者介面（User Interface，UI）的 JS（JavaScript 以下均簡稱 JS）函式庫，而它的技術概念也爲前端開發帶來許多不同的影響，例如：component 元件的觀念、單向資料流等，也讓 React 在前端技術中佔有一席之地。因此，隨著時間的發展，至今 React 已逐漸形成一個完整的生態圈，讓開發者擁有更好的開發環境，接下來將會詳細地介紹 React 生態圈的組成。

ReactJS

ReactJS 是一個以 JavaScript 爲底的函式庫，可以輕鬆地建立互動式的 UI 介面，其原本的主軸是 Web 網頁開發，而後慢慢擴展出行動端（React Native）、伺服器端（react-server），甚至是 VR 領域（react-360）。

而 ReactJS 不同於以往前端開發的特色如下：

- 單向資料流：透過單向資料流，可以減少程式的複雜度，不同於傳統 JavaScript 綁定資料的方式，可以降低資料的重複性。
- Component 元件的觀念：透過元件，將重複的程式碼打包成元件，並在需要時再引入呼叫即可，同樣也可以降低程式的重複及複雜度。
- Virtual DOM：ReactJS 透過 Virtual DOM 與網頁的 DOM 溝通，它會在渲染頁面時，檢查上次頁面的狀態，最後只會將有差異的部分更新，與傳統 JavaScript 更動頁面時，會將整個頁面重新繪製不同，因此可以大幅提升效能。

NPM/NPX

NPM（Node Package Manager）是由 Node.js 預設，並以 JavaScript 編寫的軟體套件管理系統，它簡化了在專案中套件安裝、升級和解除安裝等麻煩過程，而在 React 生態圈中，它除了可以用來建構專案，同時也可以在專案中，安裝各式不同的套件。

而 NPX 則是 NPM v5.2.0 版後新增的指令，它可以讓使用者避免全局安裝任何東西，其他 NPM 與 Node.js 安裝方式與說明將會在第 2 章介紹，且詳細的 NPM 與 NPX 使用方式也會在第 3 章說明。

JSX 語法

在 React 中使用 JSX 語法來撰寫，而 JSX 並不是一個新的語言，它是一個語法糖（Syntatic Sugar），相較於 HTML 語法，JSX 更接近 XML 語法，它可以自訂標籤，讓程式看起來更直觀，如下：

HTML 語法

```
<div id="Content">
   <p>Hello</p>
</div>
```

JSX 語法

```
<Content/>
```

上述程式碼可以看到，在 JSX 語法中，自訂了一個 Content 標籤，相較於 HTML 語法 3 行的 Content 更簡潔。倘若需要重複使用 Content，在 JSX 中只要再次呼叫 Content 標籤即可，但在 HTML 中卻要重複 3 行程式碼，因此 JSX 也讓程式減少許多重複的語法，而 Content 也是 React 中 Component 元件的概念，其定義方式將會在第 4 章介紹。

除此之外，JSX 採用了聲明式（declarative）的撰寫風格，簡單來說，就是讓程式邏輯和元件可以搭配使用，如下：

```
const Message = () => {
   return <Content/>
}
```

上述程式碼可以看到宣告一個方法 Message，並且回傳 Content 元件，表示當需要用到此元件時，呼叫 Message 方法即可。

接著來看採用命令式（Imperative）撰寫風格的傳統 HTML，其 JavaScript 便只能分開撰寫，如下：

HTML 檔

```
<div id="Content">
</div>
```

JavaScript 檔

```
const node = document.createElement("p");
const textnode = document.createTextNode("Hello");
node.appendChild(textnode);
document.getElementById("Content").appendChild(node);
```

由上述程式碼，可以明顯地感受到 JSX 語法讓程式語言更簡潔，可讀性十分的高，因此在開發程式時，便可以方便開發人員更加快速的撰寫。

備註：語法糖介紹
語法糖（Syntatic Sugar），指在程式語言中，加入讓程式可以擁有更高的可讀性的語法，此語法對原本的程式語言沒有影響，但可以更方便程式開發者的撰寫，讓程式更加簡潔明瞭。

JavaScript ES6+

在 React 生態系中，是使用 JavaScript ES6（ECMAScript 6）以上的版本為主要開發的語言，因此若讀者只有 ES5 的基礎，對於開發 React 相關的專案來說，可能時常會看到一些較過去不同的語法，所以本書也建議讀者在學習 React Native 之前，可以了解 JavaScript ES6 版本以上的語法，這樣以後在開發 React Native 時也會較易上手。

Flux/Redux/Dva 概念

Flux 是一個由 Facebook 提出的單向資料流概念，而 Redux 則是實作出 Flux 的概念，透過 Redux 框架，在程式中便可以更輕鬆地管理狀態（state），最後 Dva 是改善了 Redux 的缺點後所發展出來的架構，本書後半段範例也會以 Dva 為主要使用架構。更詳細的 Flux/Redux/Dva 概念將會在第 6 章 Redux 與第 7 章 Dva 介紹。

React Native

一般說到 React，便會想到 React Native，它是 React 在 2015 年推出的行動端（Mobile）框架，它可以讓開發者透過 React 和 JavaScript 撰寫出類似原生（Native）程式的應用程式，因此在其發行後，便受到許多開發者的歡迎，而介紹如何使用 React Native 也是本書的主軸，並會在接下來的章節為讀者詳細的說明。

1-2 React Native 概述

簡單了解 React 生態圈的組成後，本小節將會開始進入介紹本書的主角—— React Native，包含說明其由來、優缺點等，並會與當前應用程式的技術比較，讓讀者選擇最適合的技術開發。

1-2-1 什麼是 React Native

在過去，如果要撰寫適合 iOS 和 Android 兩種平台的 APP，就必須學會兩種平台的開發語言，Objective-C、Swift 和 Java，因此往往會為了學習開發，花費很多的時間和成本。而在 2015 年，Facebook 推出了一個使用 JavaScript 語言，就能同時編寫 iOS 和 Android 兩種平台的框架—— React Native，Facebook 也號稱這項技術是「Learn once, write any where」，表示只要學習一次，便可以開發所有的應用程式。

而 React Native 在推出後，之所以廣受開發者的歡迎，主要原因是因為它是使用 JavaScript 來開發跨平台的應用程式，因此對於一個前端的開發者來說，十分容易上手。同時它也透過 Native Component 來渲染出原生 APP（Native APP）的效果，讓其開發出來的應用程式，可以更貼近原生 APP，並提高整體的效能。

雖然 React Native 擁有許多誘人的優點，但在開發上還是有一些限制在，像是當要使用 React 官方沒有提供的功能時，只能去尋找適合的第三方套件來彌補缺空；但若也沒有第三方套件時，便需要開發者自己撰寫原生模組，再透過 React Native 橋接的方式，讓應用程式使用，因此必要時，開發者仍然必須具備原生 APP 的撰寫能力。

不過，在 React Native 社群蓬勃發展後，「當遇到官方未提供的功能時，便需要自己撰寫原生模組」這個缺點也隨之解決，在社群中有著大量的第三方套件資源，十分容易找到適合的套件，因此，時間久了，在未來需要自己撰寫原生元件的機會也會越來越少。

而社群中除了套件，也是一個讓開發者之間可以互相交流的地方，彼此交換研究結果、問題解決等，這也是其他 APP 開發模式沒有的，Facebook 聚集了這些開發者，藉以形成一個統一的社群，來吸引更多開發者加入，成功打造了 React 生態圈。

> **備註：原生 APP**
>
> 原生 APP（Native APP），傳統開發 APP 的模式，主要分為 Android 和 iOS 兩大平台，不同平台有不同的開發方式，在 Android 是透過 Java 來開發，而在 iOS 則是透過 Objective-C 或 Swift 來開發。

1-2-2 為什麼使用 React Native

在了解 React Native 以及其優缺點後，那有什麼理由要選擇 React Native 來開發應用程式呢？首先，要先來介紹主流的 APP 開發模式，主要分為：

Native APP

使用原生的程式語言開發應用程式，如 Java、Objective-C 等。由於是由原生語言開發，因此在速度及效能上是最佳的，但缺點就是無法跨平台，需要為不同的平台學習不同的語言。

Web APP

將 APP 內嵌瀏覽器，透過 Web 技術實作應用程式，因此由前端開發者便可以撰寫，降低開發成本。也就是說，使用者只要透過手機瀏覽器，便可以開啓 Web APP，無須額外安裝應用程式。

但也因為是透過瀏覽器開啓，因此需要依賴網路才能連線，也無法使用原生的 API，在效能上便會大不如其他 APP 開發模式，而部分特殊的功能便會無法使用，例如：相機功能。

Hybrid APP

由半個原生、半個 Web 所組成的混合式 APP，主要透過 JavaScript 和 HTML 開發，調用原生的 API，並透過 Webview 呈現，來渲染出接近 Native APP 的應用程式。其優點一樣是由前端開發者便可以撰寫，只需額外去學習如何調用原生 API，且跨平台，只需學習 Web 技術即可開發。

雖然 Hybrid APP 較接近原生，比起 Web APP，在效能上可以大幅提升，但它終究是包裝成 Webview 來呈現，因此效能還是遠不如 Native APP。

React Native

主要是介於 Native APP 和 Hybrid APP 之間，它改善了 Hybrid APP 以 Webview 呈現的缺點，不再透過 HTML 開發，統一由 JavaScript 撰寫，並使用 Native Component 來取代 Webview，渲染出原生的效果，來提升整體的使用者體驗以及效能。

從上述 APP 開發模式介紹中，可以看到每種方式都有其優缺點，那在開發前要怎麼選擇呢？這邊簡單與讀者分析各種開發方式，並以表格統整四種 APP 開發模式的比較。

表 1-1　APP 開發模式比較

比較項目	Native APP	React Native	Hybrid APP	Web APP
效能	高	接近高	良好	低
成本	高	中	較低	低
網路要求	無要求	無要求	無要求	依賴網路
跨平台	無	有	有	有 (瀏覽器)
開發語言	Java Objective-C Swift	JavaScript	HTML CSS JavaScript	HTML CSS JavaScript
開發難度	難	較簡單 (須了解 ES6)	簡單	簡單
APP 發佈	APP Store Google play	APP Store Google play	APP Store Google play	Web Server
適合應用	大型應用 遊戲	中型應用	中型應用	小型應用

從表 1-1 可以看到，在各個開發模式的適合應用這個部分，從其效能便能夠推估，Native APP 效能最佳，因此適合應用在具有複雜邏輯和效果，並且需要龐大運算量的大型應用或遊戲，例如瀏覽器或是虛擬實境的應用程式。

而 React Native 和 Hybrid APP 則是適用於中型的應用，不需要處理過多的邏輯和動畫，但在具有 JavaScript ES6 的技術下，又想要提升效能時，便十分的推薦使用 React Native，開發速度快，且跨平台，在效能上也不遜色於 Native APP。

此外，React Native 也十分適合企業或創新公司用來做最小可行產品（Minimum Viable Product, MVP）的測試，以最快速與成本最低的方式推出產品，取得消費者的回饋，並可以即時的修正產品市場策略。

Web APP 由於有 Web 的限制，許多原生的功能都無法實現，因此只適合小型應用，所以這種方式較適用在對於手機端沒有大量需求的應用程式，例如靜態網頁。

1-3 小結

閱讀到此處，相信讀者對 React Native 的背景知識有了一定程度的了解，本小節最後統整一下第 1 章的結論，以及說明本書使用的開發環境、架構等。

在社群網路興盛，且科技進步快速的時代，凡事都講求效率，因此 React Native 的出現，無疑讓開發 APP 的市場又多了一個新的選項，同時也降低開發門檻，讓許多人都能夠容易學習。

而本書要在這邊提醒讀者，由於目前 React Native 的環境只有在 Mac OS 作業系統下可以開發 iOS 與 Android 兩種平台的應用程式，但在 Windows 作業系統上無法執行 iOS 應用程式的開發，爲了解決這個問題，React Native 官方也提供了辦法，也就是使用 Expo 工具，它可以讓 React Native 專案在不安裝開發環境的情況下，在實體手機上運行。

使用 Expo 也有要注意的地方，一般在系統開發完成後的測試階段，開發者必須要有許多不同品牌和版本的實體手機才能進行完整的專案測試，而這對普通的開發者是不容易做到的要求。

但如果使用模擬器的話，就可以透過模擬不同環境的方式測試專案，因此本書將以原始的方式建構 React Native 開發環境，並以 Mac OS 作業系統來實作 iOS 與 Android 應用程式，且在後面的章節會搭配 React Navigation 路由、Redux 架構與 Dva 架構來更進一步的開發應用程式。

Chapter 2

準備開發 React Native

本章內容

2-1 開發環境

2-1-1 Homebrew

Homebrew 是用於 Mac OS 系統上的一個套件管理工具，可於開發中藉由 Homebrew 去安裝各種所需軟體，像是 Node.js、Watchman，都可以透過 Homebrew 進行安裝。

官方網站：https://brew.sh/index_zh-tw

1. 請於 Homebrew 官方網站中，複製網頁下方的安裝指令，如圖 2-1 所示：

圖 2-1 Homebrew 官方網站

2. 接著，開啓終端機，貼上剛剛複製的安裝指令，如圖 2-2 所示：

```
/usr/bin/ruby -e "$(curl -fsSL https://raw.githubusercontent.com/
Homebrew/install/master/install)"
```

```
user — sudo ◂ ruby -e #!/usr/bin/ruby\012# This script installs to /usr/local only. To install elsewhere (which...
Userde-MacBook-Pro:~ user$ /usr/bin/ruby -e "$(curl -fsSL https://raw.githubusercontent.com/Homebrew/ins
tall/master/install)"
==> This script will install:
/usr/local/bin/brew
/usr/local/share/doc/homebrew
/usr/local/share/man/man1/brew.1
/usr/local/share/zsh/site-functions/_brew
/usr/local/etc/bash_completion.d/brew
/usr/local/Homebrew
==> The following new directories will be created:
/usr/local/bin
/usr/local/etc
/usr/local/include
/usr/local/lib
/usr/local/sbin
/usr/local/share
/usr/local/var
/usr/local/opt
/usr/local/share/zsh
/usr/local/share/zsh/site-functions
/usr/local/var/homebrew
/usr/local/var/homebrew/linked
/usr/local/Cellar
/usr/local/Caskroom
/usr/local/Homebrew
/usr/local/Frameworks
==> The Xcode Command Line Tools will be installed.

Press RETURN to continue or any other key to abort
==> /usr/bin/sudo /bin/mkdir -p /usr/local/bin /usr/local/etc /usr/local/include /usr/local/lib /usr/loc
al/sbin /usr/local/share /usr/local/var /usr/local/opt /usr/local/share/zsh /usr/local/share/zsh/site-fu
nctions /usr/local/var/homebrew /usr/local/var/homebrew/linked /usr/local/Cellar /usr/local/Caskroom /us
r/local/Homebrew /usr/local/Frameworks
```

圖 2-2　Homebrew 安裝步驟

3. 當終端機出現「Installation successful!」，則表示安裝成功，如圖 2-3 所示：

```
user — -bash — 104×33
 * [new tag]         2.2.5      -> 2.2.5
HEAD is now at 5e17527c3 Merge pull request #7015 from Homebrew/dependabot/bundler/Library/Homebrew/tins
-1.24.1
-e:1:in `<main>': undefined method `canonical_segments' for #<Gem::Version "2.3.7"> (NoMethodError)
==> Downloading https://homebrew.bintray.com/bottles-portable-ruby/portable-ruby-2.6.3.mavericks.bottle.
tar.gz
######################################################################## 100.0%
==> Pouring portable-ruby-2.6.3.mavericks.bottle.tar.gz
==> Homebrew is run entirely by unpaid volunteers. Please consider donating:
  https://github.com/Homebrew/brew#donations
==> Tapping homebrew/core
Cloning into '/usr/local/Homebrew/Library/Taps/homebrew/homebrew-core'...
remote: Enumerating objects: 5125, done.
remote: Counting objects: 100% (5125/5125), done.
remote: Compressing objects: 100% (4925/4925), done.
remote: Total 5125 (delta 42), reused 319 (delta 5), pack-reused 0
Receiving objects: 100% (5125/5125), 4.15 MiB | 704.00 KiB/s, done.
Resolving deltas: 100% (42/42), done.
Tapped 4909 formulae (5,167 files, 12.8MB).
Already up-to-date.
==> Installation successful!

==> Homebrew has enabled anonymous aggregate formulae and cask analytics.
Read the analytics documentation (and how to opt-out) here:
  https://docs.brew.sh/Analytics

==> Homebrew is run entirely by unpaid volunteers. Please consider donating:
  https://github.com/Homebrew/brew#donations
==> Next steps:
- Run `brew help` to get started
- Further documentation:
    https://docs.brew.sh
Userde-MacBook-Pro:~ user$
```

圖 2-3　Homebrew 安裝步驟

2-1-2 Node.js

由於 React Native 必須使用 Node.js 來建構 JavaScript 程式，因此在 Mac 環境下，我們將藉由 Homebrew 來安裝 Node.js。

官方網站：https://nodejs.org/en/

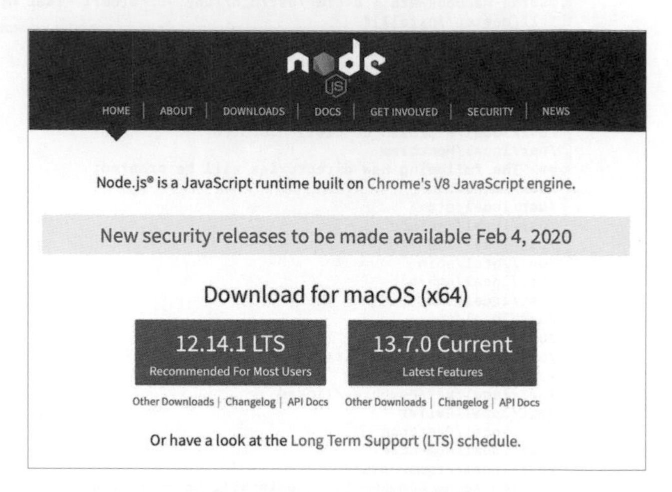

圖 2-4　Node.js 官方網站

1. 在安裝 NVM 之前，要先在 /home 底下建立 .bash_profile 的檔案。請開啓終端機，並移動到 /home 資料夾底下，輸入下列指令，如圖 2-5 所示：

```
touch .bash_profile
```

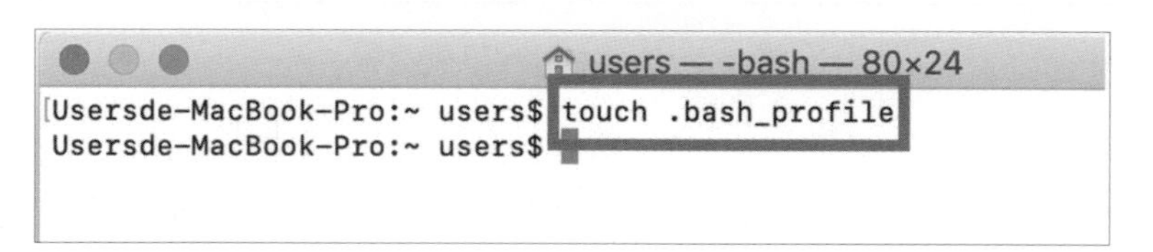

圖 2-5　NVM 安裝步驟

2. 接著在終端機安裝 NVM（Node Version Manager）。於終端機中輸入下列指令，如圖 2-6 所示：

```
curl -o- https://raw.githubusercontent.com/nvm-sh/nvm/v0.35.2/
install.sh | bash
```

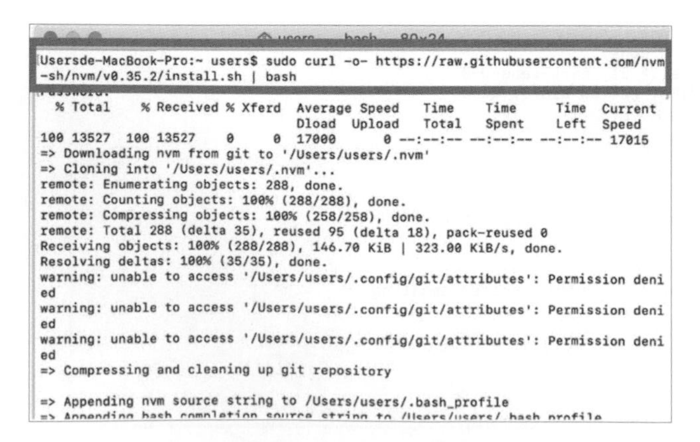

圖 2-6　NVM 安裝步驟

> **備註：NVM 介紹**
>
> NVM（全名 Node Version Manager，即 Node 版本管理器），是用來管理 Node 版本的工具，由於 Node.js 更新速度很快，常常需要做版本的切換，而透過 NVM 可以快速做到版本的切換。

3. 環境變數設定完成後，請於終端機輸入下列指令，測試 NVM 指令，如圖 2-7 所示：

```
nvm
```

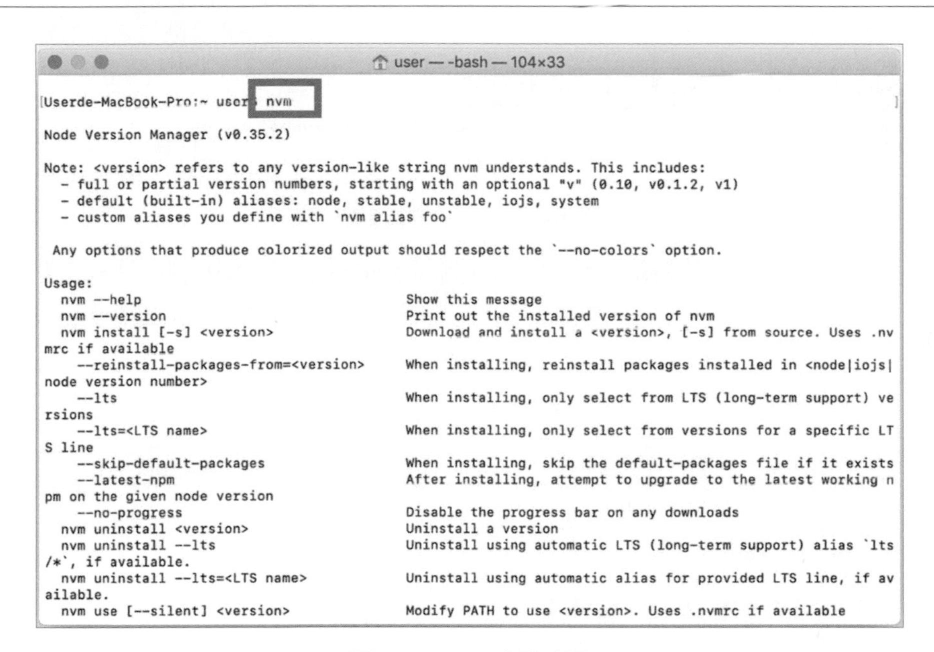

圖 2-7 NVM 安裝步驟

4. 請於終端機輸入下列指令，即找出目前所有可安裝的 Node.js 版本，如圖 2-8 所示：

```
nvm ls-remote
```

```
user — -bash — 104×33
Userde-MacBook-Pro:~ user$ nvm ls-remote
        v0.1.14
        v0.1.15
        v0.1.16
        v0.1.17
        v0.1.18
        v0.1.19
        v0.1.20
        v0.1.21
        v0.1.22
        v0.1.23
        v0.1.24
        v0.1.25
        v0.1.26
        v0.1.27
        v0.1.28
        v0.1.29
        v0.1.30
        v0.1.31
        v0.1.32
        v0.1.33
        v0.1.90
        v0.1.91
        v0.1.92
        v0.1.93
        v0.1.94
        v0.1.95
        v0.1.96
        v0.1.97
        v0.1.98
        v0.1.99
       v0.1.100
       v0.1.101
```

圖 2-8 Node.js 安裝步驟

5. 請於終端機輸入下列指令。下載 Node.js 的版本，本書以 12.13.0 爲例，如圖 2-9 所示：

```
nvm install 12.13.0
```

```
user — tail ◂ -bash — 104×33
Userde-MacBook-Pro:~ user$ nvm install 12.13.0
Downloading and installing node v12.13.0...
Downloading https://nodejs.org/dist/v12.13.0/node-v12.13.0-darwin-x64.tar.gz...
##                                                                  3.4%
```

圖 2-9　Node.js 安裝步驟

6. 安裝完成後，請於終端機輸入下列指令，測試 Node 指令與 NPM 指令，如圖 2-10 所示：

```
node -v
npm -v
```

```
user — -bash — 104×33
Userde-MacBook-Pro:~ user$ node -v
v12.13.0
Userde-MacBook-Pro:~ user$ npm -v
6.12.0
Userde-MacBook-Pro:~ user$
```

圖 2-10　Node.js 安裝步驟

2-1-3　Watchman

Watchman 是來自 Facebook 的檔案監控工具。而 React Native 可以利用 Watchman 來偵測程式碼的變化，以便重新建構程式。

官方網站：https://facebook.github.io/watchman/

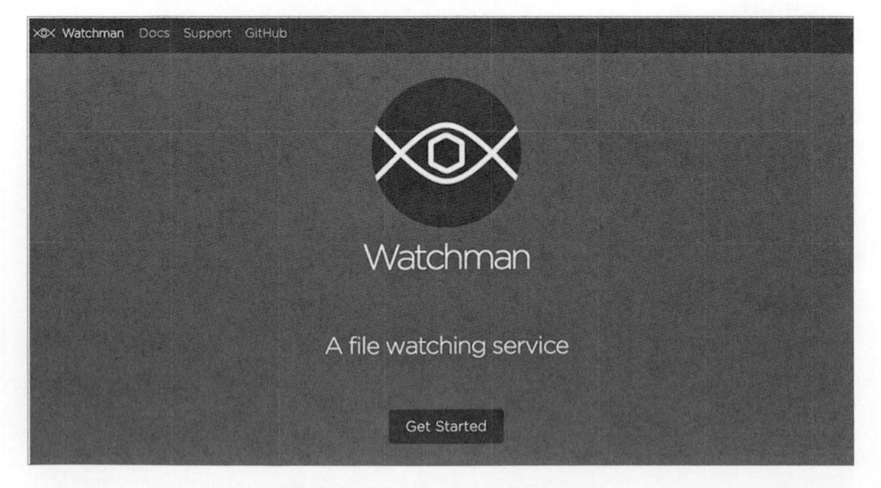

圖 2-11　Watchman 官方網站

在此，我們將透過 Homebrew 安裝 Watchman。請於終端機輸入下列指令，如圖 2-12 所示：

```
brew install watchman
```

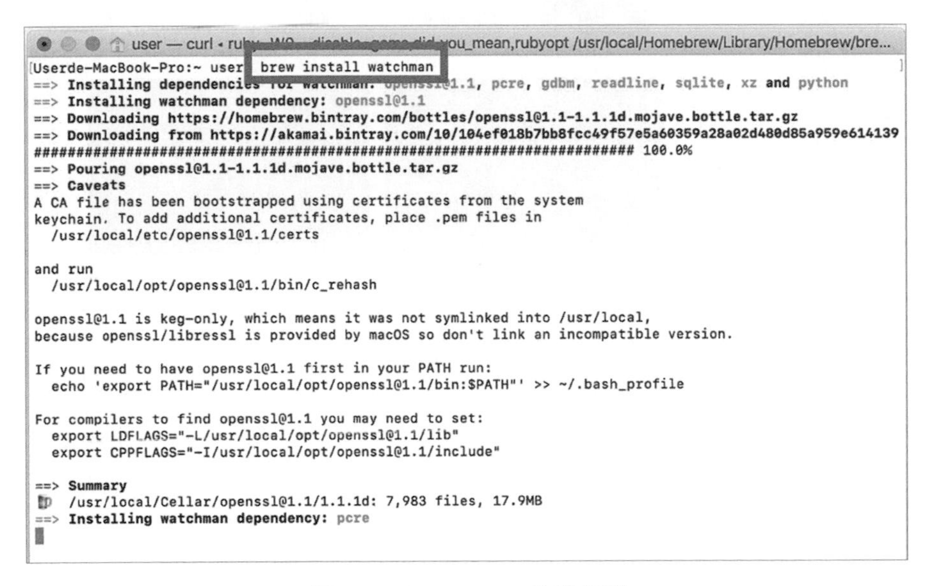

圖 2-12　Watchman 安裝步驟

2-1-4　模擬器環境建置

開發手機 APP 時，需要使用手機模擬器來做環境測試，但是 React-Native 本身並未提供手機模擬器的環境，因此本書將借用 XCode 的 iOS 模擬器以及 Android Studio 的 Android 模擬器進行測試。

iOS 環境

■ Xcode

Xcode 是 Apple 公司提供開發人員開發 macOS、iOS、WatchOS 和 tvOS 相關應用程式的開發平台。

官方網站：https://developer.apple.com/xcode/

圖 2-13　Xcode 官方網站

1. 請開啟 App Store，搜尋「Xcode」，並按下「取得」，安裝該程式，如圖 2-14 所示：

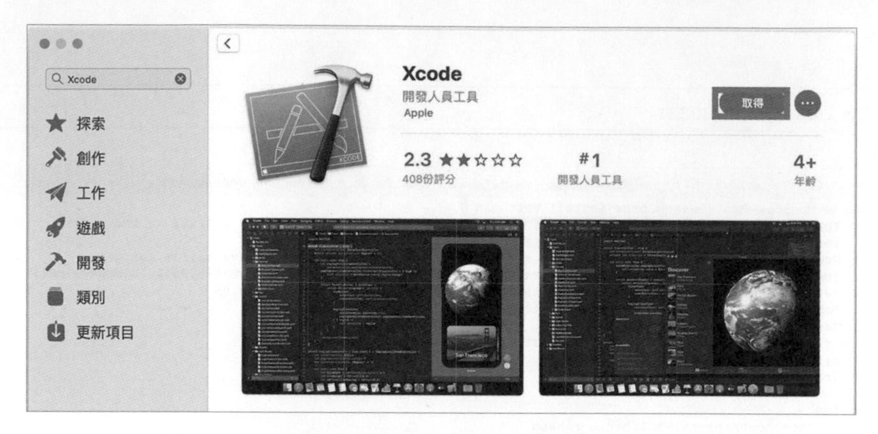

圖 2-14　Xcode 安裝步驟

2. 按下「安裝」，開始進行安裝，如圖 2-15 所示：

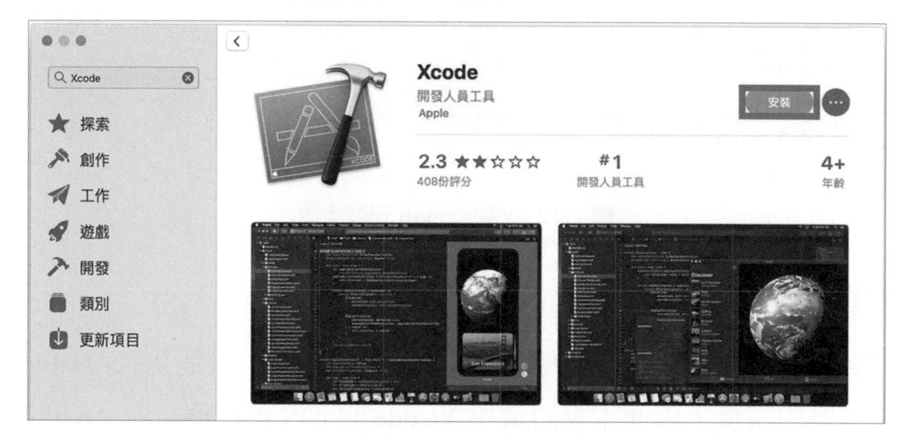

圖 2-15　Xcode 安裝步驟

3. 按下安裝後，將跳出聲明書，按下同意後，即可開始安裝，如圖 2-16 所示：

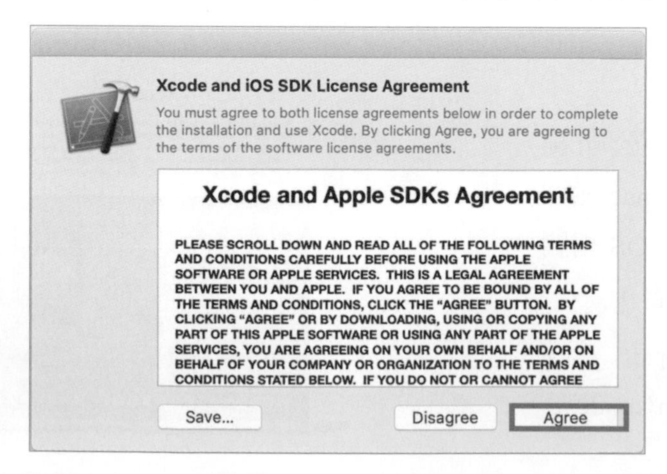

圖 2-16　Xcode 安裝步驟

4. 安裝完成後，即可開啓 Xcode 建立專案的頁面，如圖 2-17 所示：

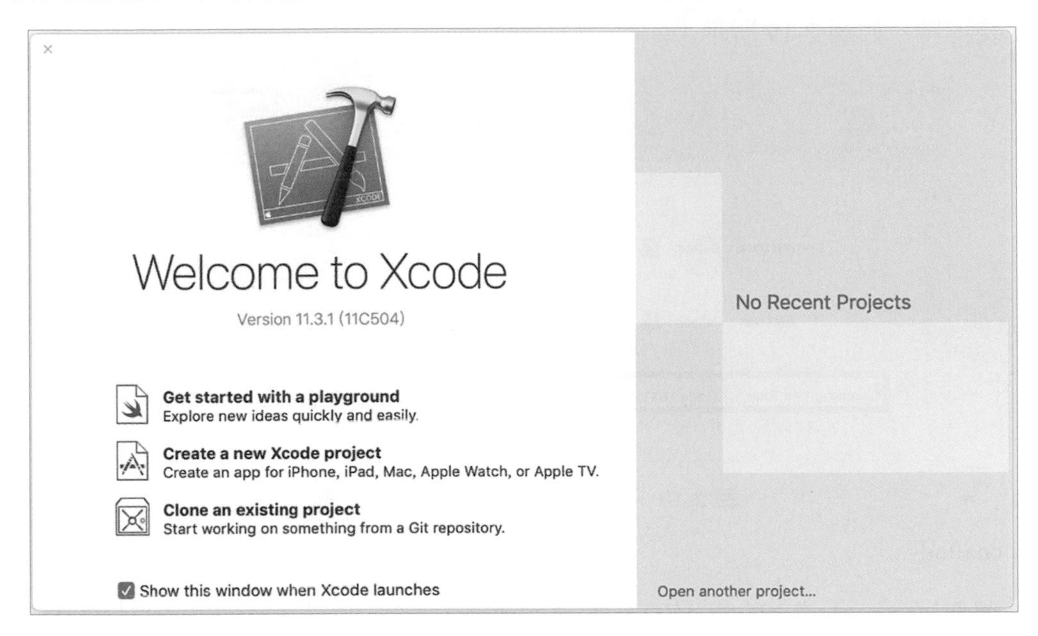

圖 2-17　Xcode 建立專案頁面

■ Xcode Command Line Tools

Xcode Command Line Tools 是在 Xcode 中的一款工具，目的是爲了可以在命令行中運行 C 語言的程式，由於從 App Store 下載 Xcode 後，是不會自動安裝 Xcode Command Line Tools 的，因此接下來將說明其安裝步驟。

1. 從 Xcode 的 Menu 選單中，選擇「Preferences」，如圖 2-18 所示：

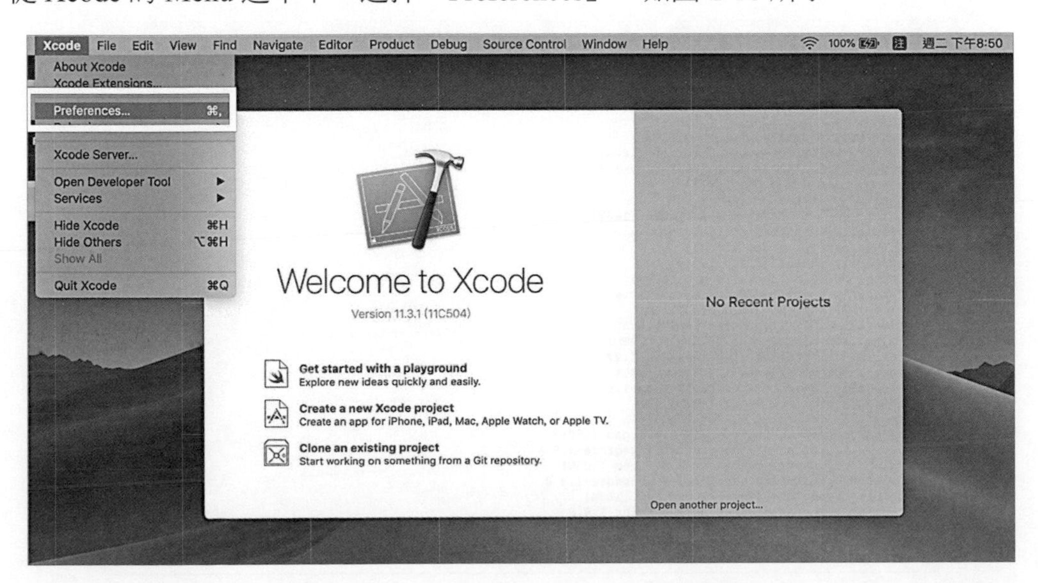

圖 2-18　Command Line Tools 安裝步驟

2. 轉到「Locations」面板，然後在「Command Line Tools」下拉列表中選擇最新版本來安裝工具。如圖 2-19 所示：

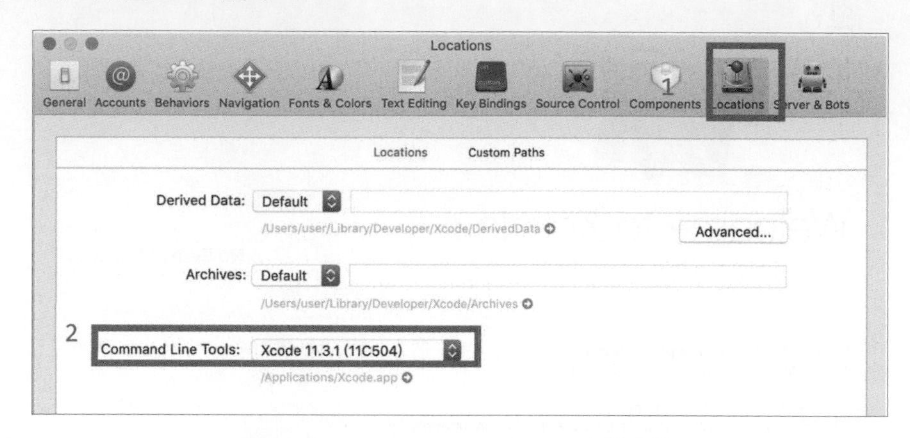

圖 2-19　Command Line Tools 安裝步驟

■ CocoaPods

在開發 React Native 的專案時，常會使用到第三方套件，而在開發時通常會搭配 CocoaPods 來安裝 iOS 的相關套件，CocoaPods 為用於管理 Swift 和 Objective-C 的套件管理器。開發者可透過 CocoaPods 輕鬆管理，只需要透過指令就能管理類別庫，節省手動配置和部屬的時間。

1. 安裝 CocoaPods 步驟如圖 2-20 所示：

```
sudo gem install cocoapods
```

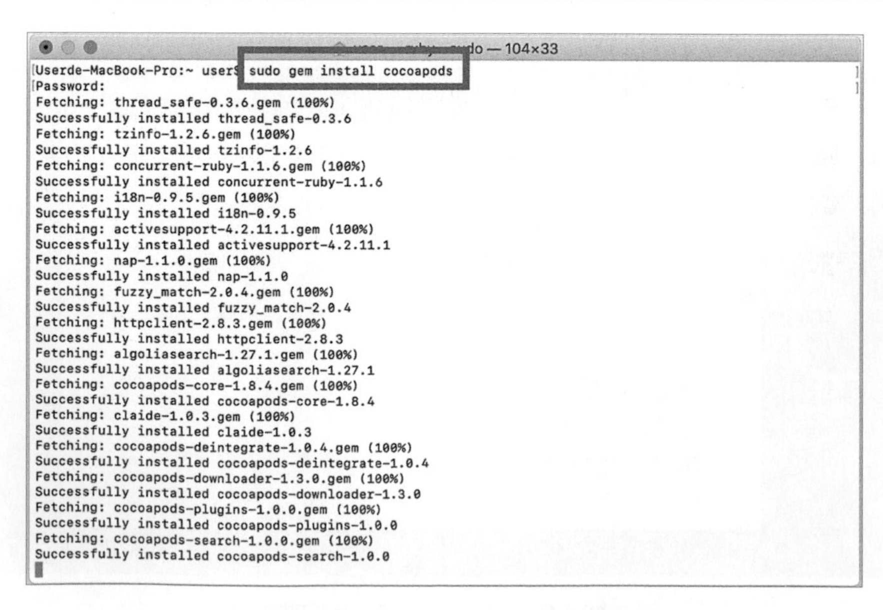

圖 2-20　CocoaPods 安裝步驟

備註：gem 介紹
gem（RubyGems）是基於 Ruby 的套件管理器，類似於 Node.js 的 npm，提供分發 Ruby 程式和函式庫的標準格式「gem」，旨在方便地管理 gem 安裝的工具。

2. 安裝 CocoaPods 時，如果出現如圖 2-21 的訊息，表示 Mac OS 沒有相關的 Ruby 版本，因此我們需要先安裝 rvm 來安裝 ruby，才能使用 gem 安裝 CocoaPods。

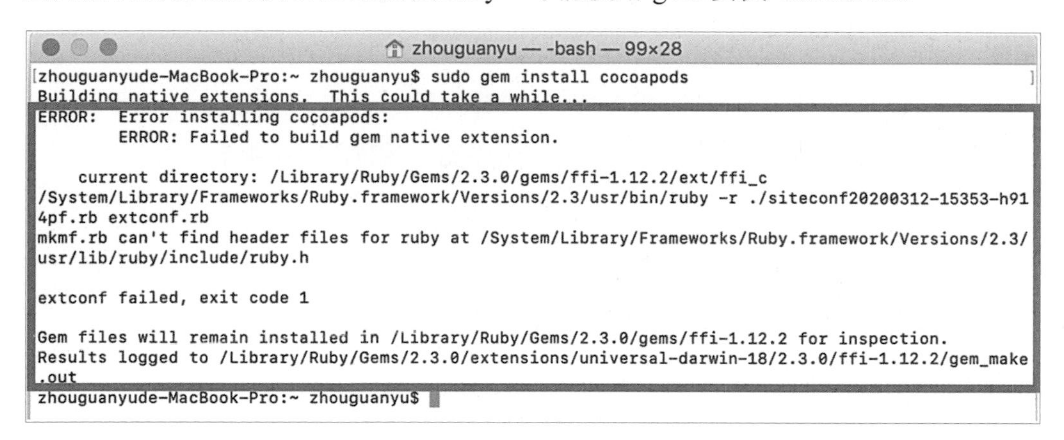

圖 2-21　CocoaPods 安裝步驟

3. rvm 安裝步驟如圖 2-22 所示：

```
\curl -sSL https://get.rvm.io | bash -s stable  --ruby
```

```
zhouguanyu — grep ^gcc46$ — 99×28
zhouguanyude-MacBook-Pro:~ zhouguanyu$ \curl -sSL https://get.rvm.io | bash -s stable --ruby
Downloading https://github.com/rvm/rvm/archive/1.29.9.tar.gz
Downloading https://github.com/rvm/rvm/releases/download/1.29.9/1.29.9.tar.gz.asc
Found PGP signature at: 'https://github.com/rvm/rvm/releases/download/1.29.9/1.29.9.tar.gz.asc',
but no GPG software exists to validate it, skipping.
Installing RVM to /Users/zhouguanyu/.rvm/
    Adding rvm PATH line to /Users/zhouguanyu/.profile /Users/zhouguanyu/.mkshrc /Users/zhouguanyu/
.bashrc /Users/zhouguanyu/.zshrc.
    Adding rvm loading line to /Users/zhouguanyu/.profile /Users/zhouguanyu/.bash_profile /Users/zh
ouguanyu/.zlogin.
Installation of RVM in /Users/zhouguanyu/.rvm/ is almost complete:

  * To start using RVM you need to run `source /Users/zhouguanyu/.rvm/scripts/rvm`
    in all your open shell windows, in rare cases you need to reopen all shell windows.
Thanks for installing RVM 🙏
Please consider donating to our open collective to help us maintain RVM.

👉  Donate: https://opencollective.com/rvm/donate


Ruby enVironment Manager 1.29.9 (latest) (c) 2009-2017 Michal Papis, Piotr Kuczynski, Wayne E. Segu
in

Searching for binary rubies, this might take some time.
No binary rubies available for: osx/10.14/x86_64/ruby-2.6.3.
Continuing with compilation. Please read 'rvm help mount' to get more information on binary rubies.
Checking requirements for osx.
```

圖 2-22　rvm 安裝步驟

4. 執行 Ruby 的環境，並確認 rvm 版本號，如圖 2-23 所示：

```
source ~/.rvm/scripts/rvm
rvm -v
```

```
zhouguanyu — -bash — 99×28
[zhouguanyude-MacBook-Pro:~ zhouguanyu$ source ~/.rvm/scripts/rvm
[zhouguanyude-MacBook-Pro:~ zhouguanyu$ rvm -v
rvm 1.29.9 (latest) by Michal Papis, Piotr Kuczynski, Wayne E. Seguin [https://rvm.io]
zhouguanyude-MacBook-Pro:~ zhouguanyu$
```

圖 2-23　rvm 安裝步驟

5. rvm 安裝完成後，即可使用 gem 安裝 cocoapPods，如圖 2-20 所示。

```
sudo gem install cocoapods
```

Android 環境

■ AdoptOpenJDK

安裝 Android Studio 需要的 Java Development Kit [JDK]，本書選用開源的 AdoptOpenJDK 來建置 Java 的環境。

官方網站：https://adoptopenjdk.net

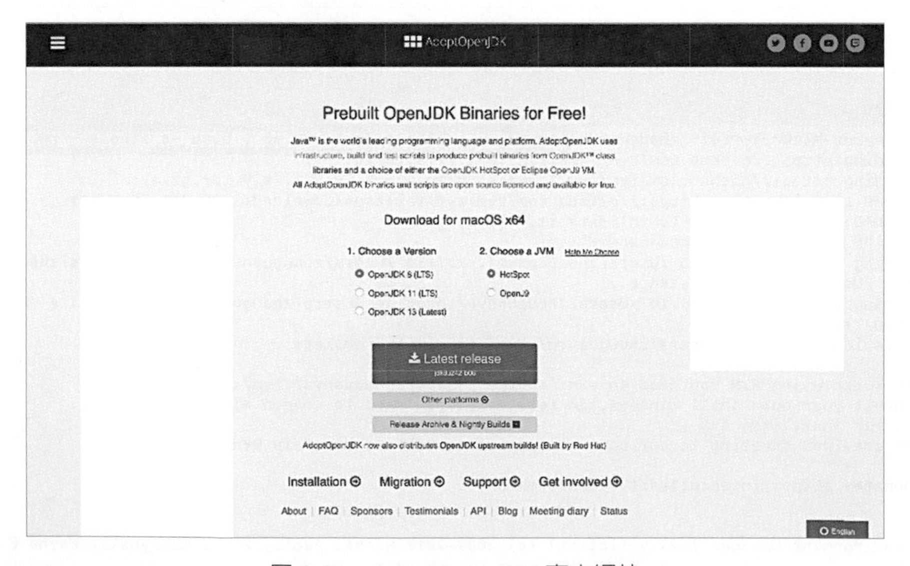

圖 2-24　AdoptOpenJDK 官方網站

安裝步驟如下：

1. 先透過 Homebrew 取得 git 上 AdoptOpenJDK 的安裝資源，如圖 2-25 所示：

```
brew tap AdoptOpenJDK/openjdk
```

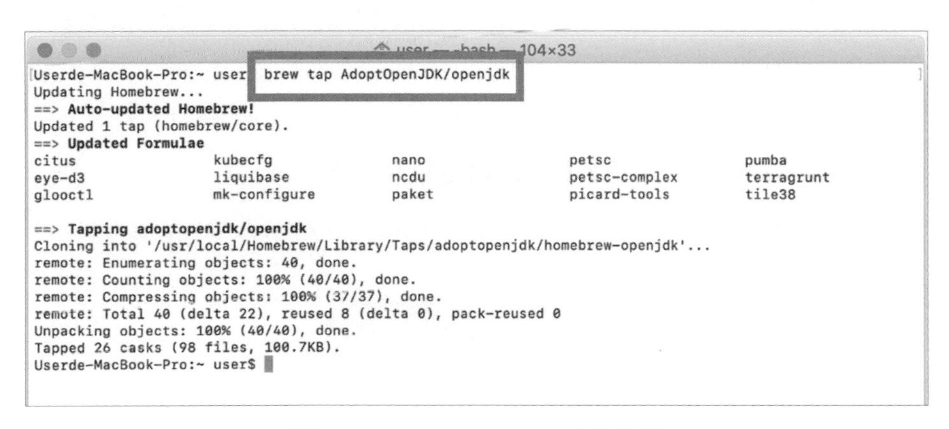

圖 2-25　AdoptOpenJDK 安裝步驟

2. 安裝 AdoptOpenJDK，如圖 2-26 所示：

```
brew cask install adoptopenjdk8
```

```
Userde-MacBook-Pro:~ user$ brew cask install adoptopenjdk8
==> Downloading https://github.com/AdoptOpenJDK/openjdk8-binaries/releases/download/jdk8u242-b08/OpenJDK
Already downloaded: /Users/user/Library/Caches/Homebrew/downloads/b834d5726f86e08ee41f1901f5856cac72965a
4b1a3d60ad767d0bafb513c4c8--OpenJDK8U-jdk_x64_mac_hotspot_8u242b08.pkg
==> Verifying SHA-256 checksum for Cask 'adoptopenjdk8'.
==> Installing Cask adoptopenjdk8
==> Running installer for adoptopenjdk8; your password may be necessary.
==> Package installers may write to any location; options such as --appdir are ignored.

installer: Package name is AdoptOpenJDK
installer: Installing at base path /
installer: The install was successful.
package-id: net.adoptopenjdk.8.jdk
version: 1.8.0_242-b08
volume: /
location: Library/Java/JavaVirtualMachines/adoptopenjdk-8.jdk
install-time: 1581419423
🍺  adoptopenjdk8 was successfully installed!
Userde-MacBook-Pro:~ user$
Userde-MacBook-Pro:~ user$
```

圖 2-26　AdoptOpenJDK 安裝步驟

■ Android Studio

Android Studio 是由 Google 與 JetBrains 使用 Java 共同開發的 Android APP 開發環境。

官方網站：https://developer.android.com/studio/index.html

1. 請先前往 Android Studio 官方網站下載。本書以 3.5.3 版為例，如圖 2-27 所示：

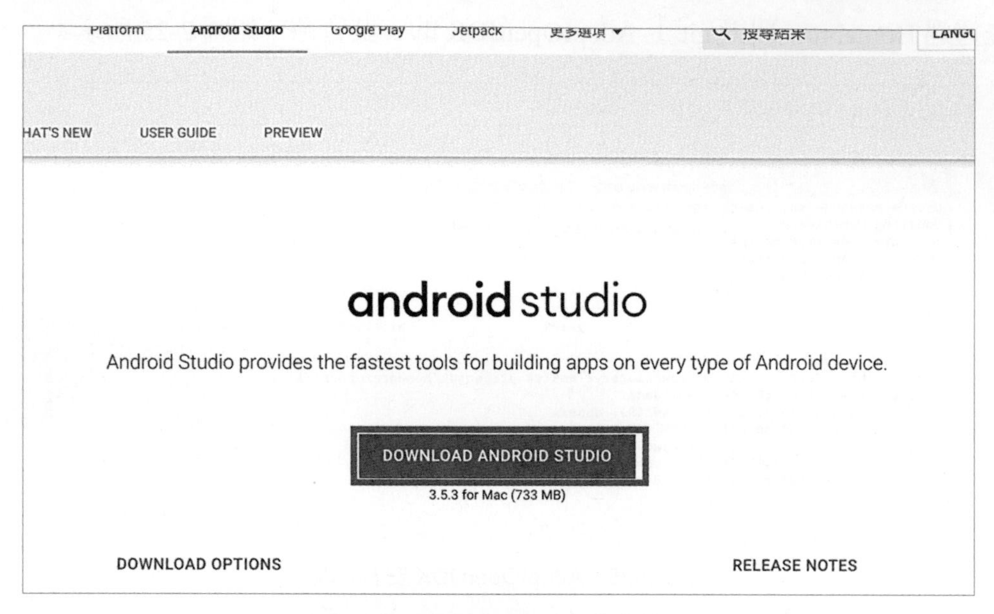

圖 2-27　Android Studio 官方網站

2. 請先勾選「I have read and agree with the above terms and conditions」，再按下「DOWNLOAD ANDROID STUDIO FOR MAC」，如圖 2-28 所示：

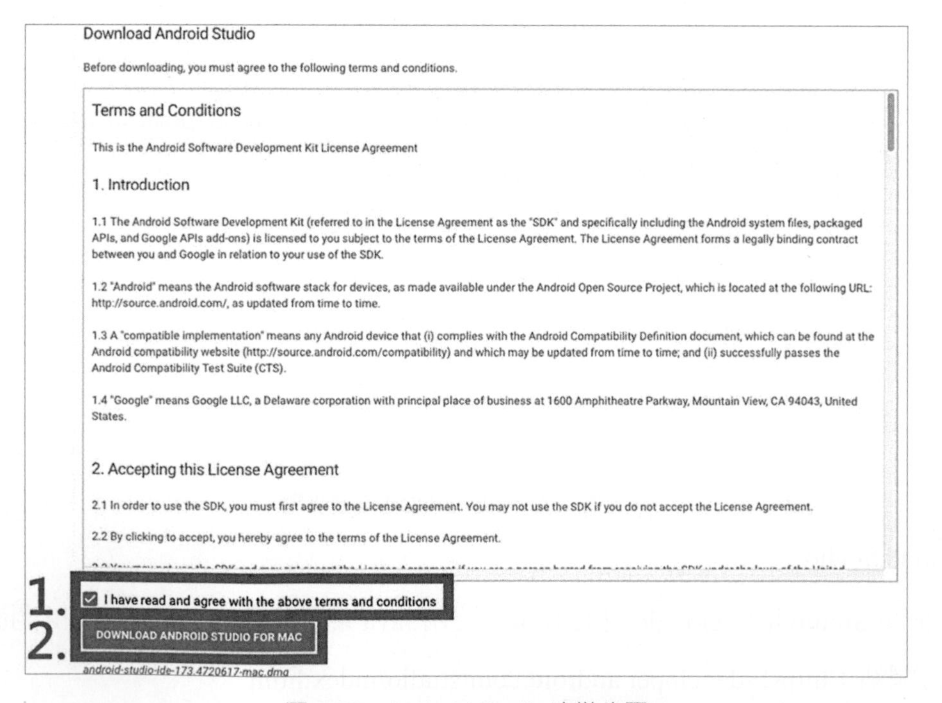

圖 2-28　Android Studio 安裝步驟

3. 接下來，將左方的「Android Studio」圖示按住，並拖曳至右方「Application」資料夾捷徑當中，該動作是爲了把 Android Studio 加入應用程式當中，如圖 2-29 所示：

圖 2-29　Android Studio 安裝步驟

4. 在此請選擇「Do not import settings」，再按下「OK」，如圖 2-30 所示：

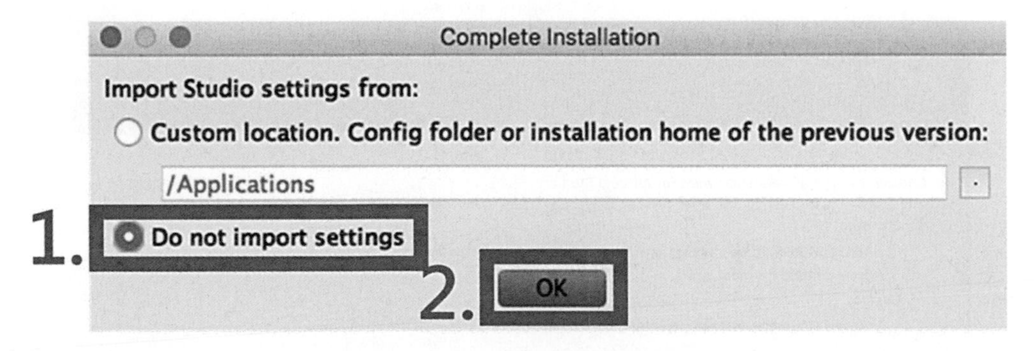

圖 2-30　Android Studio 安裝步驟

5. 請按下「Next」，如圖 2-31 所示：

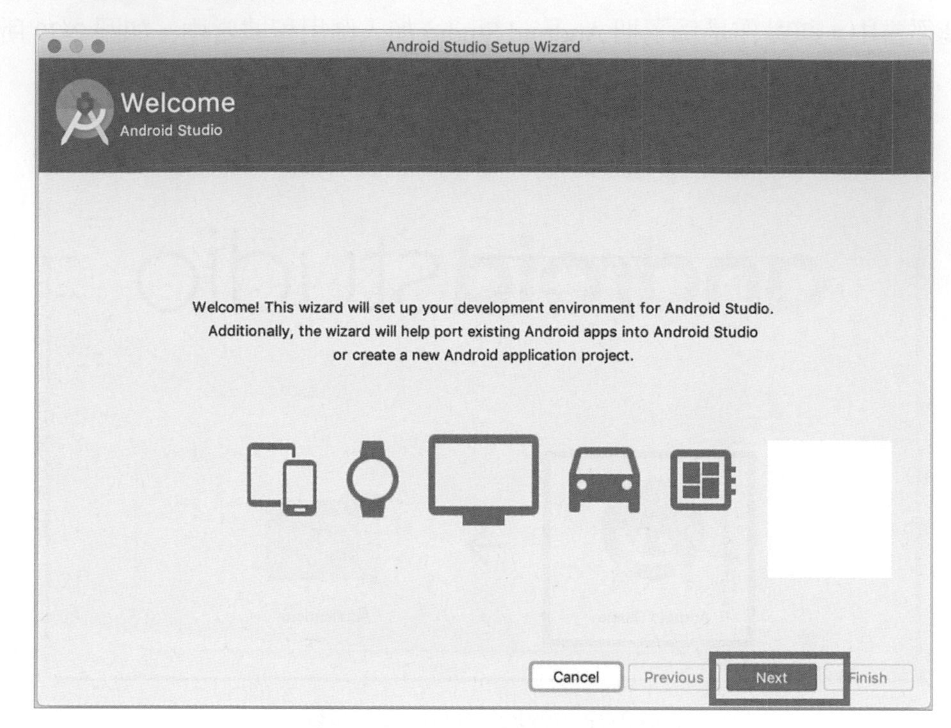

圖 2-31　Android Studio 安裝步驟

6. 請按下「Next」，如圖 2-32 所示：

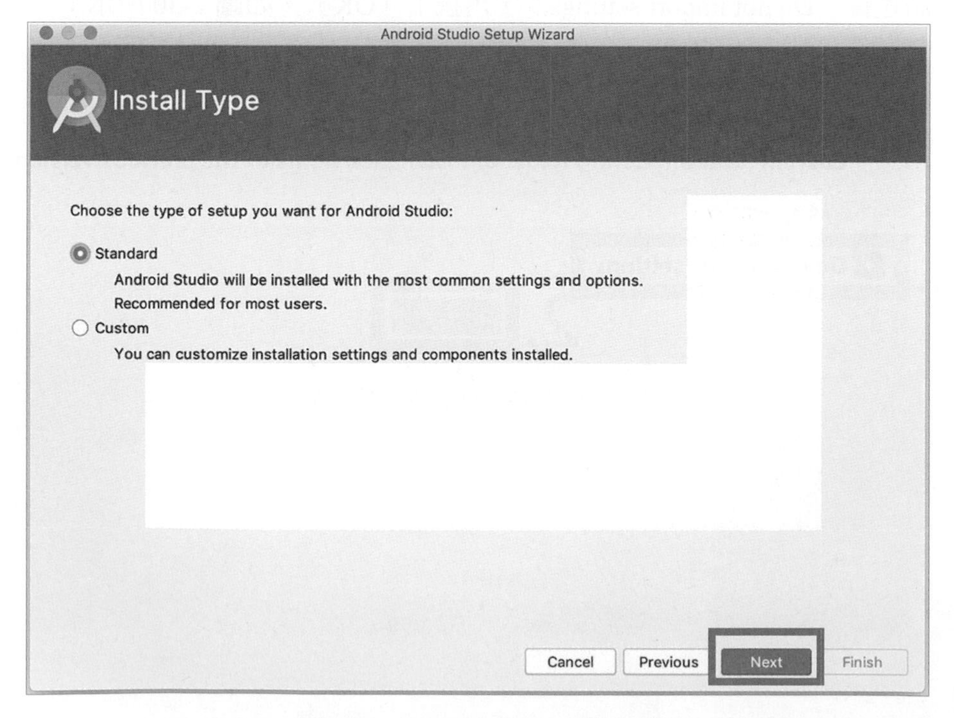

圖 2-32　Android Studio 安裝步驟

7. 請先選擇使用主題，在此以「Darcula」爲例，再按下「Next」，如圖 2-33 所示：

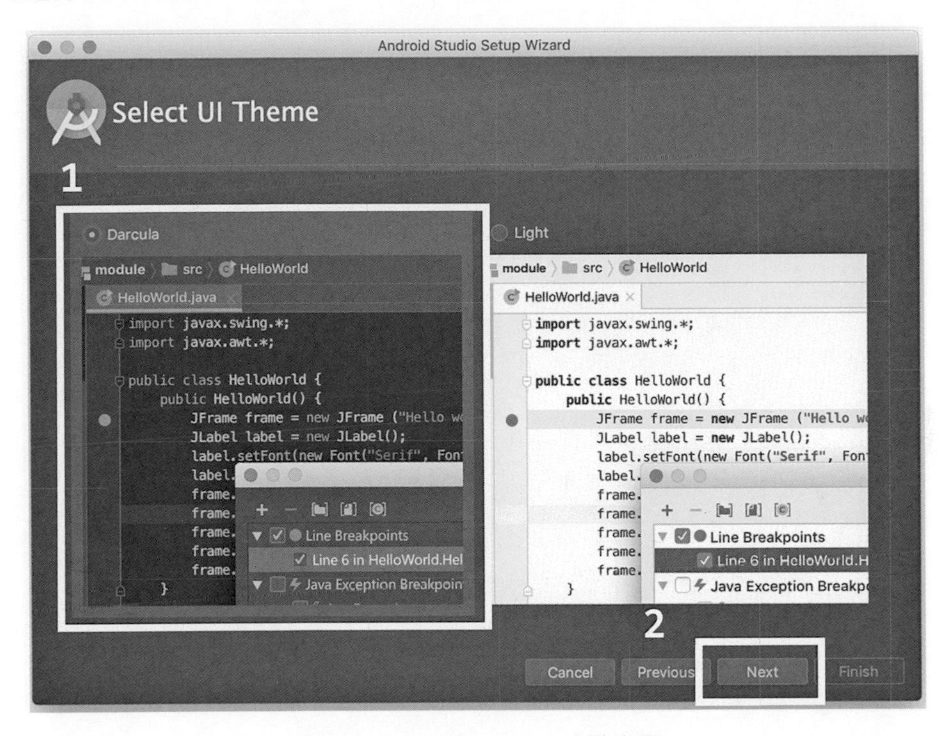

圖 2-33　Android Studio 安裝步驟

8. 按下「Finish」，完成驗證程序，如圖 2-34 所示：

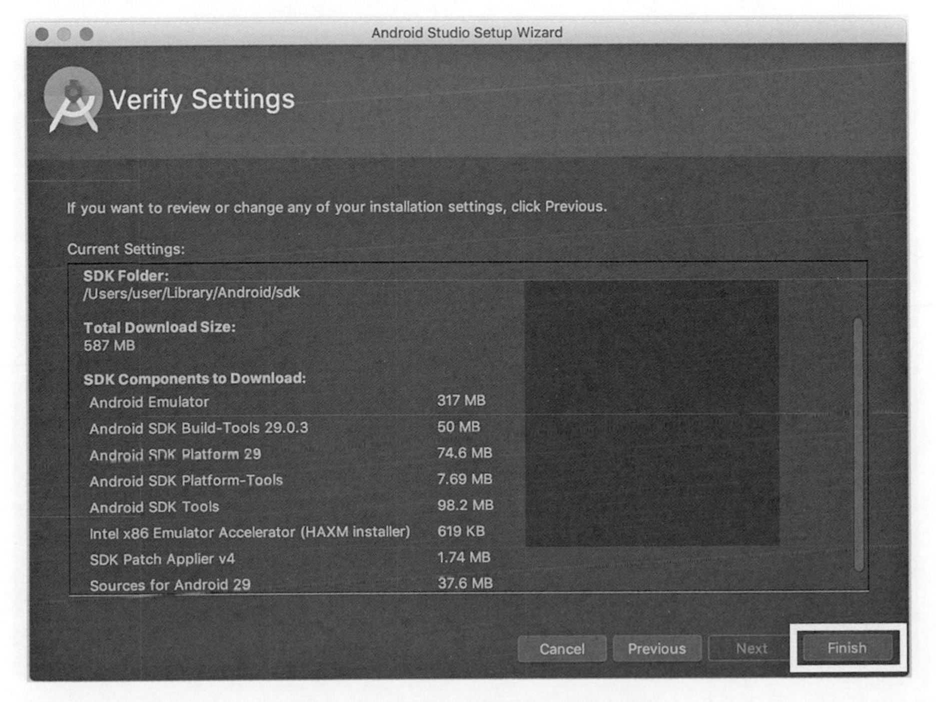

圖 2-34　Android Studio 安裝步驟

9. 接著等待安裝完成即可，如圖 2-35 所示：

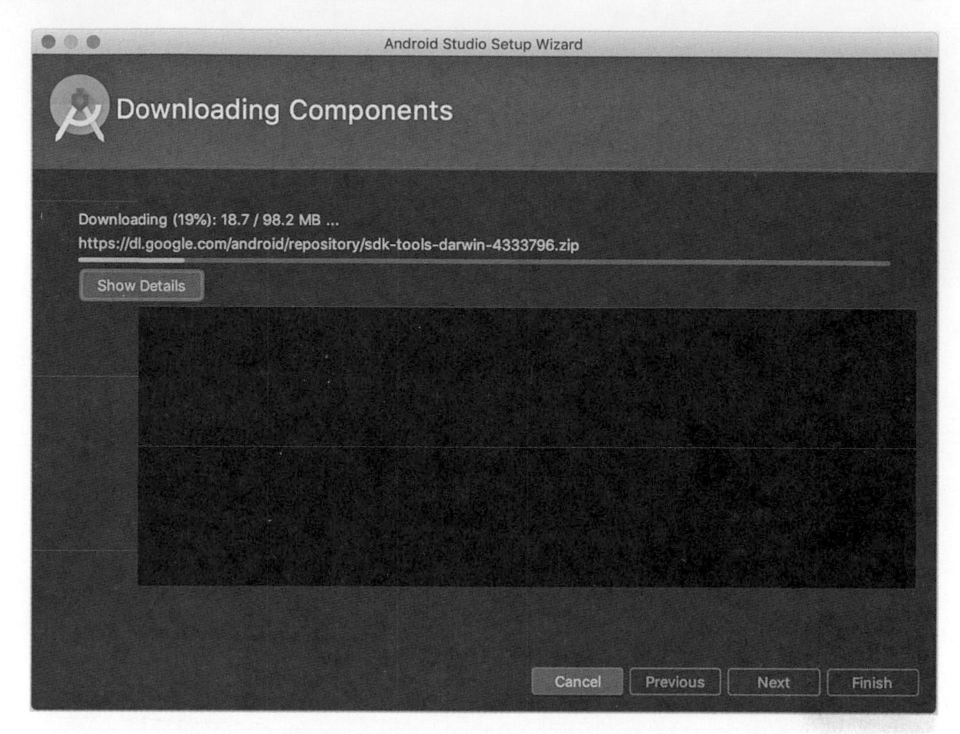

圖 2-35　Android Studio 安裝步驟

10. 安裝完成後即可開啓 Android Studio，如圖 2-36 所示：

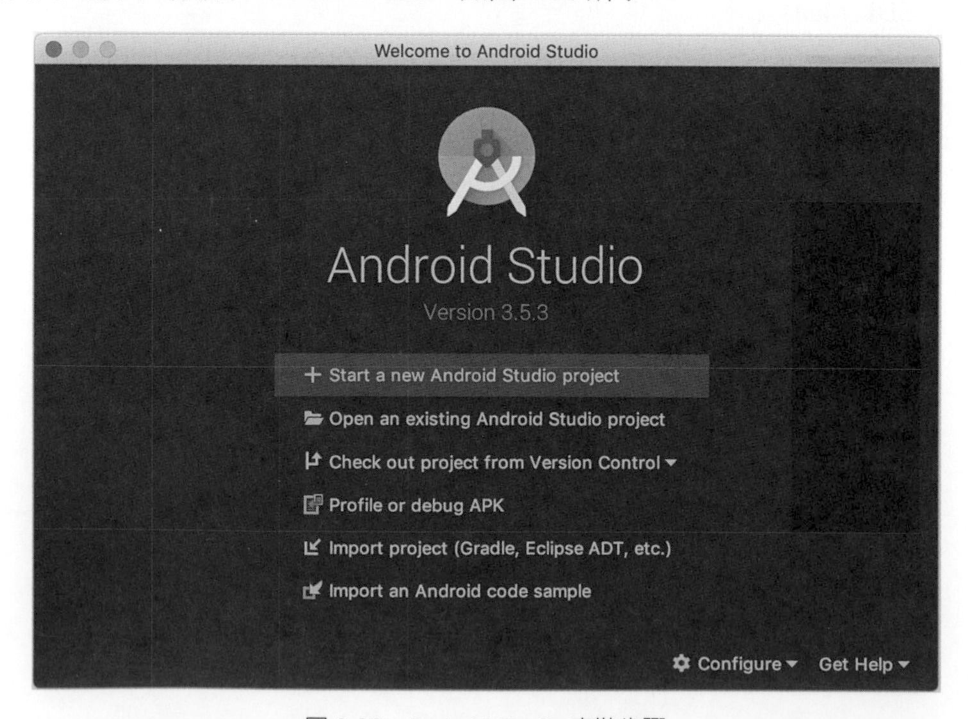

圖 2-36　Android Studio 安裝步驟

11. 安裝完「Android Studio」後，接著安裝 SDK。首先打開「Android Studio」，點擊右下角「Configure」，如圖 2-37 所示：

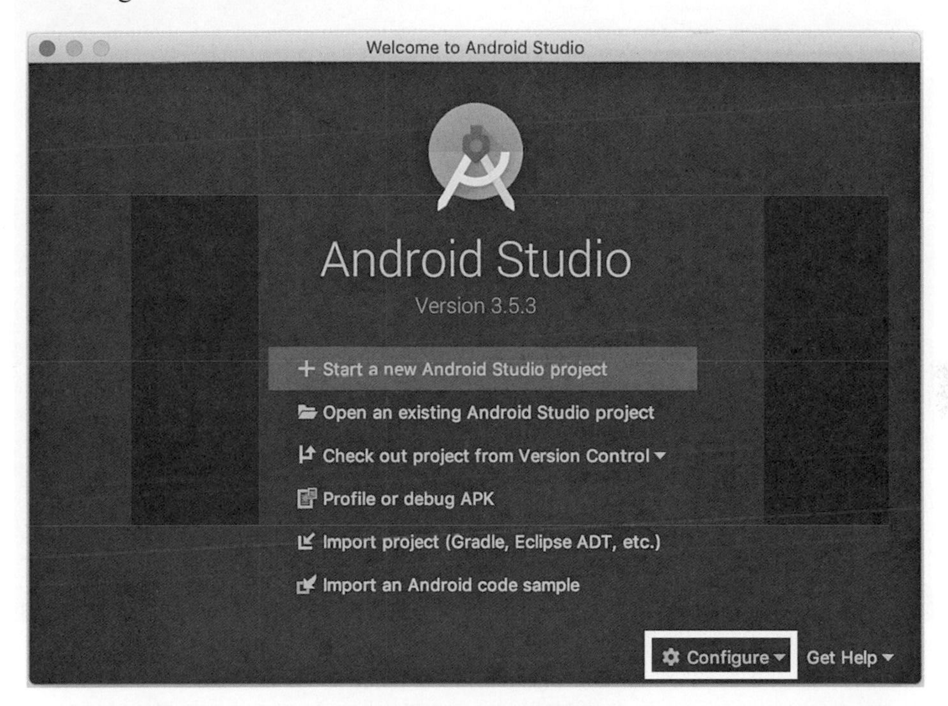

圖 2-37 SDK 安裝步驟

12. 選擇「SDK Manager」，如圖 2-38 所示：

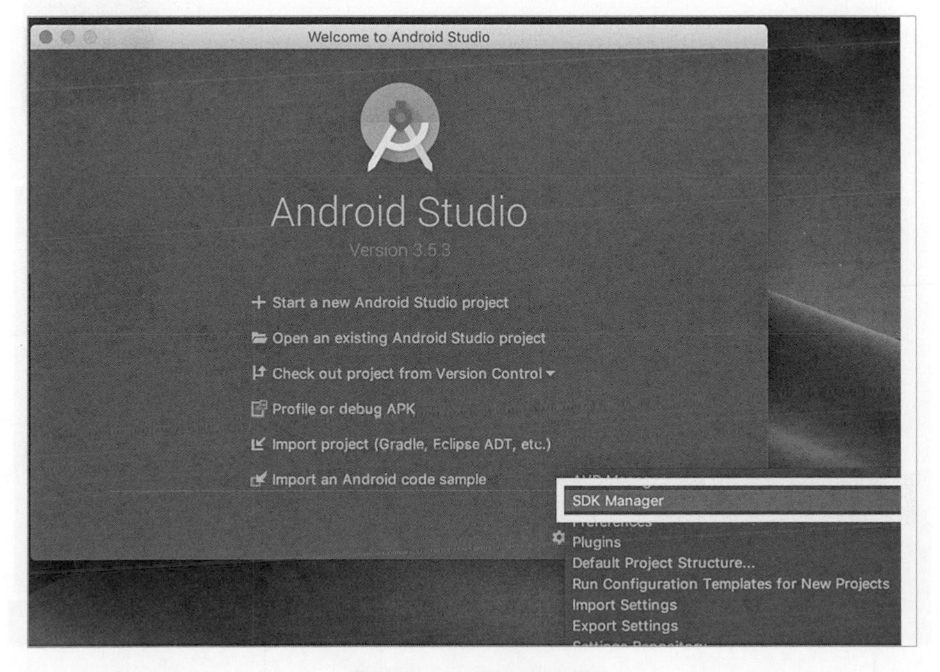

圖 2-38 SDK 安裝步驟

13. 請勾選右下角「Show Package Details」，開啓詳細內容，如圖 2-39 所示：

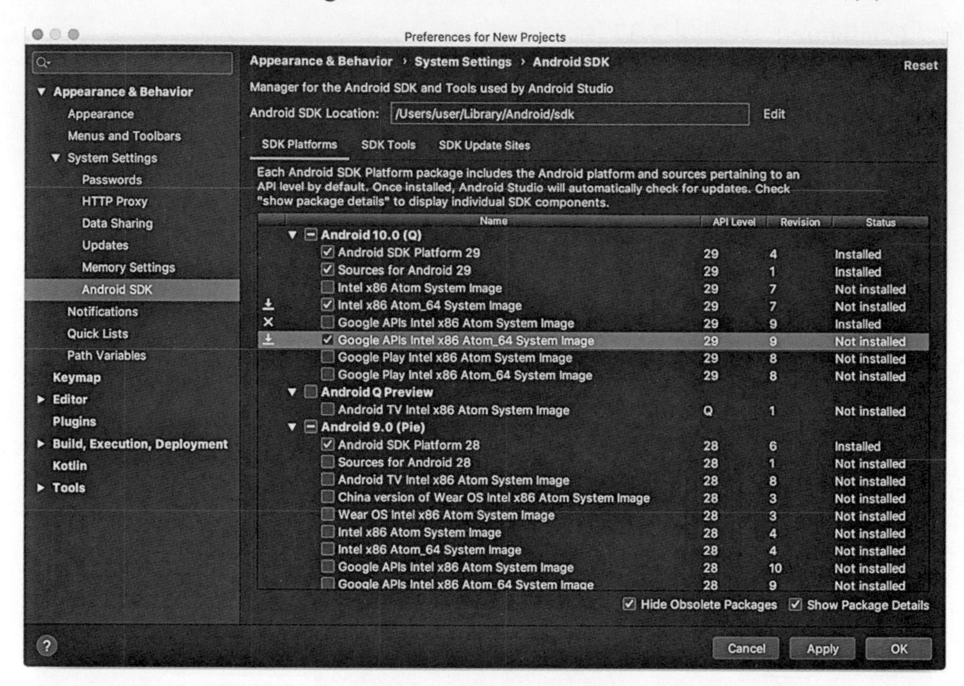

圖 2-39　SDK 安裝步驟

14. 在此我們以安裝 Android 10.0 爲例，請勾選圖 2-40 中所列五個項目，再按下「OK」進行安裝。

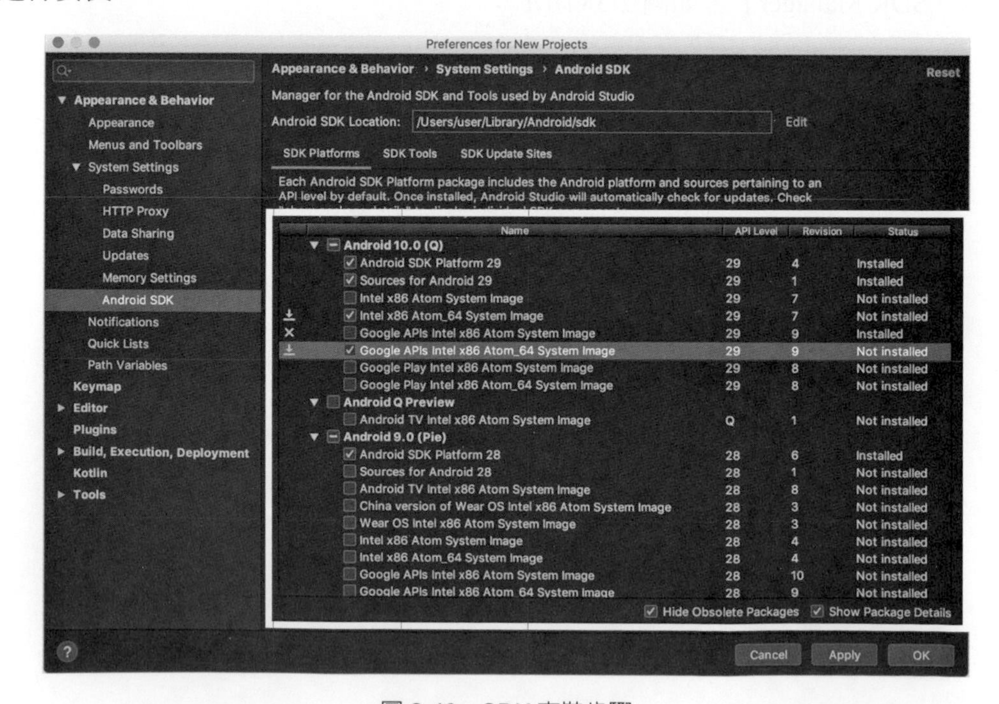

圖 2-40　SDK 安裝步驟

備註：SDK 勾選項目如下

- Android SDK Platforms 29
- Source for Android 29
- Intel x86 Atom_64 System Image
- Google APIs Intel x86 Atom_64 System Image

15. 請確認安裝內容，再按下「OK」，如圖 2-41 所示：

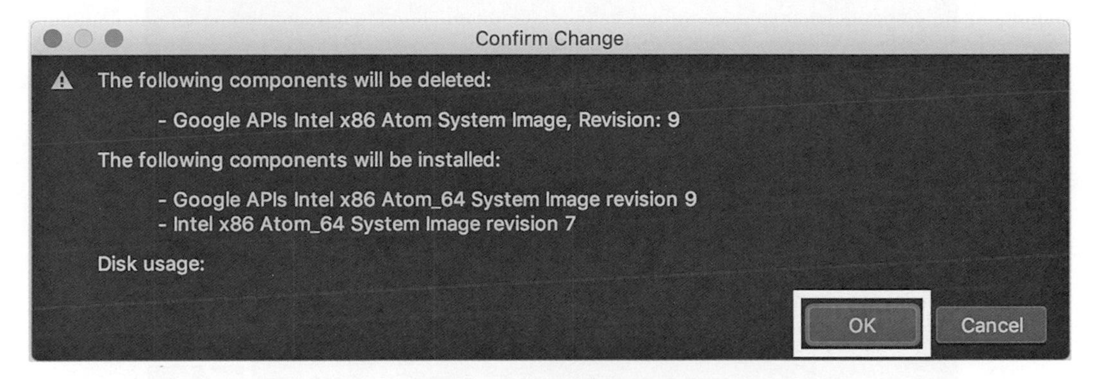

圖 2-41　SDK 安裝步驟

16. 請先點擊「Accept」，再按下「Next」，如圖 2-42 所示：

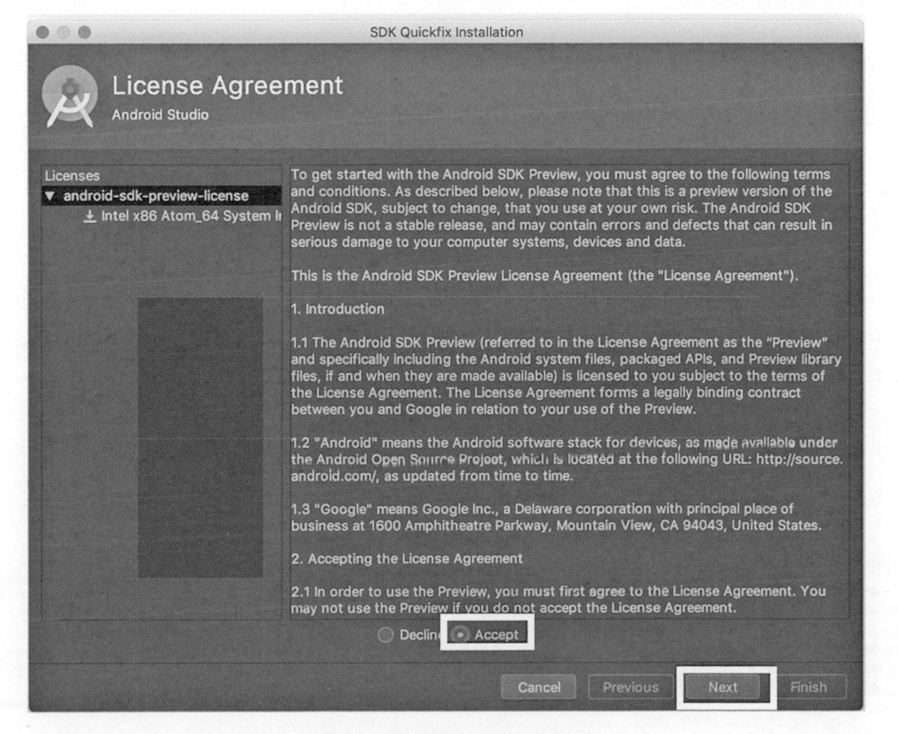

圖 2-42　SDK 安裝步驟

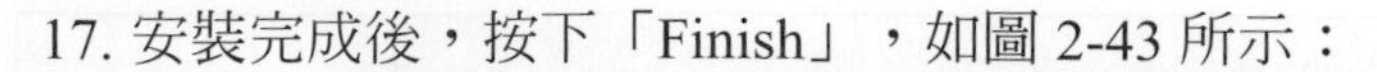

17. 安裝完成後，按下「Finish」，如圖 2-43 所示：

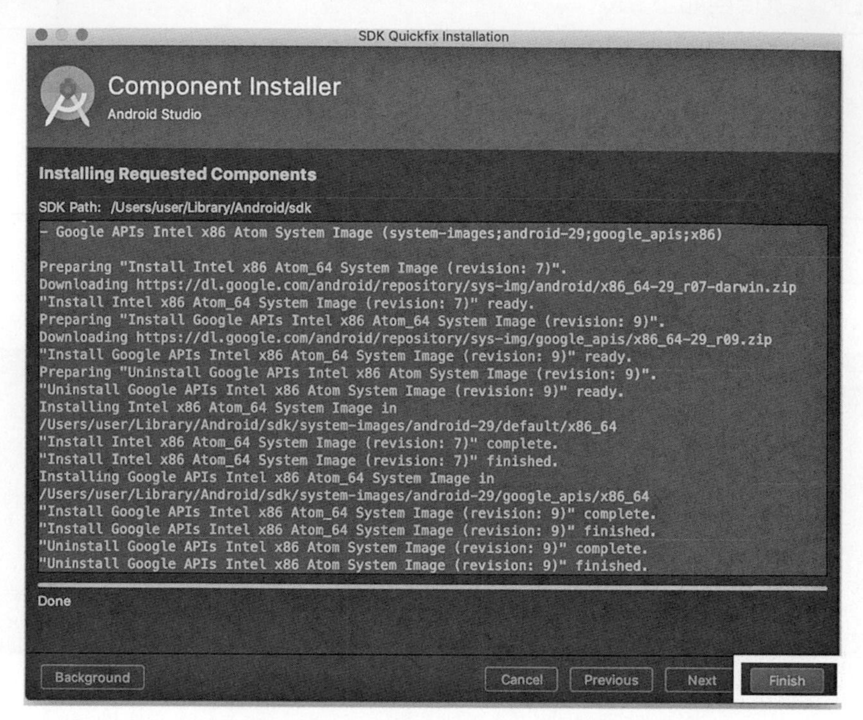

圖 2-43　Android Studio 安裝步驟

■ 設定 Android 環境變數

在 MacOS 系統下，第一次設定 Android SDK 可能會出現 adb 無法使用的狀況，而造成這個問題的主因是尚未將 Android SDK 設定環境變數。所以接下來會一一解說關於環境變數之設定步驟。

1. 請開啟終端機，並依序輸入下列指令，如圖 2-44 所示：

```
echo export 'ANDROID_HOME=$HOME/Library/Android/sdk' >> ~/.bash_profile
echo export 'PATH=$PATH:$ANDROID_HOME/emulator' >> ~/.bash_profile
echo export 'PATH=$PATH:$ANDROID_HOME/tools' >> ~/.bash_profile
echo export 'PATH=$PATH:$ANDROID_HOME/tools/bin' >> ~/.bash_profile
echo export 'PATH=$PATH:$ANDROID_HOME/platform-tools' >> ~/.bash_
profile
```

```
user — -bash — 102×24
Userde-MacBook-Pro:~ user$ echo export 'ANDROID_HOME=$HOME/Library/Android/sdk' >> ~/.bash_profile
Userde-MacBook-Pro:~ user$ echo export 'PATH=$PATH:$ANDROID_HOME/emulator' >> ~/.bash_profile
Userde-MacBook-Pro:~ user$ echo export 'PATH=$PATH:$ANDROID_HOME/tools' >> ~/.bash_profile
Userde-MacBook-Pro:~ user$ echo export 'PATH=$PATH:$ANDROID_HOME/tools/bin' >> ~/.bash_profile
Userde-MacBook-Pro:~ user$ echo export 'PATH=$PATH:$ANDROID_HOME/platform-tools' >> ~/.bash_profile
Userde-MacBook-Pro:~ user$
```

圖 2-44　環境變數設定步驟

2. 回到終端機，輸入下列文字，更新環境變數，如圖 2-45 所示：

```
source ~/.bash_profile
```

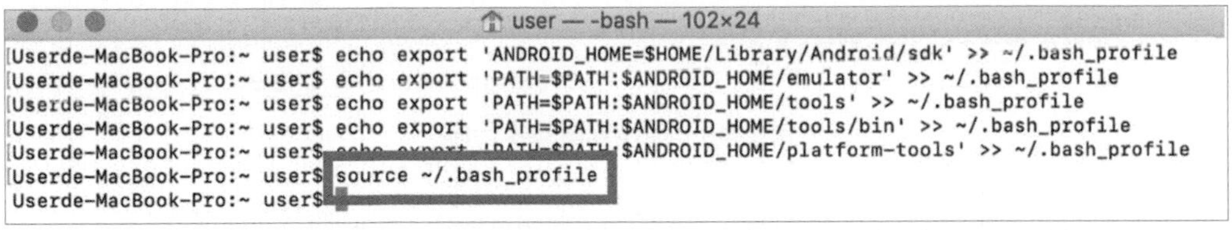

```
user — -bash — 102×24
Userde-MacBook-Pro:~ user$ echo export 'ANDROID_HOME=$HOME/Library/Android/sdk' >> ~/.bash_profile
Userde-MacBook-Pro:~ user$ echo export 'PATH=$PATH:$ANDROID_HOME/emulator' >> ~/.bash_profile
Userde-MacBook-Pro:~ user$ echo export 'PATH=$PATH:$ANDROID_HOME/tools' >> ~/.bash_profile
Userde-MacBook-Pro:~ user$ echo export 'PATH=$PATH:$ANDROID_HOME/tools/bin' >> ~/.bash_profile
Userde-MacBook-Pro:~ user$ echo export 'PATH=$PATH:$ANDROID_HOME/platform-tools' >> ~/.bash_profile
Userde-MacBook-Pro:~ user$ source ~/.bash_profile
Userde-MacBook-Pro:~ user$
```

圖 2-45　環境變數設定步驟

3. 更新成功後，於終端機輸入下列文字，驗證是否已將 Android 配置完成。倘若執行後出現 adb 之命令參數，表示配置成功；否則將會出現「-bash: adb: command not found」訊息，如圖 2-46 所示：

```
adb
```

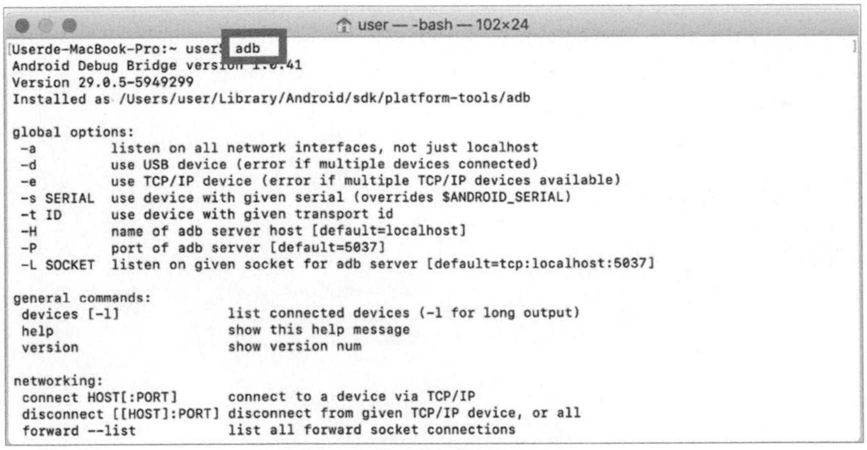

```
user — -bash — 102×24
Userde-MacBook-Pro:~ user$ adb
Android Debug Bridge version 1.0.41
Version 29.0.5-5949299
Installed as /Users/user/Library/Android/sdk/platform-tools/adb

global options:
 -a         listen on all network interfaces, not just localhost
 -d         use USB device (error if multiple devices connected)
 -e         use TCP/IP device (error if multiple TCP/IP devices available)
 -s SERIAL  use device with given serial (overrides $ANDROID_SERIAL)
 -t ID      use device with given transport id
 -H         name of adb server host [default=localhost]
 -P         port of adb server [default=5037]
 -L SOCKET  listen on given socket for adb server [default=tcp:localhost:5037]

general commands:
 devices [-l]             list connected devices (-l for long output)
 help                     show this help message
 version                  show version num

networking:
 connect HOST[:PORT]      connect to a device via TCP/IP
 disconnect [[HOST]:PORT] disconnect from given TCP/IP device, or all
 forward --list           list all forward socket connections
```

圖 2-46　環境變數設定步驟

4. 由於必須更改 Java JDK 之環境變數，請開啓終端機，並輸入下列指令，如圖 2-47 所示：

```
/usr/libexec/java_home -v
```

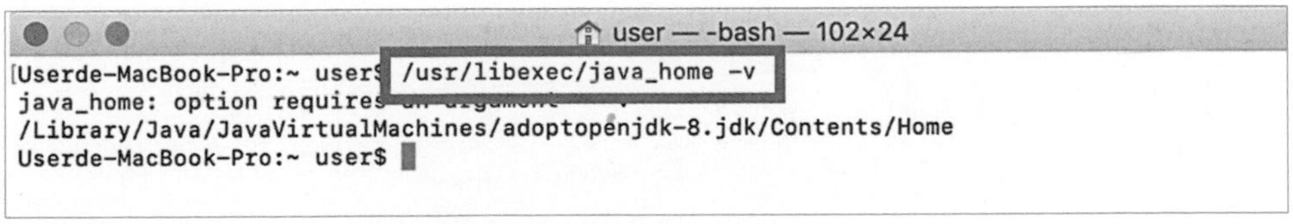

```
user — -bash — 102×24
Userde-MacBook-Pro:~ user$ /usr/libexec/java_home -v
java_home: option requires an argument -- v
/Library/Java/JavaVirtualMachines/adoptopenjdk-8.jdk/Contents/Home
Userde-MacBook-Pro:~ user$
```

圖 2-47　環境變數設定步驟

5. 請將搜尋到的 Java JDK 路徑複製，如圖 2-48 所示：

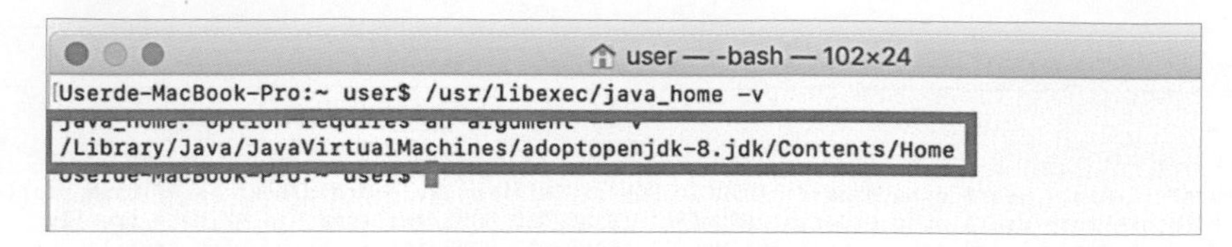

圖 2-48　環境變數設定步驟

6. 請開啟「Android Studio」，點擊右下角「Configure」，如圖 2-49 所示：

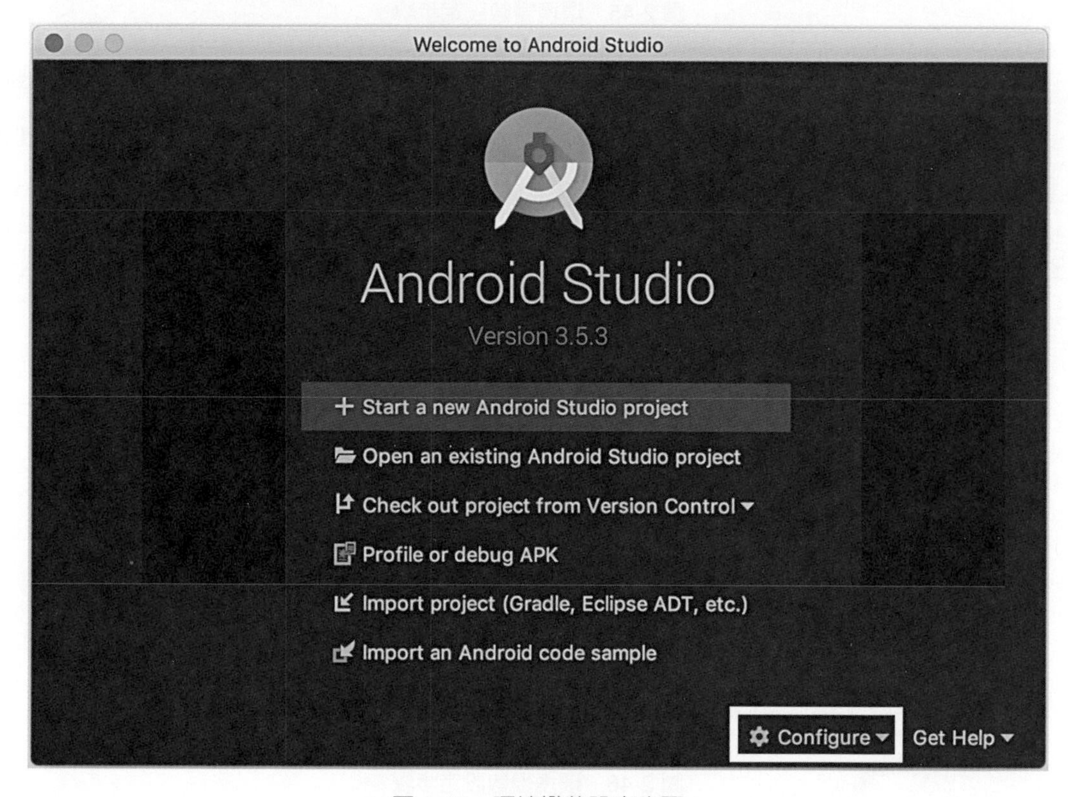

圖 2-49　環境變數設定步驟

7. 選擇「Default Project Structure」，如圖 2-50 所示：

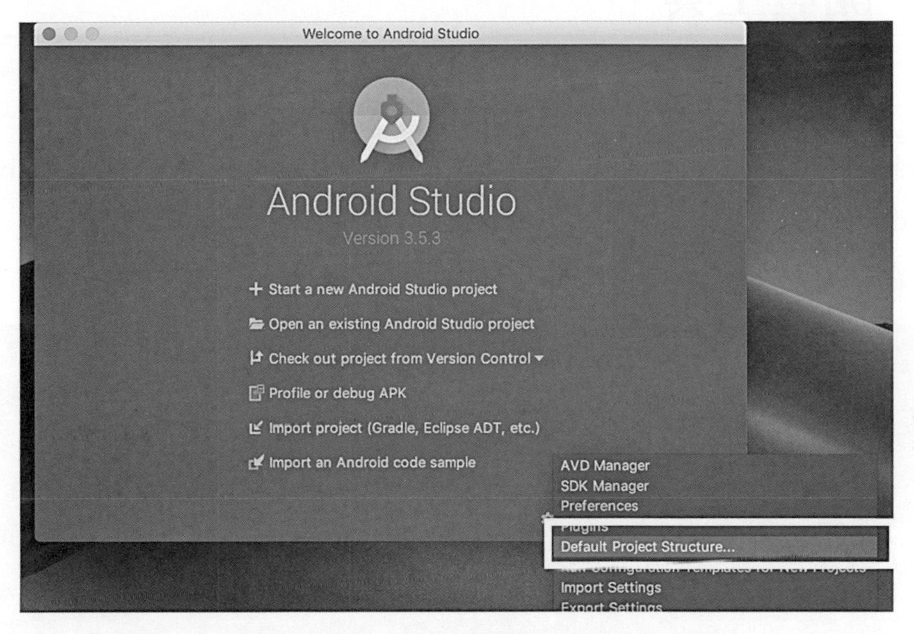

圖 2-50 環境變數設定步驟

8. 最後，將複製的 JDK 路徑貼至「JDK location」，再按下「OK」，如圖 2-51 所示：

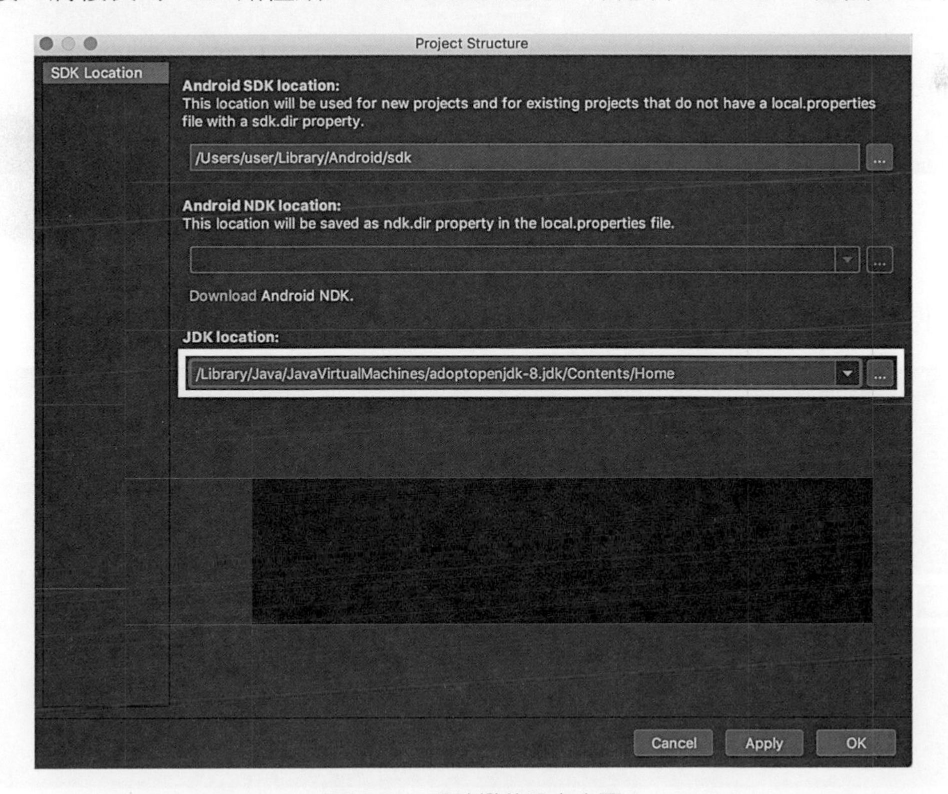

圖 2-51 環境變數設定步驟

2-2 開發工具

2-2-1 Visual Studio Code

本書將使用 Visual Studio Code(以下簡稱 VS Code) 工具，開發 React Native，請前往 VS Code 官方網站下載。本書以 1.42 版為例，如圖 2-52 所示：

官方網站：https://code.visualstudio.com/

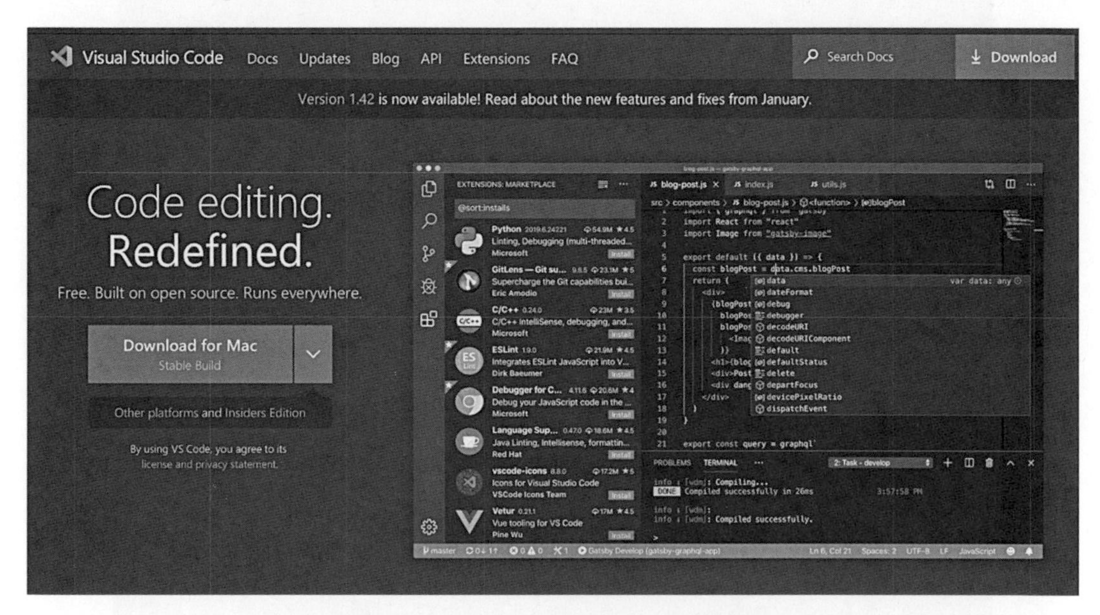

圖 2-52　Visual Studio Code 官方網站

1. 請開啓 VS Code，並點擊左方側邊欄的「擴充工具」，如圖 2-53 所示：

圖 2-53　VS Code 套件安裝步驟

2. 於搜尋欄位中輸入「vscode-icons」，如圖 2-54 所示：

圖 2-54　VS Code 套件安裝步驟

3. 即為搜尋結果中的第一個項目，點擊該項目，即可於右側查看該套件詳細功能，如圖 2-55 所示：

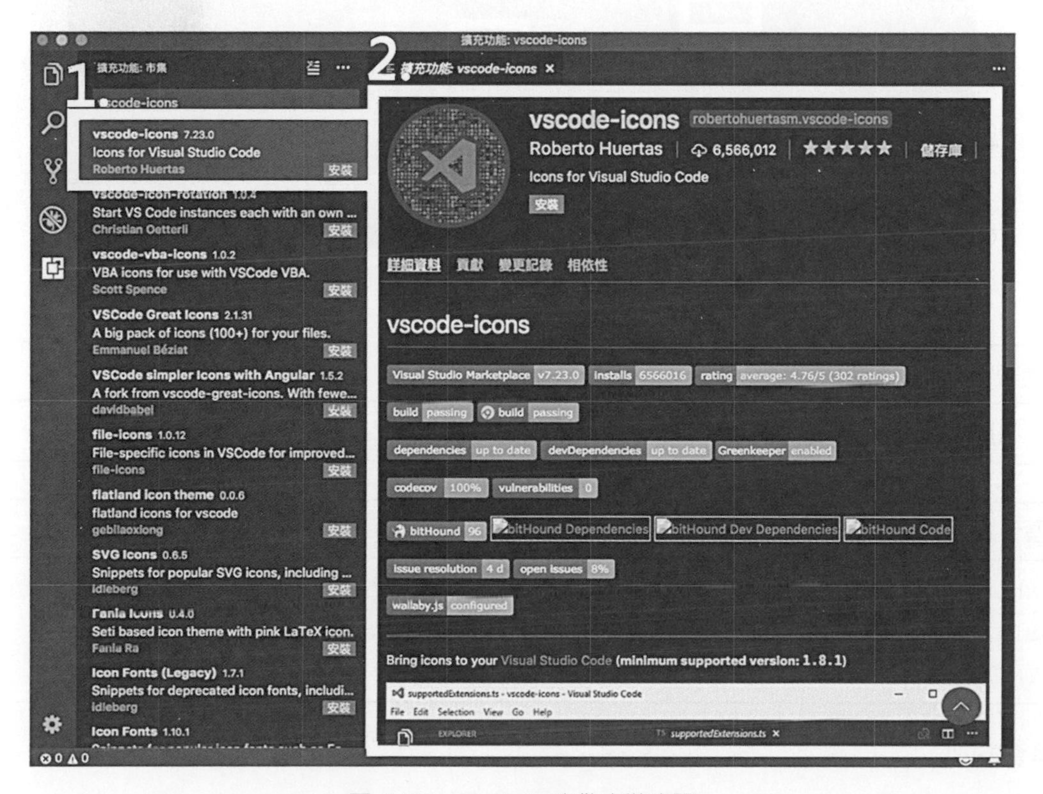

圖 2-55　VS Code 套件安裝步驟

4. 請按下「安裝」，如圖 2-56 所示：

圖 2-56　VS Code 套件安裝步驟

安裝完成後，請按下「重新載入」，如圖 2-57 所示：

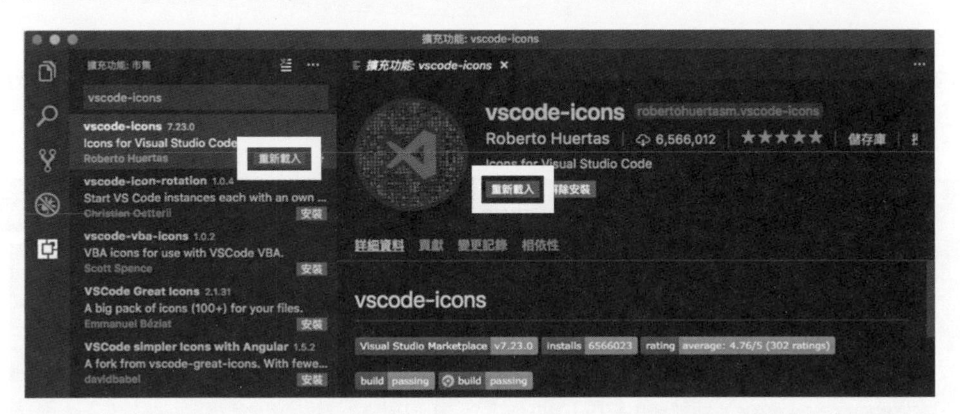

圖 2-57　VS Code 套件安裝步驟

備註：
每次安裝完工具後，皆須重新載入 Visual Studio Code。

套件推薦：	
•Babel ES6/ES7	•JavaScript (ES6) code snippets
•ESLint	•React Native Tools
•HTML Snippets	•Reactjs code snippets

參考資料：

React Native 官方網站：

https://facebook.github.io/react-native/docs/getting-started.html

Chapter 3

第一個 React Native 專案

本章內容

- 3-1　建立專案
- 3-2　模擬器執行

將 React Native 的執行環境安裝完成後，本章將開始引導讀者建立一個 React Native 專案，以及介紹如何在模擬器與實體手機上執行專案。

在開始進行本章之前，讀者可以透過附錄 A 安裝的 Visual Studio Code 將 React Native 專案開啓，方便閱讀及編輯設定。此外，目前 Windows 作業系統上無法執行 iOS 的開發，因此本書將以 Mac OS 作業系統來做專案示範。

3-1 建立專案

開啓終端機 .app，移動到要建立專案的目錄下，並且輸入以下指令，初始化一個名爲「FirstProject」的 React Native 專案：

```
npx react-native init FirstProject
```

指令說明

1. npx 爲透過 npm 套件管理器來建立 React Native 專案的指令。
2. react-native init 表示初始化 React Native 專案。
3. FirstProject 爲專案名稱。

完成建立 React Native 專案後，接下來要簡單地介紹檔案結構與幾個重要的檔案，讓讀者可以對整個專案有大概的了解。

3-1-1 專案檔案結構

首先，進入 FirstProject 資料夾，便可以看到一個完整的專案目錄，如下所示：

```
├── android/              # Android 原生專案（Native Project）
├── ios/                  # iOS 原生專案（Native Project）
├── node_module/          # JS 套件庫（JS Libraries）
├── App.js                # 預設 App 元件
├── Index.js              # 預設 React Native App 入口
├── app.json              # React Native App 的設定
├── package.json          # JS 相依性紀錄檔
└── package-lock.json     # 檢驗套件版本
```

詳細專案檔案目錄解說分述如下：

android 與 ios

android 與 ios 資料夾分別儲存著兩個平台必備的檔案與資料，一般開發時不會去動到這裡的檔案，但有幾個例外狀況，像是要執行在實體手機上，或是當遇到 React Native 官方未提供的功能，必須要自己撰寫原生模組的時候等。

node_module

在專案中一些必要的模組，以及透過 npm 安裝的套件，都會存放在此資料夾中。這邊需要注意的是，一般開發時，爲了避免一些錯誤發生，通常不會直接修改此目錄中的檔案。

App.js

React Native 建立專案後預設的元件，有關元件的詳細使用方式將會在第 4 章 React Native 基礎介紹。

Index.js

此檔案爲整個專案的程式進入點，詳細程式說明將會再介紹。

app.json

APP 應用程式的設定檔，例如：專案名稱或是顯示在手機上的名稱等。

package.json

在 package.json 中主要存放一些專案的資訊，例如專案名稱、版本及描述等，未來若有在專案中安裝套件，也都會顯示在此檔案中，其他詳細說明將會再介紹。

package-lock.json

package-lock.json 是在 npm5 之後才推出的，當 node_modules 或 package.json 發生變動時會自動產生文件，並檢驗版本是否吻合，且每次 npm install 或 update 時都會進行更新。

3-1-2　專案進入點 index.js

此檔案為 React Native 專案啓動時的進入點，執行專案時，會負責將應用程式的資訊顯示在頁面上，預設沒有使用任何架構，本書在後面章節使用 Redux 與 Dva 架構時，也會在這裡設定，因此目前了解基本的設定即可，如下所示：

index.js

```
1 import {AppRegistry} from 'react-native'
2 import App from './App'
3 import {name as appName} from './app.json'
4
5 AppRegistry.registerComponent(appName, () => App)
```

程式碼說明

1. 第 1 行程式碼，引入 AppRegistry，它是整個 React Native 應用程式執行時的進入點。
2. 第 2 行程式碼，引入 APP 預設元件。
3. 第 3 行程式碼，引入 app.json 設定檔中的 name 參數，並命名為 appName 表示應用程式要顯示的名字。
4. 第 5 行程式碼，透過 AppRegistry 的 registerComponent 方法，將 appName 與 App 根元件（Root Component）註冊，讓專案執行時，原生的程式可以載入並正常運作程式。

備註：import

在 JavaScript 中可以透過 import 語法來引入程式模組（Module），並且會搭配 export 或 default export 使用，在 React Native 中 import 是很常見的引入方式，因此這邊介紹幾個 import 重點，如下：

1. 由大括號的方式引入的模組，表示 test01 元件中有 export 三個模組，注意引入的名稱必須跟 test01 元件中 export 的名稱相同。

```
import {A, B, C} from 'test01'
```

2. 直接引入模組，表示 test02 元件中有 default export 的模組，使用此方式 import 的名稱不需跟 test02 元件中 export 的名稱相同。

```
import A from 'test02'
```

3. 透過 as 可以為引入的模組取名，如下，將 A 模組重新命名為 MyApp，注意命名只適用在第一種引入方式，不適用在第二種。

```
import {A as MyApp, B, C} from 'test01'
```

4. 如果引入的檔案是 json 檔，此 json 檔就不需要 export 或 default export，import 可直接引入即可。

3-1-3 package.json

package.json 檔案是以 JSON 格式來存放專案的一些資訊，包含專案描述、自訂指令或安裝套件紀錄等，而本小節將會針對安裝套件紀錄詳細說明，也就是檔案中的 dependencies 區塊。

dependencies 區塊爲記錄此專案依賴的套件，也就是此專案中所安裝的套件模組，主要是紀錄套件名稱及安裝的版本，如下所示：

```
"dependencies": {
    "react": "16.9.0",
    "react-native": "0.61.5"
}
```

這邊值得注意的是，若讀者是從網路上取得他人分享的 React Native 專案時，通常都不會有 node_modules 資料夾，因爲 node_modules 下都是存放依賴套件的內容，會讓整個專案變得十分龐大，爲了避免這樣的問題，我們會先將 node_modules 刪除，再傳送至網路上或給其他人。

因此當取得他人的專案時，必須先在專案目錄下執行安裝套件指令，如下，此時 npm 會搜尋 package.json 中記錄在 dependencies 的套件，並判斷套件名稱及版本才會安裝到此資料夾下。

```
npm install
```

當要解除安裝套件時，可以透過 npm uninstall 加上要刪除的套件名來刪除，如下所示：

```
npm uninstall react-native
```

指令說明

執行上述指令後，便會將 react-native 套件解除安裝，同時也會將套件名稱從 dependencies 中移除。

若未來讀者要安裝其他套件時，也可以透過 npm install 來安裝，並在指令後方加上「--save」參數，這邊以安裝 express 套件爲例，如下所示：

```
npm install --save react-native
```

指令說明

上述指令除了會安裝 react-native 套件之外，也會將 react-native 套件名稱與版本新增到 dependencies 中，但若沒有加上「--save」參數，則此套件的名稱可能不會出現在 dependencies 中，而此用意，除了讓開發者可以方便地管理專案套件之外，也可以讓安裝在自己電腦的專案，移動到其他電腦時，只需要在專案根目錄下執行 npm install，就會自動安裝 package.json 清單中相關的套件，避免有些套件沒有安裝到，而造成執行錯誤。

上述範例主要目的是讓讀者了解，如何安裝以及解除安裝套件，因此若讀者有接續著專案進行練習的話，要記得將 react-native 套件安裝回來唷！

3-2 模擬器執行

了解了建立專案以及專案的基本目錄架構後，本節開始使用 iOS 與 Android 模擬器執行初始化後的 React Native 專案，並引導讀者使用開發者選單進行專案的測試。

3-2-1 執行專案

首先介紹 iOS 模擬器測試。開啓終端機 .app，透過指令移動到專案目錄下，並使用 iOS 版本的指令來執行專案，如下所示：

```
cd FirstProject
npx react-native run-ios
```

react-native 在接收到此指令之後，會自動尋找在專案 iOS 資料夾中的執行檔案，完成後就會看到 iOS 模擬器自動開啓，並且成功的將專案執行在 iOS 模擬器上，如圖 3-1 所示。

接著使用 Android 模擬器來執行專案，本書會以 Android Studio 的模擬器來測試程式，因此先開啓 Android Studio 執行模擬器，再使用終端機中的命令列，輸入指令執行 React Native 專案。

接下來會一步一步帶著大家進行以上所提到的動作。

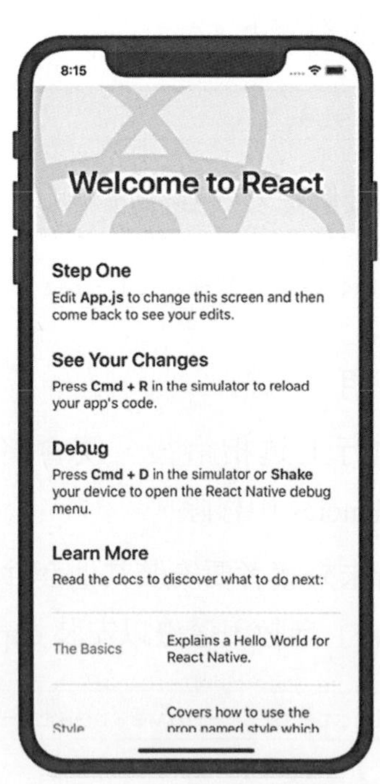

圖 3-1　執行 iOS 模擬器

1. 首先，先開啓 Android Studio.app，點選圖中的「Configure」，接著點選「AVD Manager」，如圖 3-2 所示：

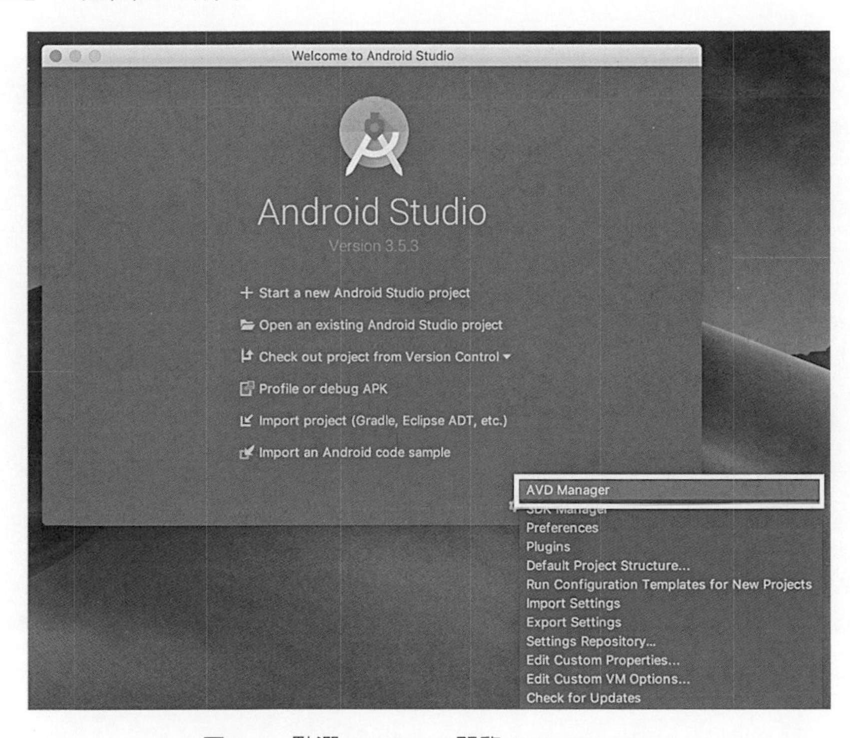

圖 3-2　點選 Configure 開啓 AVD Manager

2. 點選「Create Vitual Device…」，如圖 3-3 所示：

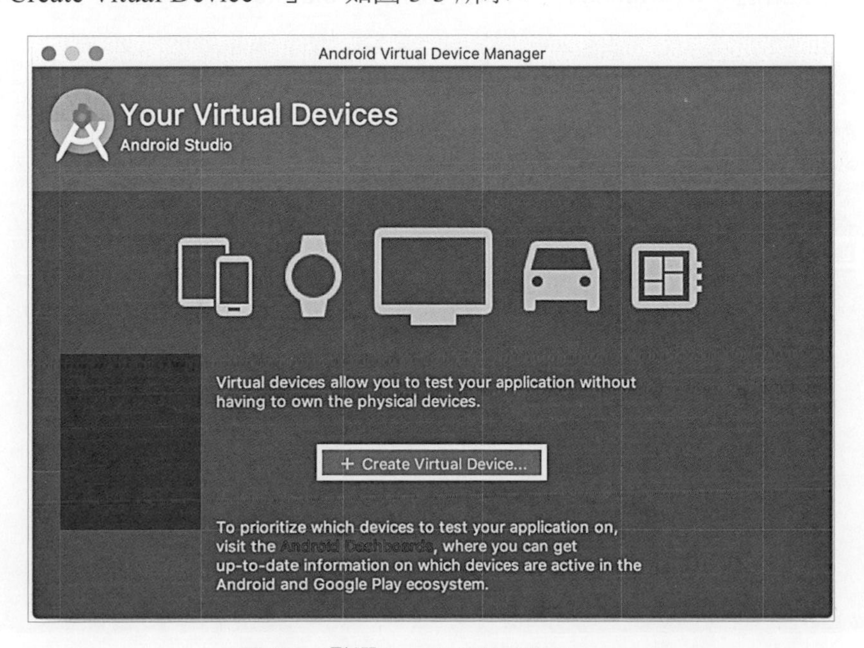

圖 3-3　點選 Create Vitual Device…

3. 隨意選擇一個模擬器後點選「Next」，本範例使用「Pixel 3 XL」模擬器，如圖 3-4 所示：

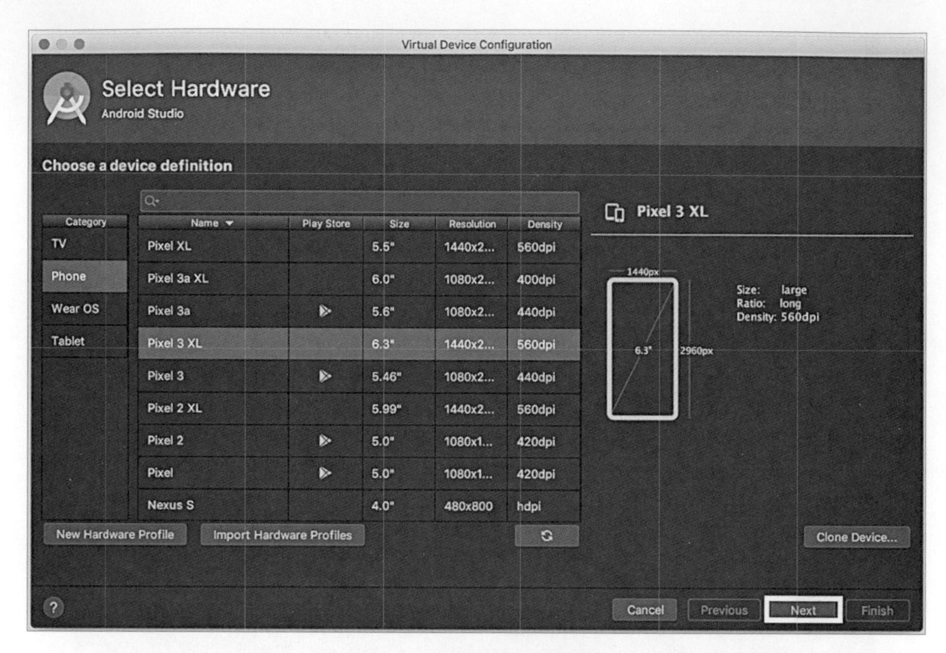

圖 3-4　選擇手機模擬器

4. 安裝 Android 作業系統（如果已有 Android 作業系統，即可直接看到第 6 步），選擇欲安裝版本點選「Download」，本範例採用「Android Q (10.0)」，如圖 3-5 所示：

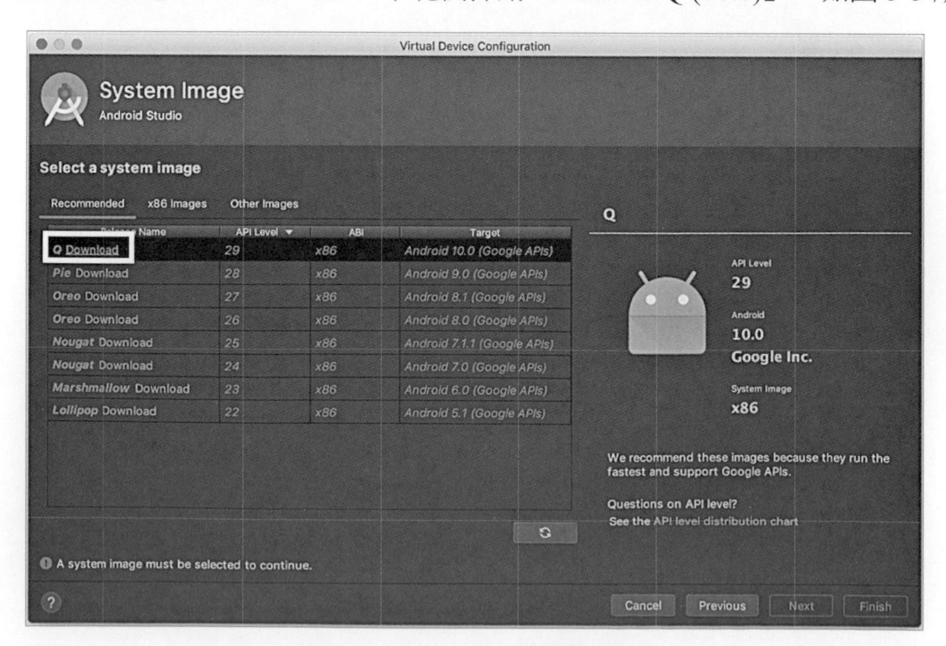

圖 3-5　安裝 Android 作業系統

5. 允許作業系統安裝點選「Accept」後，再點選「Next」，如圖 3-6 所示：

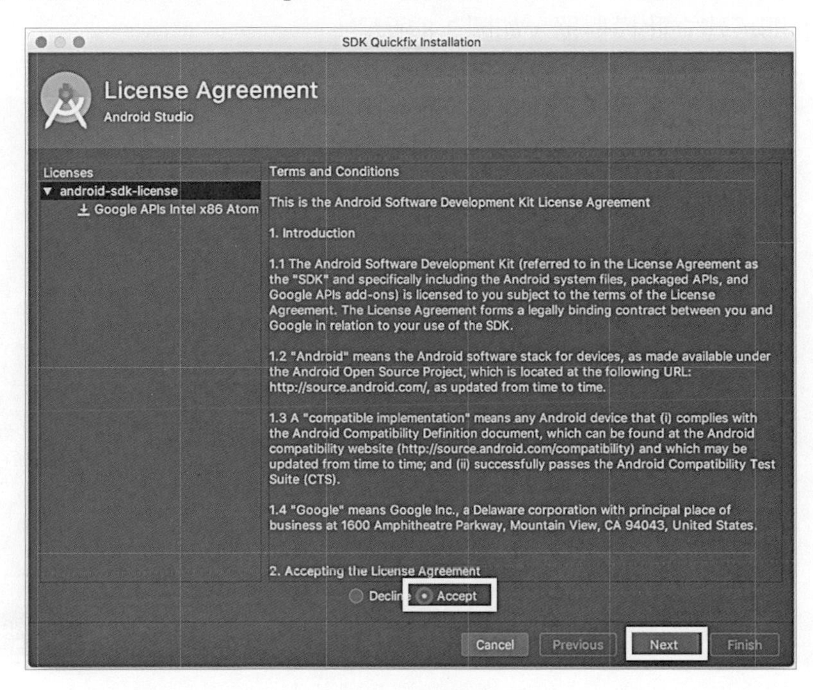

圖 3-6　同意安裝

6. 選擇 Android 作業系統，本範例採用「Android Q (10.0)」，點選「Next」，如圖 3-7 所示：

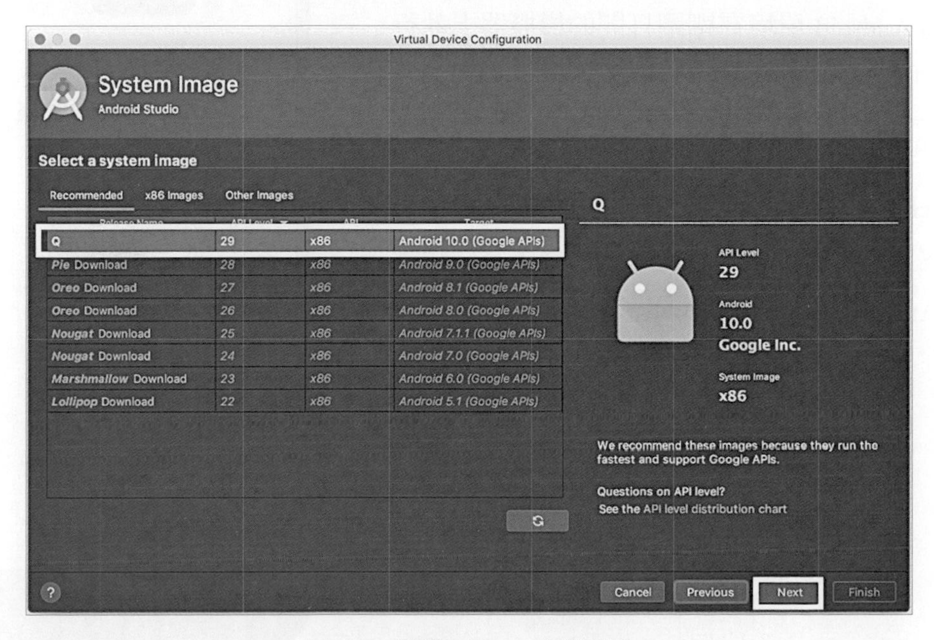

圖 3-7　選擇 Android 作業系統

7. 如果要調整該模擬器的一些細部設定，也可以在此介面進行調整，之後再點選「Finish」即可建立此模擬器，如圖 3-8 所示：

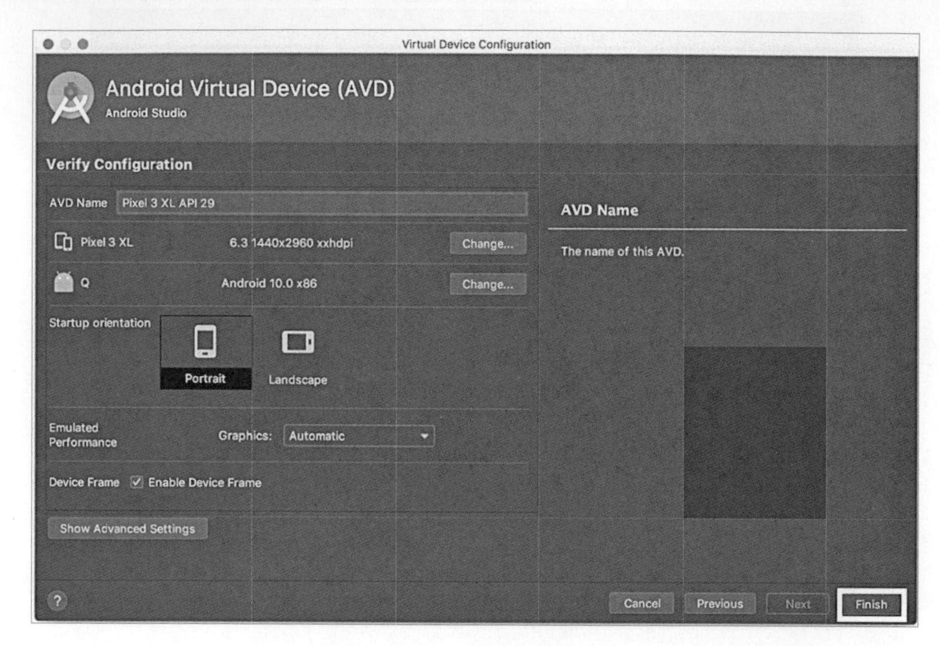

圖 3-8　建立模擬器

8. 接著打開終端機 .app，並且輸入以下指令，透過 Android 環境在剛剛打開的模擬器上執行 React Native 專案：

```
react-native run-android
```

React Native 在接收到此指令之後，會自動尋找在專案 Android 資料夾中的執行檔案，完成後就會看到 Android 模擬器自動開啓，並且成功地將專案執行在 Android 模擬器上，如圖 3-9 所示：

圖 3-9　執行 Android 模擬器

3-2-2 開發者選單

在撰寫專案與測試的過程中，React Native 提供了開發者選單，包含寫完一段新的程式後，可以直接重新執行模擬器、除錯與即時執行等功能，開發者可以透過快捷鍵開始使用此選單內的功能，加快開發的速度。

其中在 iOS 模擬器上按下鍵盤「Command⌘ + D」即可開啓選單（如圖 3-10），而在 Android 模擬器上則是使用「Command⌘ + M」來叫出選單（如圖 3-11）。

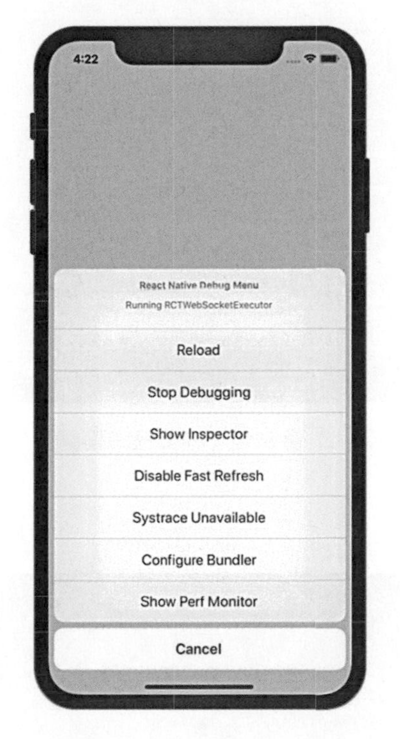

圖 3-10　iOS 開發者選單

圖 3-11　Android 開發者選單

接下來會介紹幾個常用的選單功能，如下所示：

- Reload：當寫完一段新的程式並儲存後，此功能可以直接重新執行模擬器，查看程式結果。

  除了每次寫完新的程式就要開啓選單手動點擊 Reload 按鈕之外，開發者也可以在模擬器上使用鍵盤快捷鍵重新 Reload，其中 iOS 模擬器 Reload 快捷鍵爲「Command⌘ + R」，而 Android 的快捷鍵則是連續按下「R」兩次。

- Debug：程式測試除錯時使用，並以網頁的方式進行，詳細使用方式將在「3-2-3 專案除錯」說明。

3-2-3 專案除錯

在開發 React Native 的專案時若發生錯誤，模擬器便會出現紅黑畫面，如圖 3-12 所示，這時我們除了從錯誤訊息上找出問題之外，還可以透過前一小節開發者選單中的「Debug」除錯。

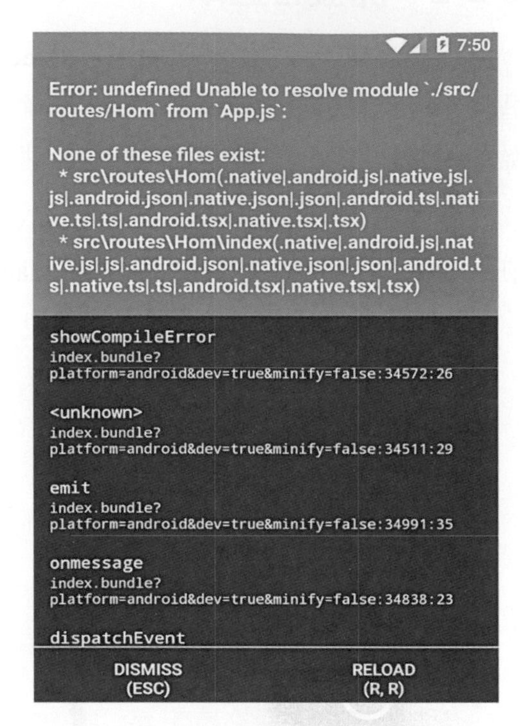

圖 3-12　模擬器錯誤畫面

Debug 這個功能主要是透過瀏覽器來除錯，本書以 Chrome 瀏覽器為例，並使用它的 Developer Tools 來測試專案的執行情況。

首先，在 iOS 模擬器上按下鍵盤「Command⌘ + D」，或是在 Android 模擬器上按下「Command⌘ + M」，並且點擊「Debug」按鈕，Chrome 就會自動開啟「http://localhost:8081/debugger-ui」頁面，如圖 3-13 所示：。

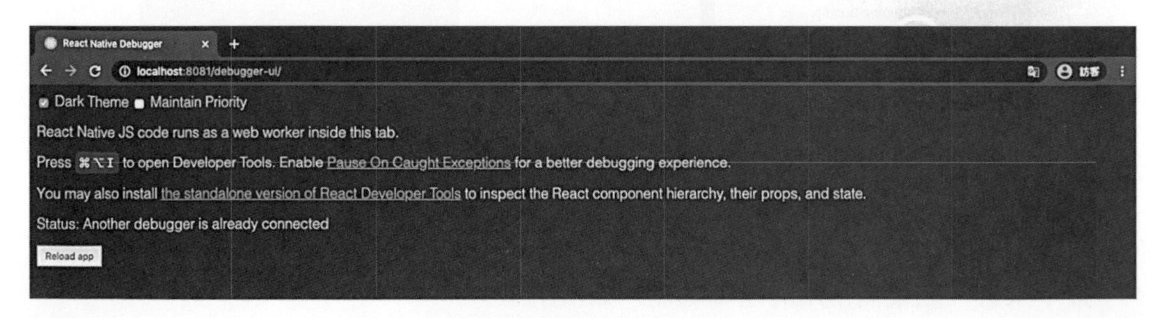

圖 3-13　Debugger 頁面

接下來按下鍵盤「F12」或滑鼠右鍵並點選「檢查」選項，即可開啟 Chrome Developer Tools 中的「Console」來為 React Native 專案偵錯，如圖 3-14 右側。

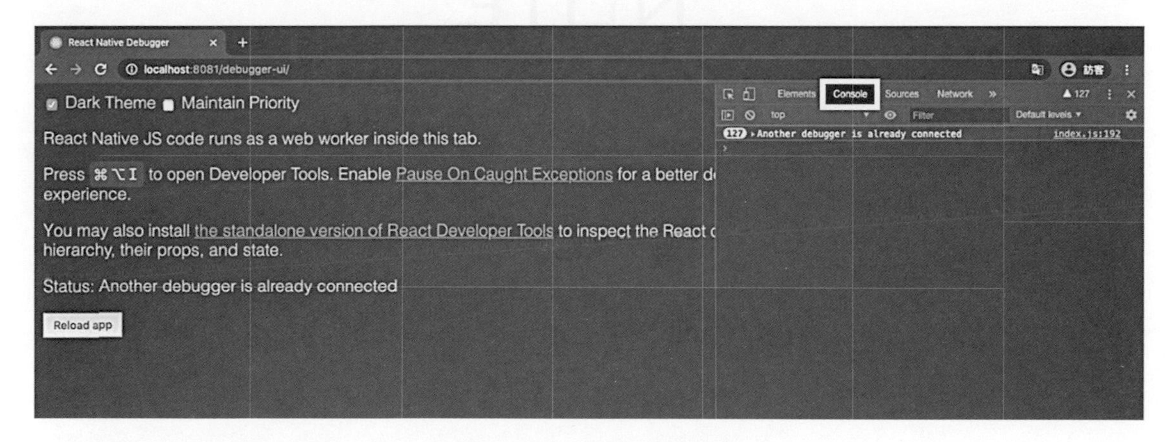

圖 3-14　Console 分頁除錯

除此之外，還能夠在「Sources」分頁，在左方目錄「debuggerWorker.js → localhost:8081」下找到要除錯的檔案，並且加上中斷點（如圖 3-15），當 Reload 專案時，可以即時查看結果，最後透過右上方的按鈕繼續跳往下個中斷點或結束除錯。

圖 3-15　Source 分頁除錯

透過以上方法，在開發 React Native 的專案時，便可以減少許多除錯的時間，提升開發的效率。

NOTE

Chapter 4

React Native 基本介紹

本章內容

- 4-1 Component 組件
- 4-2 props 屬性
- 4-3 State 狀態
- 4-4 生命週期
- 4-5 整合組件
- 4-6 Native Module
- 4-7 樣式

4-1 Component 組件

傳統 Web 開發分爲 HTML、CSS、JavaScript 三種文件撰寫，在 React 中全都以 JS 檔進行開發，而這些 JS 檔都是由一個個 Component 所組成，不同的 Component 也擁有不同的使用及呈現方式，而這些 Component 就如同 HTML 中的 DOM 元素，將各個 Component 組合在一個 JS 檔內，就能呈現出一個 UI 畫面，以傳統開發方式描述的話，JS 檔就像傳統開發的 HTML 檔，Component 就像 Input、Text、Button 這些元素。

React Native 也貼心地爲開發者提供許多基本的 Component，像是負責處理按鈕觸發的 Button Component、顯示文字敘述的 Text Component 與處理文字輸入的 TextInput Component 等，能夠讓開發者直接使用，減少 UI 畫面的開發時間。

除了 React Native 本身提供的 Component 外，React Native 也讓開發者能夠基於這些內建的 Component 進行開發，自行定義屬於自己的 Component，讓開發者能夠將開發過程中，需要進行重複使用的 Component 寫成一個自定義的 Component，需要使用時直接呼叫使用即可。React 的官方也表明：「Component 能將 UI 分成獨立的各個部分，並將可重複使用的部分，單獨作爲一個 Component 進行使用。」避免程式碼有過多相同的邏輯語法，降低程式碼的複雜度，進而提升可讀性和維護性。

熟悉 Component 是學習 React 與 React Native 的過程中，十分重要的一環。因此，爲了讓讀者可以透徹地了解 Component 的用法，本小節將會分成，React Native 基本的 Component 和開發者自定義的 Component，兩個部分來詳細的介紹。部分需由 State 控制的 Component，待讀者學習 State 後，再將章節整合進行介紹。而在範例的部分，讀者可以沿用上一章所建立的 FirstProject 來撰寫即可。

4-1-1 React Native 基本組件

React Native 所提供的 Component 也區分爲可跨平台使用的 Component，以及分別於 iOS 和 Android 平台上才能使用的 Component。但，這些 Component 在使用前，都必須先引入（import）於專案內，才能夠在頁面上進行操作。因此，首先要說明，如何引用 React Native 的 Component 進入專案中的 App.js，如下所示：

```
1  import React, { Component } from 'react';
2  import {
3     Text,
4     View,
5     TextInput,
```

```
6     StyleSheet,
7   } from 'react-native';
```

App.js 的最上面可以看到，一開始會引入（import）react 的 React 和 Component，UI 畫面中所需要用到的 Component 也會從 react-native 中 import 到檔案中，import 之後在此檔案中，便能使用 Text、View、TextInput 和 StyleSheet 四個 Component，而這四個 Component 中的 StyleSheet 較爲特別，因爲自定畫面的樣式必須要 import StyleSheet 才能使用，且在使用 Component 時，若使用了尚未 import 的 Component，執行專案時便會產生「未引用的錯誤」訊息。

接著往下便可以看到 App 類別，它繼承了 React 的 Component，因此，可以在 App 類別中，使用 Component 的生命週期，如下所示：

```
1  export default class App extends Component {
2    render() {
3      return (
4        // 頁面程式碼 ...
5      )
6    }
7  }
```

上述程式碼中，render 便是在生命週期中用來渲染頁面的方法，透過 render 將要渲染的頁面回傳（return）到畫面上顯示，詳細的生命週期用法會在後面章節介紹，現在只要了解其代表的意義即可，而本小節的範例都會在 render 中撰寫。

最後在 App 類別的後方，可以看到樣式的程式，如下所示：

```
1  const styles = StyleSheet.create({
2    container: {
3      flex: 1,
4      justifyContent: 'center',
5      alignItems: 'center',
6      backgroundColor: '#FFFFFF',
7    },
8    // 其它樣式程式碼 ...
9  });
```

上述程式碼可以看到，在樣式中定義一個名爲 container 的樣式，內容中，布局 flex 爲 1 等於整個畫面高（height 100%），justifyContent:center 設定套用此樣式的 Component 垂直置中，alignItems:center 設定水平置中，backgroundColor 則是設定背景顏色。本小節的範例皆會使用 container 樣式，而詳細樣式的使用方式，於後面章節詳細介紹。

接下來介紹一些常用且可跨平台使用的 Component，如下：

View

View 是 React Native 中，建立 UI 介面時，最基礎的一個 Component，就像是 HTML 中的 div 一樣，主要負責排版、樣式設計或者是事件的處理等。在這兒我們實際使用 View Component，於 render 的 return 中加入要渲染的頁面程式，如下所示：

```
1  <View style={styles.container}>
2      <View style={{ height: 100, width: 100, borderWidth: 1 }}>
3          <Text>Hello</Text>
4      </View>
5      <View style={{ height: 100, width: 200, borderWidth: 1 }}>
6          <Text>React Native</Text>
7      </View>
8  </View>
```

範例說明

1. 上述程式碼使用巢狀的方式，由一個 View Component 包覆兩個 View Component，其中外層 View 設定樣式（style）爲前面已先定義好的 container，讓 View 中的元素保持水平垂直置中。接著內層的兩個 View 分別設定樣式寬（width）、高（height）和邊框寬（borderWidth），並在 View 中顯示 Text 文字。

執行結果

完成上述程式撰寫後，執行專案，在手機模擬器上便會出現兩個水平垂直置中的 View 方框，並且在 View 中，會顯示 Text 文字。

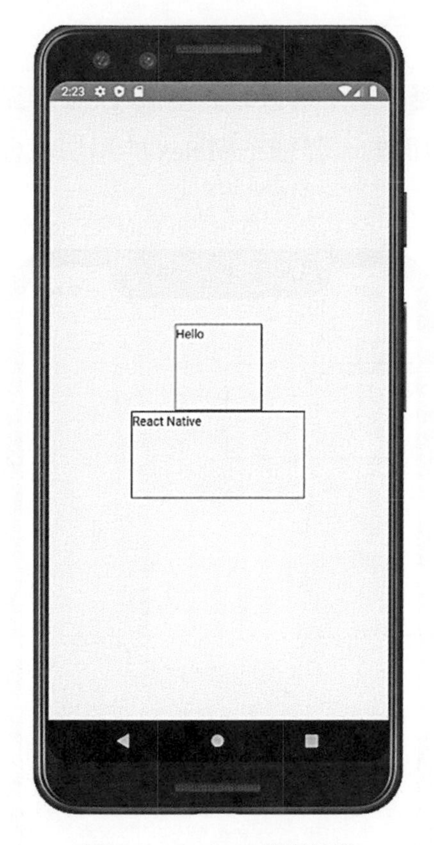

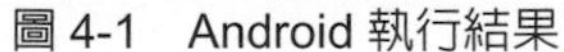
圖 4-1 Android 執行結果

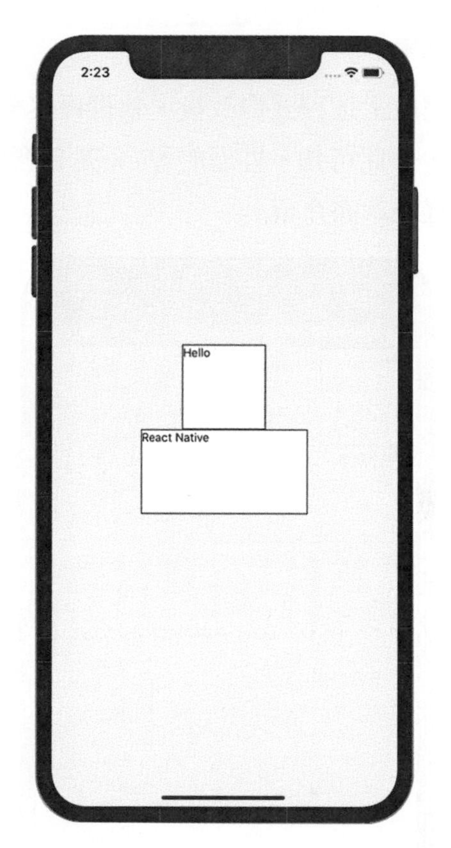

圖 4-2 iOS 執行結果

看到這邊讀者可能會出現「外層的 View 出現在哪裡呢？」的疑問，在 styles. container 中，有一個樣式為 flex:1，flex 是設定其布局的樣式，這個代表此 View 將占滿整個手機版面，也就是上圖模擬器中，白底的部分，皆是外層 View 的範圍。回到範例中，我們可以將外層 View 的 style 改成 flex:1 如下所示：

```
1  <View style={{ flex: 1 }}>
2     <View style={{ height: 100, width: 100, borderWidth: 1 }}>
3         <Text>Hello</Text>
4     </View>
5     <View style={{ height: 100, width: 200, borderWidth: 1 }}>
6         <Text>React Native</Text>
7     </View>
8  </View>
```

執行結果

完成上述程式修改後，執行專案，在手機模擬器上，可以看到兩個 View 皆靠左上對齊，由此可知，外層的 View 是包含整個手機版面的。詳細布局 flex 的用法也會在後面的樣式章節介紹。

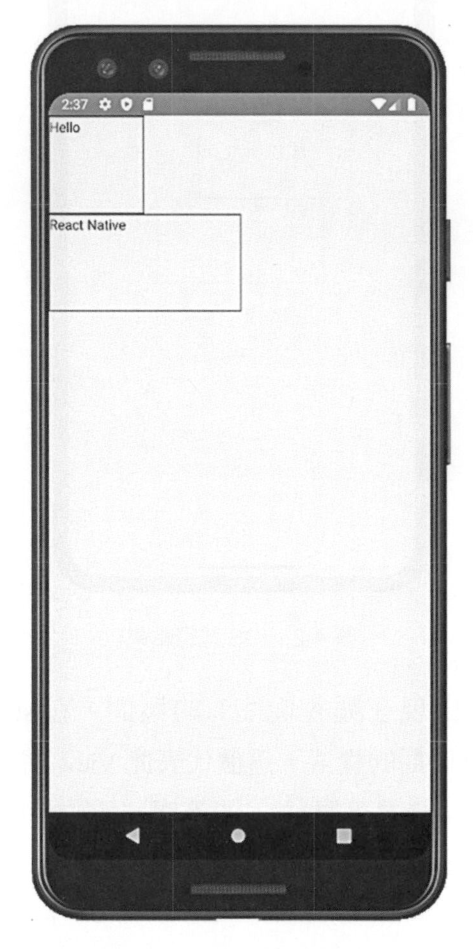

圖 4-3　Android 執行結果

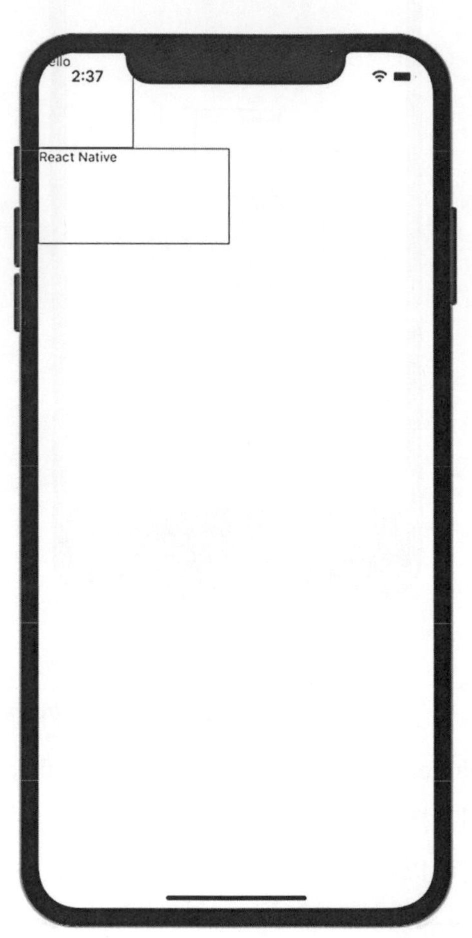

圖 4-4　iOS 執行結果

SafeAreaView

我們完成上述 View 的範例後，讀者們一定有發現到，為什麼 View 超出了手機模擬器的螢幕，重疊到最上方狀態欄，因此我們要為 View 規劃一個安全區，所謂安全區就是未與其他欄位重疊的區域。因此，React Native 提供了 SafeAreaView 這個 Component，此 Component 僅支援 iOS 11 以上版本，不支援早於這個版本的 iOS 與 Android，如何使用 SafeAreaView 來維持其他 Component 都在安全區域，如下所示：

```
1 <SafeAreaView style={{ flex: 1 }}>
2    <View style={{ height: 100, width: 100, borderWidth: 1 }}>
3        <Text>Hello</Text>
4    </View>
5    <View style={{ height: 100, width: 200, borderWidth: 1 }}>
6        <Text>React Native</Text>
7    </View>
8 </SafeAreaView>
```

範例說明

1. 將原先於最外層的 View 改為 SafeAreaView 包住內層的兩個 View Component，就能將手機模擬器中的 View 維持在安全區域中。

執行結果

完成上述程式撰寫後執行專案，在手機模擬器上，便可以看到畫面中兩個 View 都能夠維持在安全區域內進行顯示。

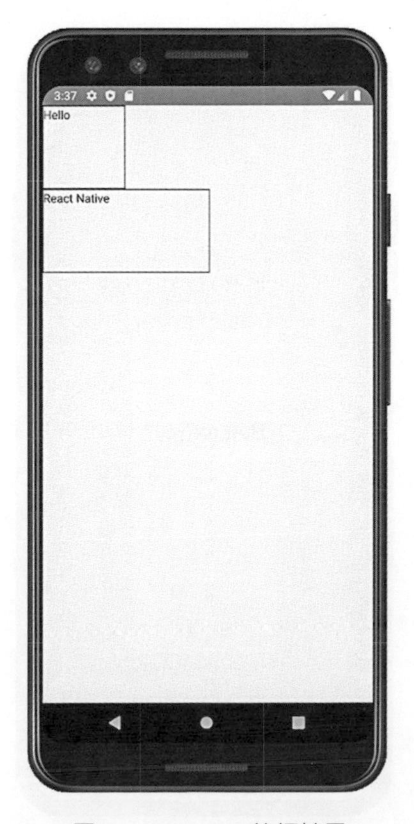

圖 4-5　Android 執行結果

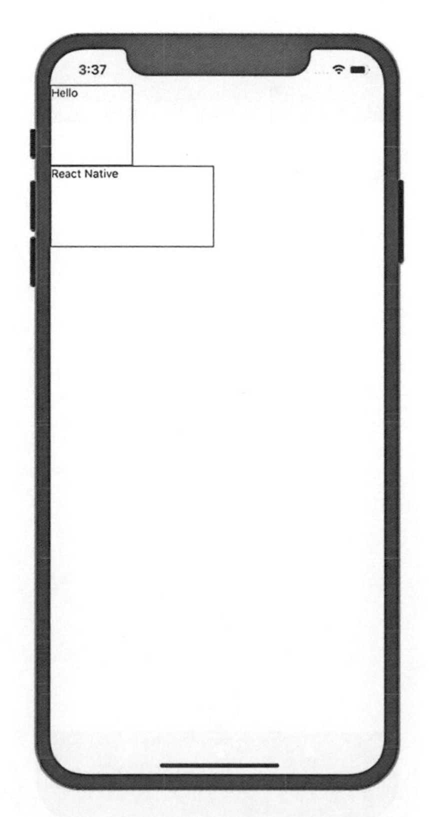

圖 4-6　iOS 執行結果

Text

Text 在 React Native 中，也是一個非常基礎的 Component，主要負責顯示文字到頁面上，如下所示：

```
1  <View style={styles.container}>
2      <Text style={{ fontSize: 25 }}>How are you?</Text>
3  </View>
```

範例說明

1. 上述程式碼以 Text 元素來顯示 React Native 文字敘述，並且設定其 style 文字大小（fontSize）爲 25。

執行結果

完成上述程式撰寫後執行專案，在手機模擬器上，便可以看到畫面中間顯示「How are you?」的文字敘述。

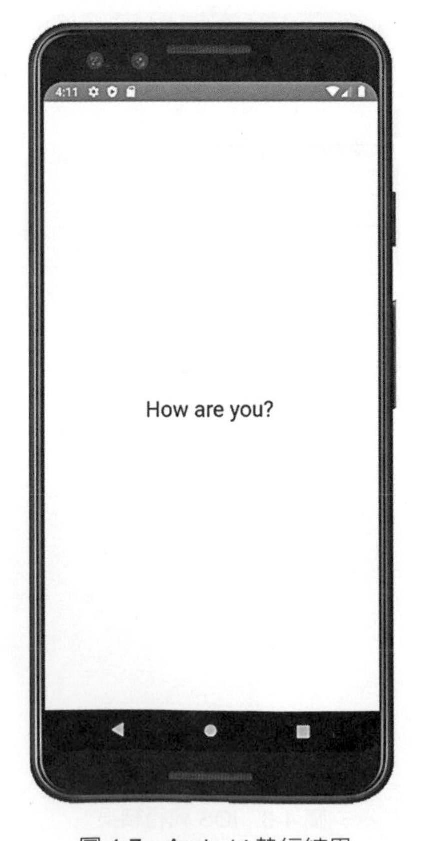

圖 4-7　Android 執行結果

圖 4-8　iOS 執行結果

TextInput

TextInput 是 React Native 內文字的輸入框，它就像 HTML 中 input 且 type 為 text 的標籤，主要是負責處理文字的輸入及操作，如下所示：

```
1  <View style={styles.container}>
2       <TextInput
3        style={{ height: 40, width: 200, borderWidth: 1 }}
4        placeholder=" 請輸入文字 ..."
5       />
6  </View>
```

範例說明

1. 第 2-5 行程式碼，以 TextInput Component 建立文字輸入框，並且設定其樣式以及屬性。
2. 第 3 行程式碼，設定 TextInput 樣式，高等於 40，寬等於 200 且邊框寬等於 1。
3. 第 4 行程式碼，設定 TextInput placeholder 屬性，顯示輸入框的提示訊息。

執行結果

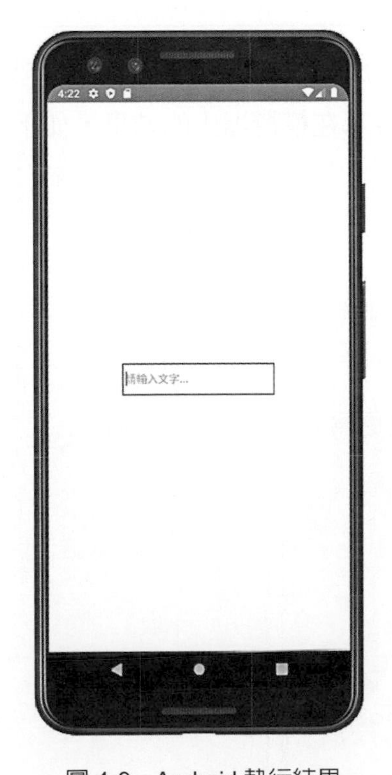

圖 4-9　Android 執行結果

圖 4-10　iOS 執行結果

TextInput除了placeholder之外，還有許多方便的預設屬性，讓開發者不用自行設計，就能設定更多元的輸入框，其中又分爲單純設定值的屬性及回呼（Callback）屬性。首先介紹幾個實用的單純設定值的屬性，如表 4-1 所示：

表 4-1　TextInput 組件屬性介紹

屬性名稱	描述
autoCapitalize	設定文字輸入框是否要自動切換大寫字母。
autoCorrect	設定文字輸入框是否要自動拼寫修正。
defaultValue	設定文字輸入框的初始值。
editable	設定文字輸入框是否可以修改。
keyboardType	設定文字輸入框鍵盤的種類。
maxLength	設定文字輸入框最多可輸入的字數。
multiline	設定文字輸入框是否可以輸入多行文字。
placeholder	設定文字輸入框提示訊息。
placeholderTextColor	設定提示訊息的文字顏色。
returnKeyType	設定鍵盤返回按鈕顯示的內容。
secureTextEntry	設定是否要將文字輸入框的文字隱藏。
value	文字輸入框的內容。

TextInput屬性皆有不同的設定方式，所呈現的樣式也不同，爲了讓讀者更容易了解，接下來會一一介紹每個屬性設定的方式，以及它們顯示在模擬器上的結果，如下所示：

- autoCapitalize

  型態：enum('none', 'sentences', 'words', 'characters')

  設定文字輸入框是否要自動切換大寫字母，其設定值有四個，如下：

  none：不自動變更任何字母爲大寫。

  sentences：將每個句子第一個單字的第一個字母變更爲大寫，此爲預設值。

  words：將每個單字的第一個字母變更爲大寫。

  characters：將每個字母變更成大寫。

範例

```
1  <TextInput
2      style={{ height: 40, width: 200, borderWidth: 1 }}
3      autoCapitalize="words"
4  />
```

執行結果

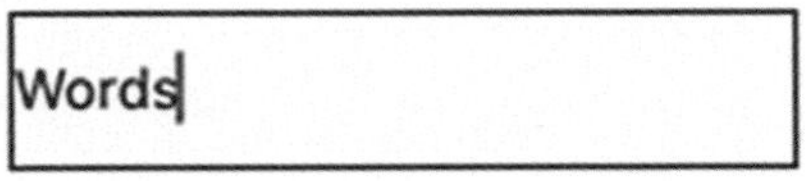

圖 4-11　autoCapitalize 執行結果

■ autoCorrect

型態：bool

文字輸入框輸入的單字錯誤時，設定是否要自動拼寫修正。其設定值如下：

true：開啓自動拼寫修正，此爲預設值。

false：關閉自動拼寫修正。

範例

```
1  <TextInput
2      style={{ height: 40, width: 200, borderWidth: 1 }}
3      autoCorrect={true}
4  />
```

執行結果

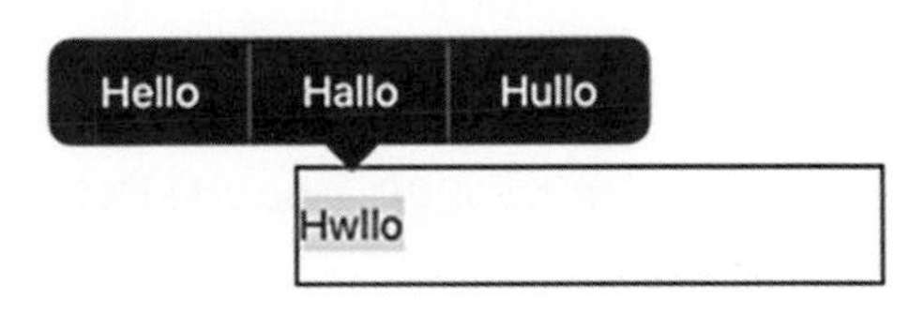

圖 4-12　autoCorrect 執行結果

■ defaultValue

型態：string

設定文字輸入框的初始值。開始輸入文字時，文字框的值才會改變。

範例

```
1  <TextInput
2      style={{ height: 40, width: 200, borderWidth: 1 }}
3      defaultValue="Hello React Native"
4  />
```

執行結果

圖 4-13　defaultValue 執行結果

■ editable

型態：bool

設定文字輸入框是否可以輸入文字。true 爲預設值。

範例

```
1 <TextInput
2     style={{ height: 40, width: 200, borderWidth: 1 }}
3     editable={false}
4 />
```

■ keyboardType

型態：enum

設定文字輸入框鍵盤的種類。其常用設定值如下：

default：預設鍵盤，此爲預設值。

numeric：設定爲純數字鍵盤。

範例

```
1 <TextInput
2     style={{ height: 40, width: 200, borderWidth: 1 }}
3     placeholder = "請輸入文字..."
4     keyboardType = "numeric"
5 />
```

執行結果

圖 4-14　keyboardType 執行結果

■ maxLength

型態：number

設定文字輸入框內最多可輸入的字數。

範例

```
1  <TextInput
2      style={{ height: 40, width: 200, borderWidth: 1 }}
3      maxLength = {10}
4  />
```

■ multiline

型態：bool

設定文字輸入框是否可以輸入多行文字。預設值爲 false。

範例

```
1  <TextInput
2      style={{ height: 40, width: 200, borderWidth: 1 }}
3      Multiline = {true}
4  />
```

執行結果

1234
Abc

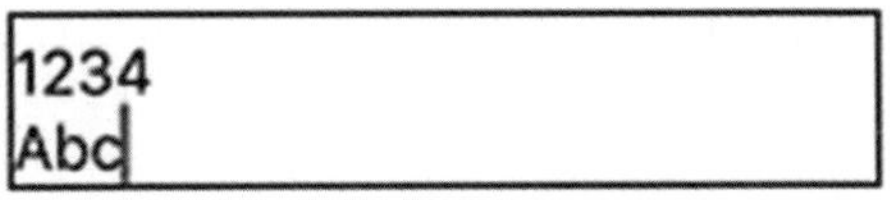

圖 4-15 multiline 執行結果

■ placeholder

型態：string

設定文字輸入框的提示訊息。

範例

```
1  <TextInput
2      style={{ height: 40, width: 200, borderWidth: 1 }}
3      placeholder = "請輸入文字…"
4  />
```

執行結果

請輸入文字...

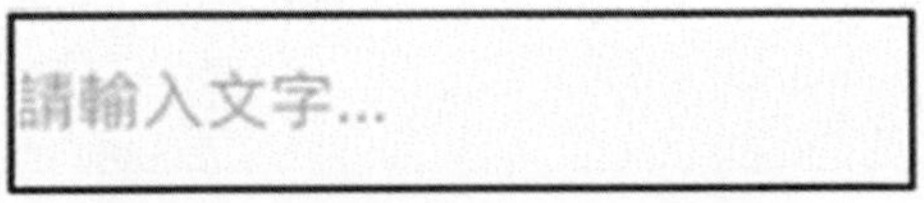

圖 4-16 placeholder 執行結果

- placeholderTextColor

  型態：color

  設定提示訊息的文字顏色。

範例

```
1  <TextInput
2      style={{ height: 40, width: 200, borderWidth: 1 }}
3      placeholder = "請輸入文字…"
4      placeholderTextColor = "#000000"
5  />
```

執行結果

請輸入文字...

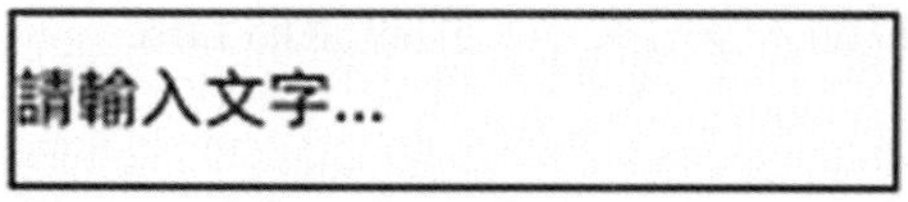

圖 4-17　placeholderTextColor 執行結果

- returnKeyType

  型態：enum

  設定鍵盤返回按鈕顯示的內容，這裡僅介紹兩個平台可共用的設定值，其設定值為 done、go、next、search 和 send。

範例

```
1  <TextInput
2      style={{ height: 40, width: 200, borderWidth: 1 }}
3      placeholder = "returnKeyType"
4      returnKeyType = "done"
5  />
```

執行結果

圖 4-18　Android 執行結果

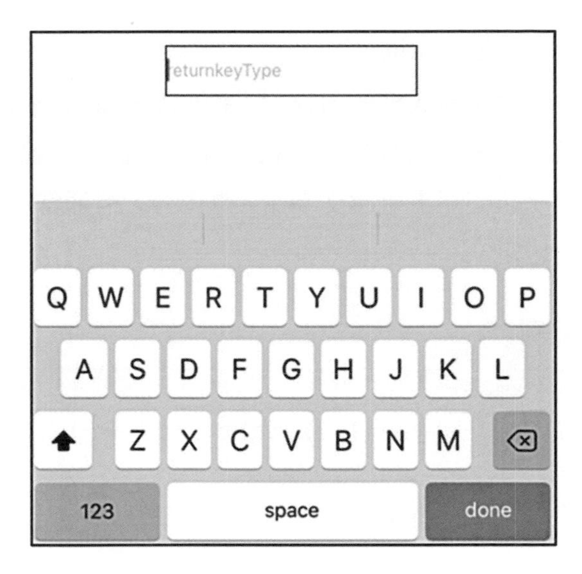

圖 4-19　iOS 執行結果

- secureTextEntry

  型態：bool

  設定是否要將文字輸入框的文字隱藏，例如密碼。其設定值如下：

  true：將文字內容隱藏。

  false：不將文字內容隱藏，此為預設值。

範例

```
1  <TextInput
2      style={{ height: 40, width: 200, borderWidth: 1 }}
3      secureTextEntry = {true}
4  />
```

執行結果

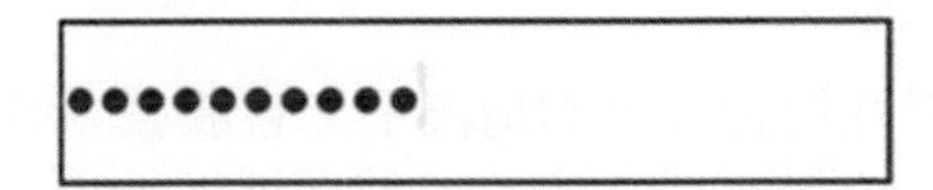

圖 4-20　secureTextEntry 執行結果

- value

  型態：string

  文字輸入框的內容。一般來說，value 會搭配往後章節介紹的 state 來使用，方便修改其值，因爲若設定了 value 值，則此文字輸入框的值將固定住無法修改，除非讀者想要阻止使用者更改文字輸入框內容，但通常會推薦讀者使用 editable={false}，而不是直接設定 value。

範例

```
1  <TextInput
2      style={{ height: 40, width: 200, borderWidth: 1 }}
3      Value = "value"
4  />
```

執行結果

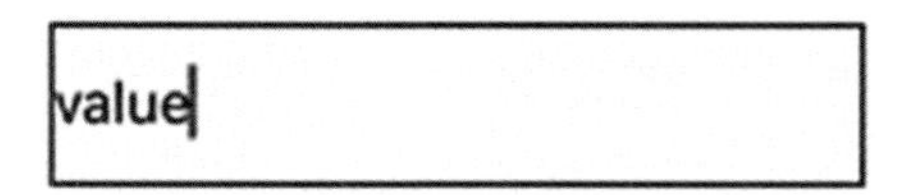

圖 4-21　value 執行結果

接著介紹 callback 屬性，顧名思義，這些屬性的型態都是函數（function），並且也都是在特定情況下會觸發 callback function，如表 4-2 所示：

表 4-2　callback 方法屬性介紹

屬性	描述
onChangeText	文字輸入框內容更動時，會調用此 callback 屬性中設定的方法。
onEndEditing	結束輸入時，會調用此 callback 屬性中設定的方法。
onFocus	文字輸入框獲得焦點時觸發。
onBlur	文字輸入框失去焦點時觸發。

上述 callback 屬性皆是在符合描述的情況下，會觸發開發者所預先定義的方法，型態皆爲 function，接下來會以 onChangeText 來介紹如何設定其 callback function，如下所示：

```
1  <TextInput
2      style={{ height: 40, width: 200, borderWidth: 1 }}
3      onChangeText = {() => { console.log('Change Text') }}
4  />
```

範例說明

上述的程式碼表示，當更改文字輸入框的內容時，便會觸發 onChangeText 屬性中設定的動作，因此在開啓測試環境時，在終端機的 log 中便會列印出 Change Text。

Button

在 React Native 中，爲了讓使用者可以與頁面互動，提供了許多可以設定 Touch 觸摸的 Component，其中常用的 Component 分別爲 Button 和 Touchables。首先，讓我們來介紹 Button Component，如下所示：

```
1  <View style={styles.container}>
2       <Button
3            title = "Press me."
4            onPress = {() => { console.log('onPress') }} />
5  </View>
```

範例說明

1. 第 2-4 行程式碼，以 Button Component 建立按鈕。
2. 第 3 行程式碼，設定 Button 的 title，也就是 Button 的名字。此爲必要設定屬性。
3. 第 4 行程式碼，設定 Button 按下後的 callback function，並使用箭頭函數來定義，而本範例按鈕按下後，會在終端機的 log 中顯示出 onPress 字串。onPress 也爲必要設定屬性。

執行結果

完成上述程式撰寫後執行專案，在手機模擬器上，便可以看到如圖 4-22 及圖 4-23 畫面中間顯示 Press me 的按鈕。

備註：箭頭函數
箭頭函數（arrow function）爲 JavaScript ES6 中出現的新寫法。傳統 function 寫法在觸發事件時容易被指向到 HTML 的元素，造成錯誤；若是採用箭頭函數，則會有固定的名稱指稱事件，即可避免錯誤發生。

圖 4-22　Android 執行結果

圖 4-23　iOS 執行結果

Button 除了 title 和 onPress 外，還有許多方便的屬性，其中又分爲單純設定值的屬性以及 Callback 屬性。首先介紹幾個實用的單純設定值的屬性，如表 4-3 所示：

表 4-3　Button 組件屬性介紹

屬性	描述
title	設定按鈕在頁面上顯示的文字內容。
color	設定按鈕文字的顏色（iOS）或背景顏色（Android）。
disabled	設定是否可以點擊此按鈕。

Button 屬性皆有不同的設定方式，所呈現的樣式也不同，爲了讓讀者更容易了解，接下來會一一介紹每個屬性設定的方式，以及它們顯示在模擬器上的結果，如下所示：

- title

  型態：string

  設定按鈕在頁面上顯示的文字內容，此爲必填屬性。

範例

```
1  <View style={styles.container}>
2       <Button
3            title="Button Title"
4            onPress={ () => { console.log('title') }} />
5  </View>
```

- color

  型態：color

  設定在 iOS 裝置上的按鈕文字顏色，或是 Android 裝置上的按鈕背景顏色。

範例

```
1  <View style={styles.container}>
2       <Button
3            title = "Press me."
4            color = "#121212"
5            onPress = {() => { console.log('color') }} />
6  </View>
```

執行結果

圖 4-24　Android 執行結果

Press me.

圖 4-25　iOS 執行結果

- disabled

  型態：bool

  設定是否可以點擊此按鈕，其設定值如下：

  true：不可點擊此按鈕。

  false：可點擊此按鈕，此為預設值。

範例

```
1  <View style={styles.container}>
2       <Button
3            title = "Disabled Button"
4            disabled = {true}
5            onPress = {() => { console.log('disabled') }} />
6  </View>
```

Button 的 callback 屬性只有 onPress，如下所示：

型態：function

當按下按鈕時，會觸發 onPress 屬性中設定的方法。

範例

```
1  <View style={styles.container}>
2       <Button
3            title = "Press me."
4            onPress = {() => { console.log('onPress') }} />
5  </View>
```

Touchables

除了 Button Component 外，Touchables 也可以實作按鈕。但 Touchables 不是 Component，它是四個 Touchable Component 的統稱，如下所示：

1. TouchableHighlight
2. TouchableOpacity
3. TouchableNativeFeedback
4. TouchableWithoutFeedback

上述四個 Touchable Component，最大差別在於按下後產生的觸摸效果。接下來讓我們實際操作這四個 Component，如下所示：

1. TouchableHighlight

按下按鈕時，TouchableHighlight 包起來的內容不透明度會降低，同時會出現底層背景顏色，範例如下所示：

```
1  <View style={styles.container}>
2       <TouchableHighlight
3        underlayColor = "gray"
4        activeOpacity = {0.8}
5        onPress = {() => { console.log('TouchableHighlight') }}>
6           <Text>Button</Text>
7       </TouchableHighlight>
8  </View>
```

範例說明

上述程式碼可以看到，設定 TouchableHighlight 的屬性 underlayColor 表示按下按鈕時，會出現的底層背景顏色。activeOpacity 則表示按下按鈕時，此按鈕的不透明度（不透明度爲 0 到 1 之間）。

2. TouchableOpacity

按下按鈕時，TouchableOpacity 包起來內容的不透明度會降低，與 TouchableHighlight 的差別爲 TouchableOpacity 的按鈕沒有顏色的變化，範例如下所示：

```
1  <View style={styles.container}>
2       <TouchableOpacity
3        activeOpacity = {0.5}
4        onPress = {() => { console.log('TouchableOpacity') }}>
5            <Text>Button</Text>
6       </TouchableOpacity>
7  </View>
```

範例說明

上述程式碼可以看到，設定 TouchableOpacity 的屬性 activeOpacity，表示按下按鈕時，此按鈕的不透明度（不透明度爲 0 到 1 之間）。

3. TouchableNativeFeedback

此 Component 只適用於 Android 平台，表示按下按鈕後，按鈕會產生漣漪的效果，其設定方式如下：

```
1 <View style={styles.container}>
2     <TouchableNativeFeedback
3          onPress={() => { console.log('TouchableNativeFeedback') }}
4          background={TouchableNativeFeedback.Ripple('gray',false)}>
5          <View style={{ backgroundColor: 'blue' }}>
6               <Text style={{ margin: 30 }}>Button</Text>
7          </View>
8     </TouchableNativeFeedback>
9 </View>
```

上述程式碼可以看到，使用 Ripple 方法，設定 TouchableNativeFeedback 的 background 屬性，表示按下按鈕時會產生灰色的漣漪，第二個參數則是設定漣漪是否要超出按鈕外。

TouchableNativeFeedback 還提供如下 background 屬性：

- TouchableNativeFeedback.SelectableBackground() 預設的 background 模式，表示按下按鈕後背景會產生基本的漣漪。
- TouchableNativeFeedback.SelectableBackgroundBorderless() 表示按下按鈕後，背景會產生基本的漣漪，且會擴散至按鈕範圍外。
- TouchableNativeFeedback.Ripple(color,borderless) 表示按下按鈕後，背景會產生設定好顏色的漣漪，並且根據傳入的第二個參數，決定漣漪是否要擴散至按鈕範圍外。

4. TouchableWithoutFeedback

範例

```
1 <View style={styles.container}>
2      <TouchableWithoutFeedback
3           onPress ={() => { console.log('WithoutFeedback') }}>
4           <View>
5             <Text>Button</Text>
6           </View>
7      </TouchableWithoutFeedback>
8 </View>
```

範例說明

上述程式碼可以看到，TouchableWithoutFeedback 按鈕只有設定 onPress 屬性，由 Component的名稱「WithoutFeedback」可以得知，按鈕本身沒有支援按下後的樣式屬性，表示按下按鈕後，不會出現任何的視覺效果，因此一般不推薦使用此 Component。

看到這邊讀者可能會產生一個疑問「既然 Button 和 Touchables 都可以實作按鈕，那爲什麼要分成兩種 Component 呢？」，原因是 Touchables 可以和其他多個 Component 結合使用，例如 View、Image 或是自定義 Component 等，因此能讓各種不同的 Component 觸發 Touch 事件，讓頁面能夠有更豐富的應用，如下所示：

```
1  <View style={styles.container}>
2       <TouchableOpacity
3        activeOpacity={0.5}
4        onPress={() => { console.log('TouchableOpacity') }}>
5            <View>
6              <Text>Hello</Text>
7              <Text>World</Text>
8            <Image
9                style={{ height: 100, width: 100 }}
10               source={require('./react_native.png')} />
11            </View>
12      </TouchableOpacity>
13 </View>
```

接下來介紹 Touchables 的常用共通屬性，如表 4-4 所示：

表 4-4　Touchable 組件屬性介紹

屬性	描述
hitSlop	設定可以觸發按鈕的距離。
disabled	設定是否可以點擊此按鈕。

常用共通屬性，這邊以 TouchableHighlight 爲例，詳細說明如下所示：

■ hitSlop

型態：object：{{top：number，left：number，bottom：number，right：number}}

設定使用者可以在多遠的距離觸發此按鈕，其形態爲 object 物件，而物件值則分別設定按鈕上下左右的距離。

範例

```
1  <View style={styles.container}>
2       <TouchableHighlight
3           hitSlop={{top:10, left:10, bottom:10, right:10 }}
4           onPress={() => { console.log('HitSlop') }}    >
5           <Text>Button</Text>
6       </TouchableHighlight>
7  </View>
```

■ disabled

型態：bool

設定是否可以點擊此按鈕，其設定值如下：

true：不可點擊此按鈕。

false：可點擊此按鈕，此爲預設值。

範例

```
1  <View style={styles.container}>
2       <TouchableHighlight
3           disabled={true}
4           onPress={() => { console.log('Disabled') }}    >
5           <Text>Disabled Button</Text>
6       </TouchableHighlight>
7  </View>
```

Touchables 常用的 callback 屬性，如表 4-5 所示：

表 4-5　Touchable 組件事件介紹

屬性	描述
onLongPress	當按鈕長按時觸發。
onPress	當按鈕按下時觸發。
onPressIn	按鈕按下前觸發。
onPressOut	按鈕放開後觸發。

上述 callback 屬性型態皆爲 function，接下來會以屬性 onLongPress 來解說，如下所示：

```
1 <View style={styles.container}>
2     <TouchableHighlight
3         onLongPress={() => { console.log('LongPress') }}   >
4         <Text>TouchableHighlight</Text>
5     </TouchableHighlight>
6 </View>
```

範例說明

上述程式碼表示，長按 TouchableHighlight 時，便會在終端機的 log 中印出 LongPress 字串。

Image

顯示圖片用的 Component，支援多種不同類型的圖片呈現，例如常見 png 和 jpeg 等。首先在 FirstProject 中，加入一張圖片（與 App.js 同一層），本範例使用名爲 react_native.png 的圖片，接著便開始設定 Image 組件，如下所示：

```
1 <View style={styles.container}>
2     <Image
3          style={{ height: 100, width: 100 }}
4          source={require('./react_native.png')}
5     />
6 </View>
```

範例說明

1. 第 2-5 行程式碼，以 Image Component 建立圖片顯示器。
2. 第 3 行程式碼，設定圖片顯示器的寬高，此設定不會更動到圖片的長寬。
3. 第 4 行程式碼，透過 require() 設定圖片的來源，是由 local 端取得。

執行結果

完成上述程式撰寫後執行專案，在手機模擬器上，便可以看到畫面中間顯示的圖片。

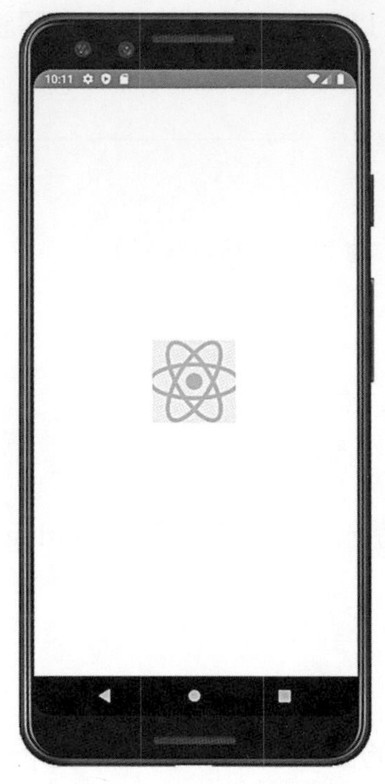

圖 4-26　Android 執行結果

圖 4-27　iOS 執行結果

接下來介紹 Image 的常用屬性，如表 4-6 所示：

表 4-6　Image 組件屬性介紹

屬性	描述
resizeMode	設定當圖片的父組件與圖片大小不同時的顯示方式。
source	設定圖片的來源。

Image 常用屬性詳細說明如下：

- resizeMode

型態：enum('cover', 'contain', 'stretch', 'repeat', 'center')

cover：保持圖片長寬縮放圖片，直到圖片長寬皆大於等於父組件（圖片會完全覆蓋或超出父組件，且不留白）。

contain：保持圖片長寬縮放圖片，直到圖片長寬皆小於等於父組件（圖片會完全在父組件中，且有可能會有空白）。

stretch：不維持圖片長寬，將圖片填滿父組件，不留空白。

repeat：圖片維持原本尺寸，且重複放置，直到填滿父組件，此屬性只適用 iOS 平台。

center：圖片維持原本尺寸，並且置中顯示。

範例

```
1 <View style={styles.container}>
2       <Image
3             style={{ height: 100, width: 100 }}
4             source={require('./react_native.png')}
5             resizeMode="cover"
6       />
7 </View>
```

執行結果

圖 4-28 resizeMode 執行結果

■ source

型態：ImageSourcePropType

設定圖片來源，可以是網路圖片或本機圖片等，目前支援的圖片格式有 png、jpg、jpeg、bmp、gif、webp（限 Android）或 psd（限 iOS）。

範例

```
1 <View style={styles.container}>
2       <Image
3             style={{ height: 100, width: 100, backgroundColor:
  '#000000'}}
4             source={{ uri:'http://facebook.github.io/react-native/
  img/header_logo.png' }}
5       />
6 </View>
```

範例說明

1. 第 4 行程式碼，透過傳入一個物件（Object），並帶入參數名稱 uri，接上圖片 URL，設定圖片來源是由網路取得。

ScrollView

頁面上的資料超過手機畫面時，可以使用 ScrollView 讓頁面滾動，令使用者方便閱讀及操作。如下所示：

```
1 <View style={styles.container}>
2     <View style={{ width: 300, height: 400 }}>
3         <ScrollView>
4             <View style={{ backgroundColor: 'gray', height: 300 }}>
5             </View>
6             <Text style={{ fontSize: 25 }}>
7                 This is ScrollView.
8             </Text>
9             <View style={{ borderWidth: 1, height: 300 }}></View>
10         </ScrollView>
11     </View>
12 </View>
```

範例說明

1. 第 3-10 行程式碼，建立一個 ScrollView。
2. 第 4-8 行程式碼，建立 ScrollView 的內容，當超出父組件的大小時，可以透過 ScrollView 滾動頁面查看。

執行結果

完成上述程式撰寫後執行專案，在手機模擬器上滑動頁面時，便會看到右側出現可以滾動的物件。

圖 4-29 Android 執行結果

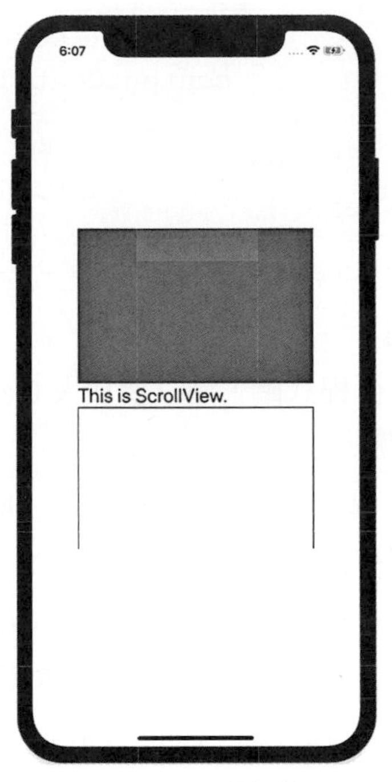

圖 4-30 iOS 執行結果

FlatList、SectionList

FlatList 和 SectionList 由原本的 ListView 組件延伸改良而來，因 React 官方已經停止支援 ListView Component，便不再介紹。而這兩個 Component 都是用來呈現列表（List），差異主要是 FlatList 適用簡單的列表顯示，而當列表需要進行較複雜的分組／分區（section）時，便使用 SectionList。首先，先來介紹 FlatList，如下所示：

```
1 var data01 = [
2                 { key: '1', data: 'React' },
3                 { key: '2', data: 'React Native' },
4                 { key: '3', data: 'Javascript' } ];
5 return (
6   <View style={styles.container}>
7      <View style={{ width: 300, height: 400 }}>
8          <FlatList
9              data={data01}
10             renderItem={({ item }) => (
11                 <View style={{ marginTop: 20 , alignItems:'center'}} >
12                    <Text>{item.key}</Text>
13                    <Text>{item.data}</Text>
14                 </View>
15             )}
```

```
16              style={{ borderWidth: 1 }}
17              contentContainerStyle={{ alignItems: 'center' }}
18          />
19      </View>
20  </View>
21 )
```

範例說明

1. 第 1 行程式碼，建立要加入 FlatList 的 data01，必須是由陣列組成，裡面包含各個物件資料。
2. 第 8-18 行程式碼，開始建立 FlatList。
3. 第 9 行程式碼，為 data 屬性加入一開始建立的 data01 陣列。
4. 第 10 行程式碼，開始設置 FlatList 的內容，並且傳入 item 值，而 item 值則是 data01 中的各個物件，renderItem 會將所有 data01 中的物件，都建置到頁面上。
5. 第 11 行程式碼，設定 FlatList 的樣式。
6. 第 12-13 行程式碼，設定 FlatList 顯示的內容。

執行結果

完成上述程式撰寫後執行專案，在手機模擬器上便可以看到 data01 物件中的資料以條列的方式呈現。

圖 4-31　Android 執行結果

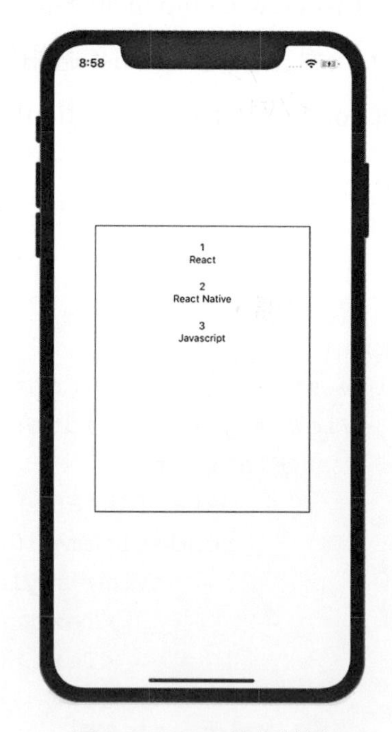

圖 4-32　iOS 執行結果

接下來介紹 SectionList，如下所示：

```
1  var data01 = [
2      { title: 'Title1', data: ['item1', 'item2'] },
3      { title: 'Title2', data: ['item3', 'item4'] },
4      { title: 'Title3', data: ['item5', 'item6'] },
5  ];
6  return (
7      <View style={styles.container}>
8          <View style={{ width: 300, height: 400 }}>
9              <SectionList
10                 renderItem={({ item, index, section }) => (
11                     <Text key={index}>{item}</Text>
12                 )}
13                 renderSectionHeader = {
14                     ({ section: { title } }) => (
15                         <View
16                           style={{
17                             backgroundColor: 'black',
18                             marginTop: 20 }}  >
19                             <Text style={{ color: 'white' }}>
20                                 {title}
21                             </Text>
22                         </View>
23                     )}
24                 sections={data1}
25                 keyExtractor={(item, index) => item + index}
26             />
27         </View>
28     </View>
29 )
```

範例說明

1. 第 1 行程式碼，建立要加入 SectionList 的 data01，必須是由陣列組成，裡面包含各個物件標題（title）以及資料（data）。
2. 第 9-26 行程式碼，開始建立 SectionList。
3. 第 13-23 行程式碼，設置 SectionList 的標題。
4. 第 15-22 行程式碼，設置 SectionList 標題的樣式。
5. 第 10-12 行程式碼，設置 SectionList 的內容，並且傳入 item、index 值，index 為設定項目的索引值，而 item 則是 data 中的各個物件，renderItem 會將所有 data 中的物件都建置到頁面上。

執行結果

完成上述程式撰寫後執行專案，在手機模擬器上，便可以看到清單以區塊的方式呈現。

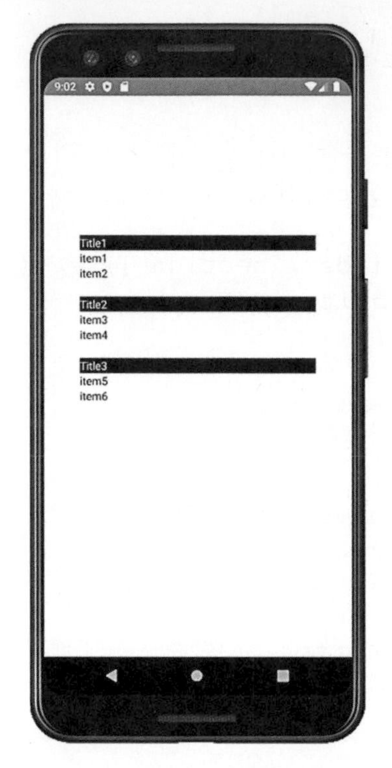

圖 4-33　Android 執行結果

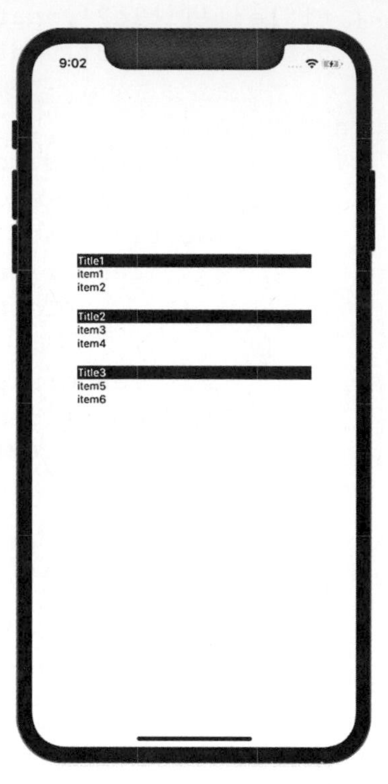

圖 4-34　iOS 執行結果

KeyboardAvoidingView

KeyboardAvoidingView 通常與 TextInput 搭配使用，因為在輸入文字時，手機上彈起的輸入框會遮住頁面上的物件，因此使用此 Component，它會自動判斷鍵盤位置調整頁面，避免物件被擋住。如下所示：

```
1  <KeyboardAvoidingView
2   style={styles.container}
3   behavior= {(Platform.OS === 'ios')? "padding" : null}>
4     <TextInput
5        style={{ height: 40, width: 200, borderWidth: 1 }}/>
6     <Button
7        title="Press me"
8        onPress={() => { }}
9        disabled={true} />
10 </KeyboardAvoidingView>
```

範例說明

1. 第 1-10 行程式碼，建立 KeyboardAvoidingView。
2. 第 2 行程式碼，設置 KeyboardAvoidingView 的樣式。
3. 第 3 行程式碼，設置 behavior 屬性，可以透過 Platform 來判斷目前的裝置是 iOS 或是 Android，因爲在 Android 中，設定 behavior 會出現問題，而在 iOS 平台中又必須設定 behavior 屬性，便可以使用此方法避開問題。

執行結果

完成上述程式撰寫後執行專案，在手機模擬器上，當打開鍵盤時，便可以看到頁面上的 Component 被移動到上方，這樣就可以避免被鍵盤阻擋。

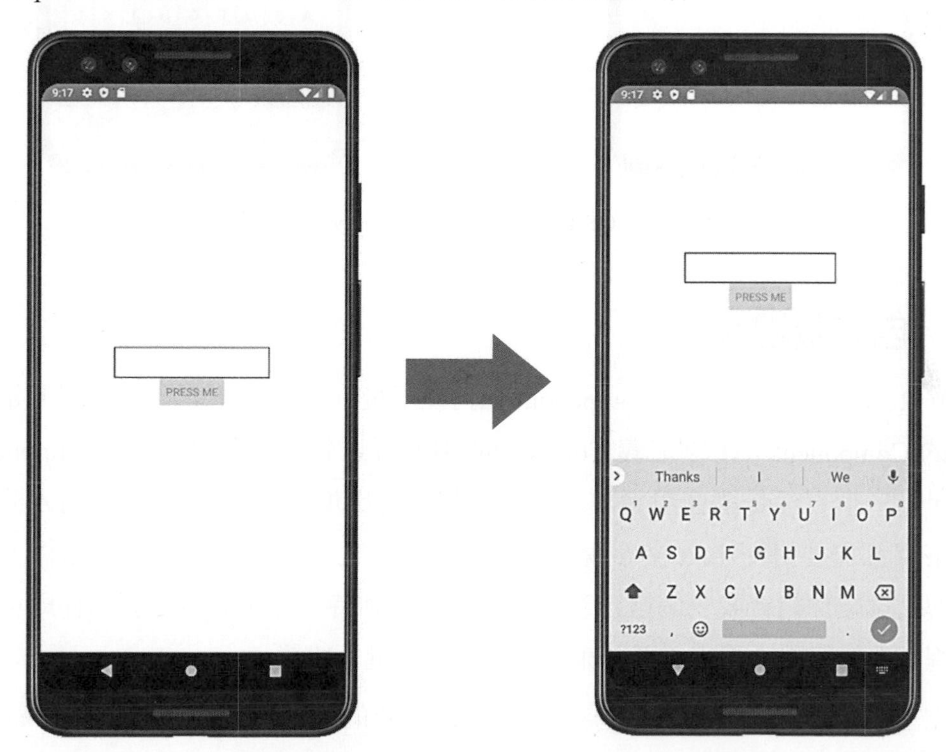

圖 4-35　Android KeyboardAvoidingView 執行結果

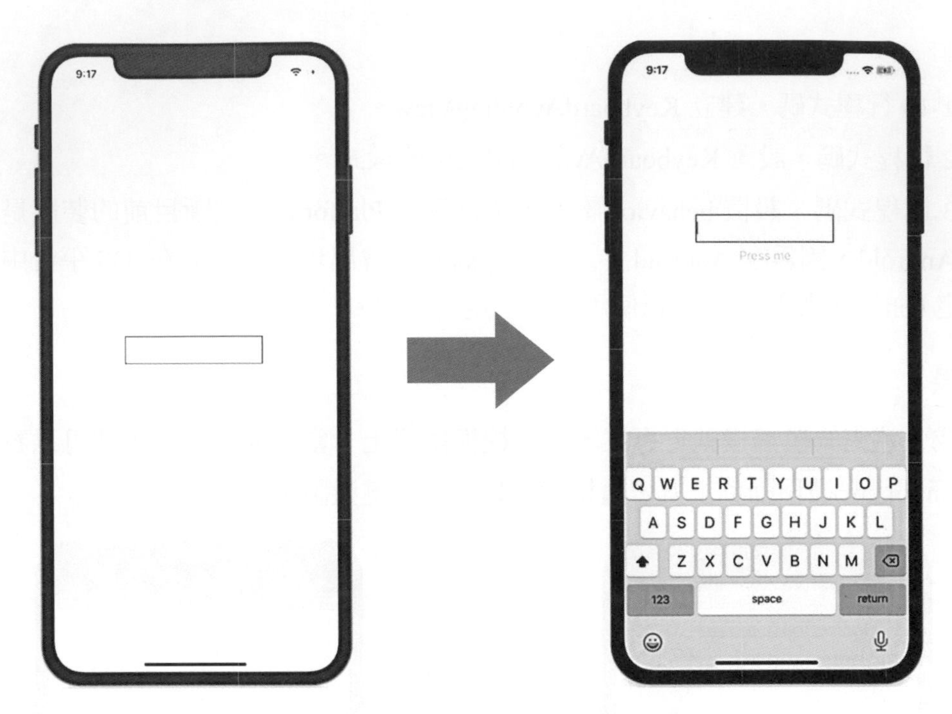

圖 4-36 iOS KeyboardAvoidingView 執行結果

4-1-2 自定義組件

了解 React Native 內建的 Component 如何使用後，接下來便能開始學習，如何實作自定義的 Component。在自定義 Component 中，可以包含多種內建的 Component。舉例來說，當一個頁面是讓使用者填寫資料，想必會出現許多的 TextInput 輸入框，每個 TextInput 又都需要搭配 Text 文字說明，因此這時候就很適合使用自定義組件，將輸入框組件與文字組件組合成一個自定義組件，需要用到時，呼叫此自定義組件即可，這能夠縮減程式碼的行數，讓程式看起來更易懂也容易進行維護。

建立自定義 Component 的時候，一個非常重要的地方是，自定義 Component 需要 extends 繼承 React Component，這表示之後在此組件中，可以使用 React 提供的 state 狀態以及生命週期，讓 Component 可以更容易進行不同的操作。而本小節將會帶領讀者，設計一個簡單且實用的自定義組件，其中 State 以及生命週期的使用方式，也分別會在往後的章節介紹。

首先在 App.js 中，建立一個名為 MyComponent 的自定義組件，如下所示：

```
1  class MyComponent extends Component{
2  render() {
3      return (
4        <View style={{ margin:10 }}>
5          <Text> 姓名 </Text>
6          <TextInput
7            style={{ height: 40, width: 200, borderWidth: 1 }}
8            placeholder=" 請輸入 ..." />
9        </View>
10     )
11   }
12 }
```

範例說明

1. 第 1 行程式碼，建立一個名為 MyComponent 的組件，並且繼承 React Component。
2. 第 7 行程式碼，設定 TextInput 樣式，高等於 40，寬等於 200，並且邊框寬等於 1。
3. 第 8 行程式碼，設定 TextInput placeholder 屬性，顯示輸入框的提示訊息。

接著，在 export default App Component 中，使用 MyComponent 自定義組件，如下所示：

```
1  export default class App extends Component {
2    render() {
3      return (
4        <View style={styles.container}>
5          <MyComponent />
6          <MyComponent />
7        </View>
8      )
9    }
10 }
```

執行結果

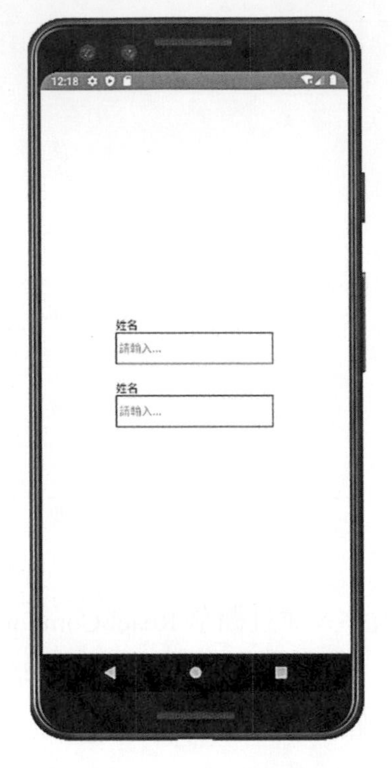

圖 4-37　Android 執行結果

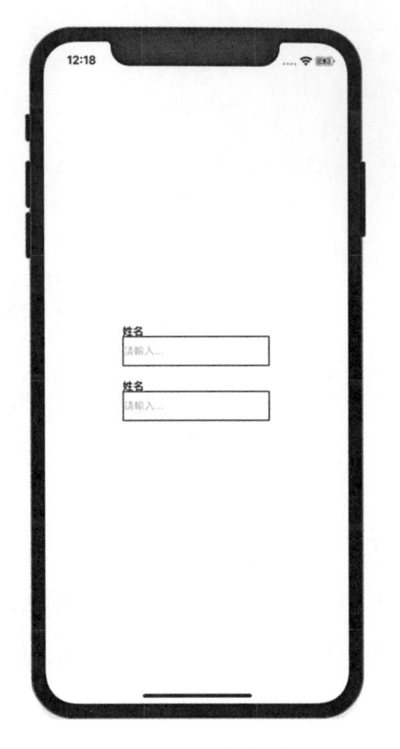

圖 4-38　iOS 執行結果

在前面的範例中，都是在同一個 JS 檔案中實作自定義組件，並且在預設輸出的組件中引用自定義組件。此種做法的缺點是：該自定義組件只能於此檔案中被引用，無法讓其他檔案的組件引用。因此，為了讓其他檔案的組件也能引用，我們要將自定義組件獨立設計成一個 JS 檔，讓每個不同頁面的組件，都可以重複地引用自定義組件。

首先，在 FirstProject 專案下，新增一個 MyComponent.js 檔案（與 App.js 同一層），其 Component 程式碼如下：

```
1  import React, { Component } from 'react';
2  import {
3    Text,
4    View,
5    TextInput
6  } from 'react-native';
7  export default class MyComponent extends Component {
8    render() {
9      return (
10       <View style={{ margin:10 }}>
```

```
11          <Text>姓名</Text>
12          <TextInput
13            style={{ height: 40, width: 200, borderWidth: 1 }}
14            placeholder="請輸入..." />
15        </View>
16      )
17    }
18 }
```

接著回到 App.js 中，引入自定義的組件 MyComponent.js，如下所示：

```
import MyComponent from './MyComponent;
```

這邊值得注意的是，引入的自定義組件開頭必須是大寫，若是設定為 myComponent，則會出現錯誤。

接著，在 export default App Component 中，使用 MyComponent 自定義組件，如下所示：

```
1  export default class App extends Component {
2    render() {
3      return (
4        <View style={styles.container}>
5          <MyComponent />
6          <MyComponent />
7        </View>
8      )
9    }
10 }
```

執行結果

完成上述程式並執行專案後，模擬器上顯示的結果與上個範例相同，雖然結果相同，但目前範例將組件獨立出來後，便可以讓不同頁面使用此組件，讓程式碼更具備彈性。

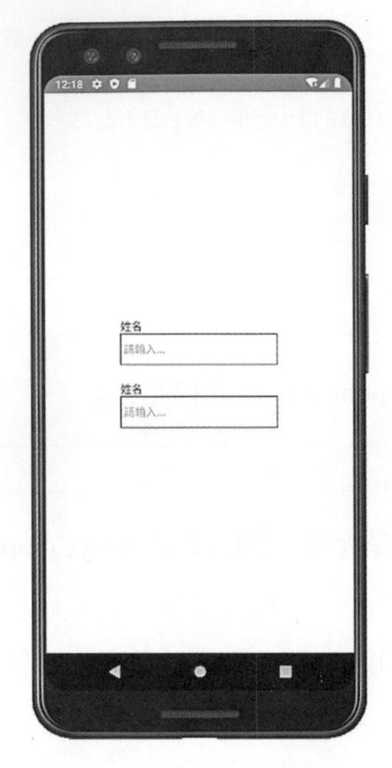

圖 4-39　Android 執行結果

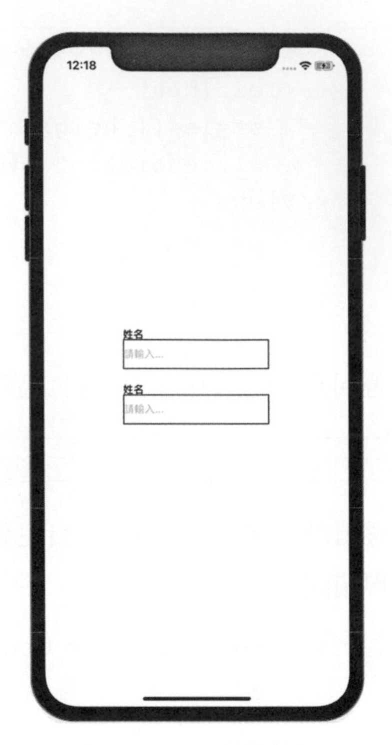

圖 4-40　iOS 執行結果

4-2　props 屬性

在 React Native 中建立組件（Component）時，可以使用各種自定義參數設定 Component，而這些自定義參數便是 Component 的 props 屬性。props 在 Component 中扮演十分重要的角色，它負責 Component 間的屬性資料傳遞，因此如果擁有多個 Component，如何使用 props 便成爲一個很重要的問題。

4-2-1　props 定義

我們先以一個簡單的例子，說明 Component 間屬性資料傳遞的方式，首先在 App.js 中，建立一個 Hello 組件。

```
1  class Hello extends Component{
2    render(){
3      return(
4        <Text>Hello {this.props.title}</Text>
5      );
6    }
7  }
```

範例說明

1. 第 4 行程式碼，撰寫一個 Text 元素，在裡面放置 this.props.title，並且由大括弧包起，表示此處會顯示由父組件所傳遞過來的 title 屬性。

接著，回到預設輸出的 App 主組件，並且呼叫上述所建立的組件。

```
1  export default class App extends Component{
2    render(){
3      return(
4        <View style={styles.container}>
5          <Hello title="World!"/>
6          <Hello title="React Native!"/>
7        </View>
8      )
9    }
10 }
```

範例說明

1. 第5-6行程式碼，呼叫Hello組件，且定義一個名為title的屬性，並設定title的屬性值。

執行結果

完成上述程式撰寫後執行專案，在手機模擬器上便會顯示兩筆在 App 組件中設定的 Hello 組件，Hello 組件後面接的值，便是從父組件傳入的資料。

圖 4-41　Android 執行結果

圖 4-42　iOS 執行結果

在組件中也可以定義多個屬性，我們接續前一個範例，設定 Hello 組件擁有三個屬性，分別爲 title、name 和 id，如下所示：

```
1  class Hello extends Component{
2    render(){
3      return(
4        <View style={styles.container}>
5            <Text>title: {this.props.title}</Text>
6            <Text>name: {this.props.name}</Text>
7            <Text>id: {this.props.id}</Text>
8        </View>
9      );
10   }
11 }
```

範例說明

1. 第 5-7 行程式碼，將屬性分別顯示到頁面上。

在 App 主組件中，便可以使用 this.props 設定 title、name 和 id 三個屬性值，如下所示：

```
1  export default class App extends Component{
2    render(){
3      return(
4            <Hello title="World" name="User" id="1654"/>
5      )
6    }
7  }
```

範例說明

1. 第 4 行程式碼，呼叫 Hello 組件，且定義 title、name 和 id 三個屬性，並設定屬性值。

執行結果

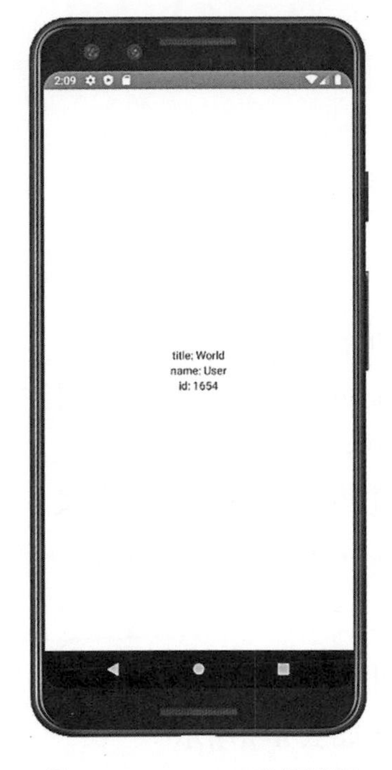

圖 4-43　Android 執行結果

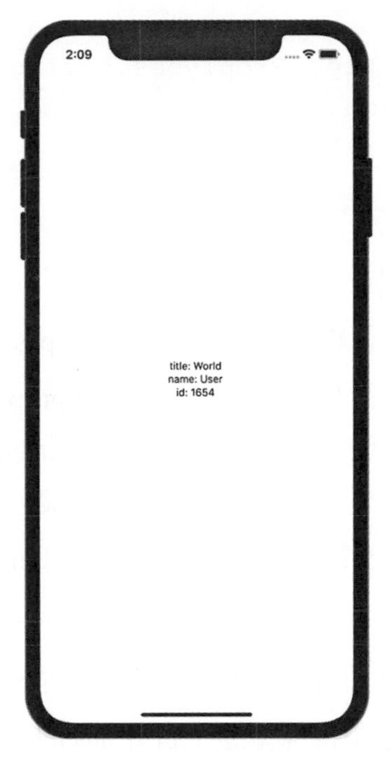

圖 4-44　iOS 執行結果

了解 props 使用方法後，必須注意一點，在 Component 中，props 是不可改變的，這句話可以理解成，父組件傳遞過來的屬性，無法在子組件中進行更動，如下所示：

```
this.props.title='My props!';
this.props.name='John';
```

上述的程式碼，可以看到我們試圖更改 title 和 name 屬性的值，但這是錯誤的寫法，唯一能改變 props 的條件為：操作父組件去改變子組件的 props。因此，當我們需要改變資料時，就可以使用下一章介紹的 state。

4-2-2　props 型態

組件中也能預先設定 props 的型態，預防傳入的屬性值格式錯誤，因此，在 React Native 中，可以使用 PropTypes 來檢查傳入的屬性值是否正確，若不符合預先設定的型態，執行專案時會產生警告（Warning）。

```
npm install prop-types --save
```

首先，讓我們來看以下的例子：

```
1 import PropTypes from 'prop-types';
2 Hello.propTypes = {
3   title: PropTypes.string,
4   name: PropTypes.string,
5   id: PropTypes.number
6 };
```

範例說明

1. 第 1 行程式碼，引入 prop-types 來設定屬性型態 PropTypes。
2. 第 2 行程式碼，使用 Hello.propTypes 設定 Component 的屬性型態。值得注意的是，這邊使用的 PropTypes 爲檢查 Hello 組件的屬性型態，跟第 1 行程式引入，負責設定屬性型態的 PropTypes 不一樣，並且此處設定必須放置於 class Hello 之後。
3. 第 3-5 行程式碼，設定 title 和 name 的型態爲 string，id 型態爲 number。

了解 props 的型態如何設定後，接下來介紹幾個常用型態，其中又分爲 JavaScript 原生型態和特殊型態。首先來看 JavaScript 原生型態，如表 4-7 所示：

表 4-7　JavaScript 原生型態介紹

型態	描述	範例
string	字串	PropType.string
number	數字	PropType.number
bool	布林值	PropType.bool
array	陣列	PropType.array
object	物件	PropType.object
func	方法函式	PropType.func

特殊型態爲 React Native 內定義的型態格式，如表 4-8 所示：

表 4-8 React Native 特殊型態介紹

型態	描述	範例
oneOf()	限制屬性值是設定的值之一	PropType.oneOf(['A','B'])
onOfType()	限制屬性型態是設定的型態之一	PropType.onOfType([PropType.string, PropTypes.number])
arrayOf()	設定陣列內元素的型態	PropType.arrayOf(PropTypes.string)
objectOf()	設定物件內元素的型態	PropType.objectOf(PropTypes.string)

在 props 型態中，若要設定屬性爲必要屬性，可以在屬性型態後面加上 isRequired，因此當沒有設定必要屬性時，便會產生警告（Warning）。承接上面的程式碼，其設定方法如下：

```
1  import PropTypes from 'prop-types';
2  Hello.propTypes = {
3    title: PropTypes.string,
4    name: PropTypes.string,
5    id: PropTypes.number.isRequired
6  };
```

範例說明

1. 第 5 行程式碼，設定 id 屬性爲必要屬性。

4-2-3 props 預設值

除了定義屬性型態外，也可以設定屬性的預設值，以防未傳入屬性值而造成的錯誤，可以進一步保護 Component，避免發生錯誤。在 React Native 中，使用 defaultProps 來預設屬性值，如下所示：

```
1 Hello.defaultProps= {
2   title: 'React Native',
3   name: 'Winnie',
4   id: 1654
5 };
```

範例說明

1. 第 1 行程式碼，使用 Hello.defaultProps 設定 Hello 組件的預設屬性值。
2. 第 2-4 行程式碼，設定各個屬性值。

4-3 State 狀態

Component 中除了 props 外，還有另外一種可以控制 Component 的狀態 state，這邊我們可以理解成，props 是由父組件所傳入的屬性，而 state 便是由組件自己建立的內部變數，因此 props 在 Component 中是不可修改的，但 state 是可以更改的，所以遇到需要改變的資料，或是 Component 需要設定動態的變數，讓頁面更為生動時，都可以透過 state 來實現。

值得注意的一點，前面提到 state 是在組件中，自行建立的內部變數，因此不同的組件內，便無法存取其他組件的 state。一般來說，使用 state 時，我們通常會在 Component 的生命週期方法 constructor 中，先初始狀態值，往後需要修改其值時，便會透過 setState() 方法來進行改變，其中生命週期的用法在後面章節會詳細說明，此小節只需要了解 constructor 方法可以初始狀態值即可。

4-3-1 初始 state

首先在 App.js 中，用 constructor 方法建立 state，如下所示：

```
1  constructor(){
2     super();
3     this.state={
4           myState:'My First State',
5           myWorld:'World'
6     };
7  }
```

範例說明

1. 第 3-6 行程式碼，初始化 state 值，在 state 中加入一個 myState 和 myWorld 狀態，並且設定其值分別為 My First State 及 World。

接著，在 render() 中，指定顯示 myWorld 和 myState 的狀態值。

```
1  render(){
2    return(
3      <View style={styles.container}>
4        <Text>Hello {this.state.myWorld}</Text>
5        <Text>Hello {this.state.myState}</Text>
6      </View>
7    )
8  }
```

完成上述程式後執行專案，在手機模擬器上，便會顯示兩筆 Hello，並接上 state 設定的 myWorld 值 World 及 myState 值 My First State。

圖 4-45　Android 執行結果

圖 4-46　iOS 執行結果

4-3-2　改變 state

接下來介紹如何改變 state 的值，state 的值無法直接修改，必須透過 setState() 改變才能觸發 render() 的頁面更新，將新的狀態值顯示在畫面上。接下來，我們將承接上一小節的範例進行說明，首先在 App 組件中，建立一個 changeText() 方法，如下所示：

```
1  changeText() {
2      this.setState({
3        myState: 'How are you'
4      })
5  }
```

範例說明

1. 第 2-4 行程式碼，使用 setState()，改變 myState 的值，並將新的狀態設定爲 How are you。這邊值得注意的是，setState() 可以個別更改狀態，因此修改了 myState，myWorld 並不會受到影響。

接著在 render() 中建立一個按鈕，表示當按下按鈕後，將 state 值更改成 How are you，如下所示：

```
1  render() {
2      return (
3        <View style={styles.container}>
4          <Text>Hello {this.state.myWorld}</Text>
5          <Text>Hello {this.state.myState}</Text>
6          <Button
7            title="change"
8            onPress={() => this.changeText()} />
9        </View>
10     )
11 }
```

範例說明

1. 第 6-8 行程式碼建立 Button 按鈕元素，並設定按鈕 title 為 change，且 onPress 綁定 changeText() 方法，表示當按下按鈕後，會觸發並執行 changeText() 中的 setState()，來改變 myState 的值。

執行結果

完成上述程式撰寫後執行專案，在手機模擬器上，便會顯示兩筆文字敘述，當按下 change 後，便會將 My First State 更改成 How are you。

圖 4-47　執行結果

4-4 生命週期

開始撰寫 React Native 之前，我們必須先了解 React Native 頁面運作的流程，也就是 Component 的生命週期，在撰寫頁面時，才可以清楚地了解整個程式運作的流程，並且快速上手。首先，在圖 4-48 可以看到，React Native 提供許多不同的生命週期函式，且每個函式都有不同的用途，讓開發者可以依照需求，呼叫適合的方法，下面會一一為讀者詳細介紹生命週期函式的用法。

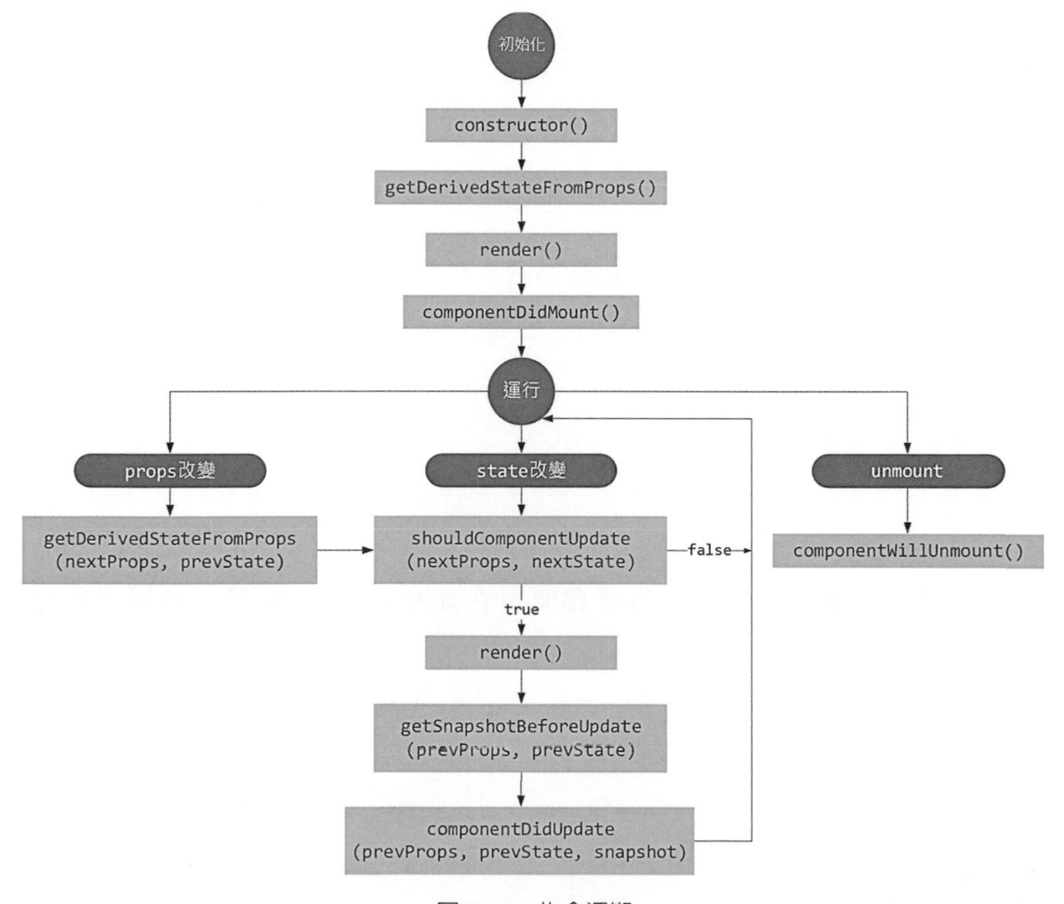

圖 4-48　生命週期

一般而言，生命週期主要分為 Mounting、Updating 及 Unmounting，分別為頁面載入、頁面組件更新以及離開頁面，三種不同的狀態。而在這些狀態下，都會有不同的函式和使用方法，如下所示：

1. Mounting：組件渲染階段，在這個階段完成了組件的載入和初始化。
2. Updating：組件執行和改變階段，這個階段組件可以處理屬性（props）和狀態（state）改變，並重新渲染頁面組件。

3. Unmounting：組件結束階段，離開頁面組件即將被移除時，便會進入此階段。

若讀者曾經閱讀過舊的 React Native 生命週期，便會發現原來的 Mounting 階段還有一個 componentWillMount() 方法，而在 Updating 階段也有 componentWillReceiveProps() 和 componentWillUpdate() 方法，但這些方法在 React 官方釋出新版本 16.3 時，被納入了即將在版本 17 中要廢棄的方法，取而代之的是，新增了兩個方法——getDerivedStateFromProps() 以及 getSnapshotBeforeUpdate()，原因是爲了讓整個 React 生命週期更加流暢，並且提高效能。

接下來會依照不同的生命週期階段，詳細說明每個方法的使用方式及時機。

4-4-1 Mounting

constructor(props)

Component 的建構子會在 Component 被載入頁面前呼叫，實作 constructor 時，必須呼叫 super(props)，否則用到 this.props 時，會發生 undefined 的錯誤。

```
1  constructor(props){
2     super(props);
3  }
```

constructor 也是初始 state 值的地方。值得注意的是，不可以在 constructor 中呼叫 setState() 方法，並且在頁面上若不會使用到 state 以及 props 時，便可以不用實作 constructor。初始化 state 如下所示：

```
1  constructor(props){
2     super(props);
3     this.state={
4          test:'測試'
5     };
6  }
```

render()

Render() 是在 Component 中必須實作的方法，當每次 props 或 state 被改變時，就會調用 render()，重新渲染頁面。爲了要讓程式保持乾淨易懂，在 render() 中不能使用 setState()，因爲在渲染頁面的當下，只會執行一次 render()，若是在這邊呼叫 setState()，便會重複調用 render()，導致頁面上出現錯誤。如下所示：

```
1  render(){
2      return(
3        <Text>Hello World</Text>
4      );
5  }
```

componentDidMount()

在組件載入到頁面上後調用，DOM 節點的初始化也在此進行，而這個函式在整個生命週期中只被調用一次。當調用此函式後，頁面程式便會進入穩定的執行狀態，並開始等待其他頁面事件觸發。此方法通常用在取得資料，例如 fetch api 或設定計數器等，最後則會將取得的資料更新到頁面上。

4-4-2 Updating

static getDerivedStateFromProps (nextProps, prevState)

組件開始載入（render）前被調用，或是每次父組件 props 更動時，也會調用此方法。此方法接收兩個參數，第一個爲要更新的 props，第二個則爲舊的 state 值。

此方法通常用在子組件 state 會根據父組件的 props 改變，且當父組件 props 更新時，便可在此更新 state。但父組件有可能在沒有更新 props 的情況下，重新 render 此組件，因此子組件中，便可透過此方法，比較 nextProps（新的 props）和 prevState（舊的 state）有無差異，若無差異，便回傳 null 表示不更新。如下所示：

```
1  static getDerivedStateFromProps(nextProps, prevState) {
2      if (nextProps.title != prevState.title) {
3        return {
4          title: nextProps.title
5        };
6      }
7      return null;
8  }
```

範例說明

1. 第 2-6 行程式碼，把新的 props（nextProps.title）和舊的 state（prevState.title）做比較。
2. 第 3-5 行程式碼，當 nextProps 和 prevState 不相同時，回傳新的 title state。
3. 第 7 行程式碼，當 nextProps 和 prevState 無差異時，回傳 null 不更新 state。

shouldComponentUpdate(nextProps, nextState)

當 props 或 state 要更新時，便會觸發此方法，並回傳（return）true 表示要重新 render 頁面，或回傳 false 表示不 render 頁面。而其接收兩個參數，第一個爲要更新的 props，第二個則是要更新的 state。

此方法通常用在避免頁面不必要的重新 render，此方法比較 this.props 和 nextProps，及 this.state 和 nextState 的差異，決定是否重新 render 頁面，如下所示：

```
1  shouldComponentUpdate(nextProps, nextState) {
2      if (this.state.title != nextState.title) {
3        return true;
4      }
5      return false
6  }
```

範例說明

1. 第 2-4 行程式碼，透過 this.state 取得舊的 title 值，並和新的 nextState.title 比較。
2. 第 3 行程式碼，當 this.state.title 和 nextState.title 不相同時，回傳 true，確認要 render 頁面。
3. 第 5 行程式碼，當 this.state.title 和 nextState.title 相同時，回傳 false，表示不重新 render 頁面。

getSnapshotBeforeUpdate(prevProps, prevState)

重新 render 頁面後，在渲染頁面前調用此方法，此方法在一般開發並不常使用，通常用在處理較特殊的問題，像是頁面滾動（Scroll）的位置等，此方法會回傳一個更改後的值，並在 componentDidUpdate() 接收，做適當的修改。

componentDidUpdate(prevProps, prevState, snapshot)

重新 render 完頁面便會觸發此方法，其中第三個參數 snapshot 便是由 getSnapshotBeforeUpdate() 所傳遞的資料。

4-4-3 Unmounting

componentWillUnmount()

當組件要從頁面上被移除時，也就是使用者要離開頁面前，會調用此方法，適合用來處理離開頁面後的關閉監聽或是計時（timer）等清理工作。

了解 React Native 生命週期的概念後，接著我們以一個範例，讓讀者更加了解生命週期的流程執行順序。首先在 FirstProject 專案下，新增一個檔案 Lifecycle.js（與 App.js 同一層），接著在檔案中引入必要組件，建立一個 LifeCycle 類別，並繼承 react 的 Component，如下所示：

```
1  import React, { Component } from 'react';
2  import {
3    Text,
4    View,
5  } from 'react-native';
6  export default class LifeCycle extends Component {
7    //...
8  }
```

接著，在 LifeCycle 類別中，開始撰寫第一階段 Mounting 的生命週期，如下所示：

```
1  constructor(props) {
2      super(props);
3      this.state = {
4        title: ''
5      }
6      console.log('===constructor===');// 列印
7  }
8  static getDerivedStateFromProps(nextProps, prevState) {
9      console.log('===getDerivedStateFromProps==='); // 列印
10     if (nextProps.title != prevState.title) {
11       console.log('--change state--'); // 列印
12       return {
13         title: nextProps.title
14       };
15     }
16     return null;
17 }
18 render() {
19     console.log('render'); // 列印
20     return (
21       <View style={{ margin: 10 }}>
22         <Text>Hello {this.state.title}</Text>
23       </View>
24     )
25 }
26 componentDidMount() {
27    console.log('===componentDidMount==='); // 列印
28 }
```

範例說明

1. 第 1-7 行程式碼，在 constructor() 方法中，建立一個 title state，並設定 console.log()，方便之後 debug 查看程式流程。
2. 第 8-17 行程式碼，在 getDerivedStateFromProps() 方法中，設定當父組件 props 有更動時，更新 title state，若無更動則回傳 null，接著在方法下以及 if 判斷式中，加入 console.log()。
3. 第 18-25 行程式碼，在 render() 方法中，設定 LiftCycle 組件，這邊顯示 title state 的值，接著在方法下，加入 console.log()。
4. 第 26-28 行程式碼，在 componentDidMount 方法中，加入 console.log()。

接著回到 App.js 中，引入自定義的組件 LifeCycle.js，如下所示：

```
1  import LifeCycle from './LifeCycle
```

在 export default App Component 中，使用 LifeCycle 自定義組件，如下所示：

```
1  export default class App extends Component {
2    constructor(props) {
3      super(props);
4      this.state = {
5        title: 'JavaScript'
6      }
7    }
8    render() {
9      return (
10       <View style={styles.container}>
11         <LifeCycle title={this.state.title} />
12       </View>
13     )
14   }
15 }
```

範例說明

1. 第 2-7 行程式碼，在 constructor 方法中，建立一個 title state，並設定其值爲 JavaScript。
2. 第 8-14 行程式碼，在 render 方法中，設定 LifeCycle 組件，並傳入 title 屬性。

執行結果

撰寫完上述程式碼後，便可以執行專案，並打開 debug 模式，在瀏覽器上的 Console 模式下，便可以看到 console.log() 的順序如下：

```
===constructor===
===getDerivedStateFromProps===
--change state--
render
===componentDidMount===
```

上述執行結果可以看到 LifeCycle 組件的生命週期，先從 constructor 開始建構 state，接著執行 getDerivedStateFromProps 更新 state，更新完成後才開始 render 渲染頁面，最後才執行 componentDidMount 方法。

接著開始加入更新父組件的 props，透過此更新我們便可觀察，當父組件更新 props 屬性時，子組件中的生命週期流程。首先，在 App.js 的 render 中，加入一個 Button 組件，如下所示：

```
1  render() {
2    return (
3      <View style={styles.container}>
4        <LifeCycle title={this.state.title} />
5        <Button
6          title=" 修改 title"
7          onPress={() => this.setState({ title: 'React Native' })}
/>
8      </View>
9    )
10 }
```

上述程式碼可以看到，在 Button 組件中加入 onPress 屬性，並設定當按下按鈕後，會觸發 setState() 修改 titlc state 的值。

再進入 LifeCycle.js 的 LifeCycle 類別中，開始撰寫 Updating 階段的生命週期，如下所示：

```
1  shouldComponentUpdate(nextProps, nextState) {
2      console.log('===shouldComponentUpdate===');
3      if (this.state.title != nextState.title) {
4        console.log('--commit render--');
5        return true;
6      }
7      return false
8  }
9  getSnapshotBeforeUpdate() {
10     console.log('===getSnapshotBeforeUpdate===');
11     return null;
12 }
13 componentDidUpdate() {
14     console.log('===componentDidUpdate===');
15 }
```

範例說明

1. 第 1-8 行程式碼，在 shouldComponentUpdate() 方法中，設定一個 if 判斷式，表示目前的 state 和更新的 state 若不同，則回傳 false 不重新渲染頁面，接著在方法以及 if 判斷式中，加入 console.log()。
2. 第 9-12 行程式碼，在 getSnapshotBeforeUpdate() 方法中，由於本範例不需要處理特殊的問題，因此回傳 null 即可，同樣也在方法中加入 console.log()。
3. 第 13-15 行程式碼，在 componentDidUpdate 方法中，加入 console.log()。

撰寫完上述程式碼，便可執行專案，並打開 debug 模式，在瀏覽器上的 Console 模式下，點擊模擬器上的「修改 title」按鈕後，便可以看到 console.log() 的順序如下：

```
===getDerivedStateFromProps===
--change state--
===shouldComponentUpdate===
--commit render--
render
===getSnapshotBeforeUpdate===
===componentDidUpdate===
```

由上述執行結果，可以看到在更新父組件的 props 屬性時，LifeCycle 組件的生命週期，先從 getDerivedStateFromProps() 開始更新 state，更新完成後，便會執行 shouldComponentUpdate() 方法，確認是否真的有更新 state 值後，才開始 render 渲染頁面，最後才執行 componentDidUpdate() 方法。

這時若將 shouldComponentUpdate() 方法中的判斷式回傳值 true 註解，表示不重新 render 頁面，如下所示：

```
1 shouldComponentUpdate(nextProps, nextState) {
2     console.log('===shouldComponentUpdate===');
3     if (this.state.title != nextState.title) {
4       console.log('--commit render--');
5       //return true; // <-- 註解此行
6     }
7     return false
8 }
```

修改完後，再次執行專案，便可看到生命週期的流程到了 commit render 後就停止，模擬器畫面上的 title 也不會更新，如下所示：

```
===getDerivedStateFromProps===
--change state--
===shouldComponentUpdate===
--commit render--
```

由此可知，透過此方法，可以避免頁面不必要的重複 render。

爲了能讓讀者更了解如何防止重複 render，接下來的範例中，要在父組件內加入一個與 LifeCycle 組件無關的更新，藉此了解有無設定 getDerivedStateFromProps() 和 shouldComponentUpdate() 的差別。

首先，回到 App.js 的 constructor 中，加入一個 name state，並在 render 中加入 Text 和 Button 屬性，如下所示：

```
1 render() {
2   constructor(props) {
3     super(props);
4     this.state = {
5       title: 'JavaScript',
6       name: 'John' // 新增 name state
7     }
```

```
8   }
9   return (
10      <View style={styles.container}>
11        <LifeCycle title={this.state.title} />
12        <Button
13          title=" 修改 title"
14          onPress={() => this.setState({ title: 'React Native' })} />
15      <Text>{this.state.name}</Text>
16        <Button
17          title=" 修改 name"
18          onPress={() => this.setState({ name: 'Winnie' })} />
19      </View>
20    )
21 }
```

上述程式碼可以看到，在新加的修改 name Button 組件中，加入 onPress 屬性設定按下按鈕後，會觸發 setState() 修改 name state 的值，而此改變和 LifeCycle 沒有任何關聯。

修改完後，再次執行專案，並打開 debug 模式，在瀏覽器上的 Console 模式下，按下「修改 name」按鈕後，便可以看到，雖然沒有更新 LifeCycle 的屬性，但由於父組件的其他 state 更新，便會造成父組件的重新 render，這也會讓 LifeCycle 重複的 render，但在此範例中有先設定判斷 props 以及 state 是否有更新，因此不會有重複 render 的情況。本範例 console.log() 的結果如下：

```
===getDerivedStateFromProps===
===shouldComponentUpdate===
```

由上述結果可以得知，雖然生命週期有進入 getDerivedStateFromProps() 和 shouldComponentUpdate() 方法，但沒有更動任何資料。

4-5 整合組件

學習完如何使用基礎的 Component、Props 以及 State 後，本節將會介紹一些整合組件，學習如何利用 State 來控制 Component。

Switch

用來切換的組件，就像 HTML 中的 checkbox 元素，如下所示：

```
1  <View style={styles.container}>
2      <Text style={{fontSize:25}}>Switch</Text>
3      <Switch/>
4  </View>
```

完成上述程式撰寫後，執行專案，在手機模擬器上，便可看到畫面上出現 Switch 的組件，如圖 4-49 及圖 4-50 所示：

執行結果

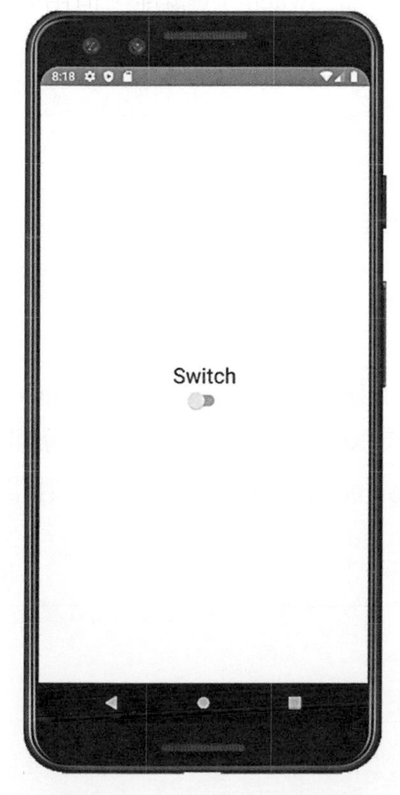

圖 4-49　Android 執行結果

圖 4-50　iOS 執行結果

Switch 組件有提供一些常用的預設屬性，如表 4-9 所示：

表 4-9　Switch 組件屬性介紹

屬性	描述
disabled	設定此 Switch 是否可以切換。
value	設定 Switch 的值。
onTintColor	設定 Switch 開啓時的背景顏色。
thumbTintColor	設定 Switch 關閉時的背景顏色。
tintColor	設定 Android 關閉時的背景顏色。
ios_backgroundColor	設定 iOS 關閉時的背景顏色。

常用屬性，詳細說明如下所示：

■ disabled

型態：bool

設定是否可以切換。false 爲預設值，如果爲 true，則此 Switch 不能切換。

範例

```
1  <Switch
2     disabled ={true}
3  />
```

■ value

型態：bool

設定 Switch 的值，false（關閉狀態）爲預設值，如果爲 true，表示此 Switch 爲開啓狀態。通常 value 屬性不會直接設定值，而是設定 state 可變動的值，大部分都會配合 onValueChange callback 屬性，否則當 value 設定爲 true 時，Switch 便會無法被打開。

範例

```
1  <Switch
2     value={this.state.value}
3  />
```

- onTintColor

  型態：color

  設定 Switch 開啟時的背景顏色。

範例

```
1  <Switch
2      onTintColor="#f11313"
3  />
```

- thumbTintColor

  型態：color

  設定 Switch 關閉時的按鈕顏色。

範例

```
1  <Switch
2      thumbTintColor="#f17214"
3  />
```

- tintColor

  型態：color

  設定 Android 關閉時的背景顏色。

範例

```
1  <Switch
2      tintColor="red"
3  />
```

- ios_backgroundColor

  型態：color

  設定 iOS 關閉時的背景顏色。

範例

```
1  <Switch
2      ios_backgroundColor="red"
3  />
```

Switch 常用的回呼（callback）屬性 onValueChange，當 Switch 的值改變時會觸發此屬性中的函式，如下所示：

```
1  constructor(props) {
2     super(props);
3     this.state = {
4           value: false
5           }
6  }
7  render() {
8     return (
9           <View style={styles.container}>
10                <Text style={{ fontSize: 25 }}>Switch</Text>
11                      <Switch
12                            value={this.state.value}
13                            onValueChange={(data) =>
14                            this.setState({ value: data })} />
15          </View>
16     )
17 }
```

範例說明

1. 第 1-6 行程式碼，首先在 constructor 建立 value state，用來控制 Switch 的開關，並設定初始值爲 false。
2. 第 11-14 行程式碼，建立 Switch 組件，並加入 value 設定 value state，接著加入 onValueChange 屬性，使切換（Switch）時，會觸發 setState() 去更改 value 的值。

Modal

當頁面需要一個覆蓋在頁面上的臨時互動視窗，例如提醒視窗或是選擇視窗等，Modal 便是一個非常實用的組件，它可以將在 Modal 中設定的內容，覆蓋到原本的頁面上，當設定完成後，再關掉即可，如下所示：

```
1  constructor() {
2      super();
3      this.state = {
4        show: false
5      }
6  }
```

範例說明

第 4 行程式碼，首先在 constructor 建立 show state，用來控制 Modal 的顯示及隱藏，並設定初始值爲 false。

接著在 render 中撰寫 Component，如下所示：

```
1  <View style={styles.container}>
2     <Button
3           title="Open Modal"
4           onPress={() => { this.setState({ show: true }) }} />
5     <Modal
6      animationType="fade"
7      visible={this.state.show}>
8           <View style={{ flex: 1, alignItems: 'center',
9                 justifyContent: 'center' }}>
10                <Text style={{ fontSize: 30 }}>Modal</Text>
11                <Button
12                 title="close"
13           onPress={() => { this.setState({ show: false })}} />
14          </View>
15    </Modal>
16 </View>
```

範例說明

1. 第 2-4 行程式碼，首先建立一個按鈕，並設定 onPress，按下按鈕後，會透過 setState() 更新 show state 的值。
2. 第 5-15 行程式碼，建立 Modal 組件，並加入 animationType 設定 Modal 出現的動畫類型，接著加入 visible 屬性，設定 Modal 的顯示狀態。
3. 第 8-14 行程式碼，設定 Modal 的顯示內容，其中 Button 設定當按下按鈕時，會觸發 onPress，並更新 show 值，將其設定爲 false，便可以關閉 Modal。

完成上述程式撰寫後，執行專案，在手機模擬器上，當按下 Open Modal 按鈕時，便會看到 Modal 顯示在頁面上，如下所示：

執行結果

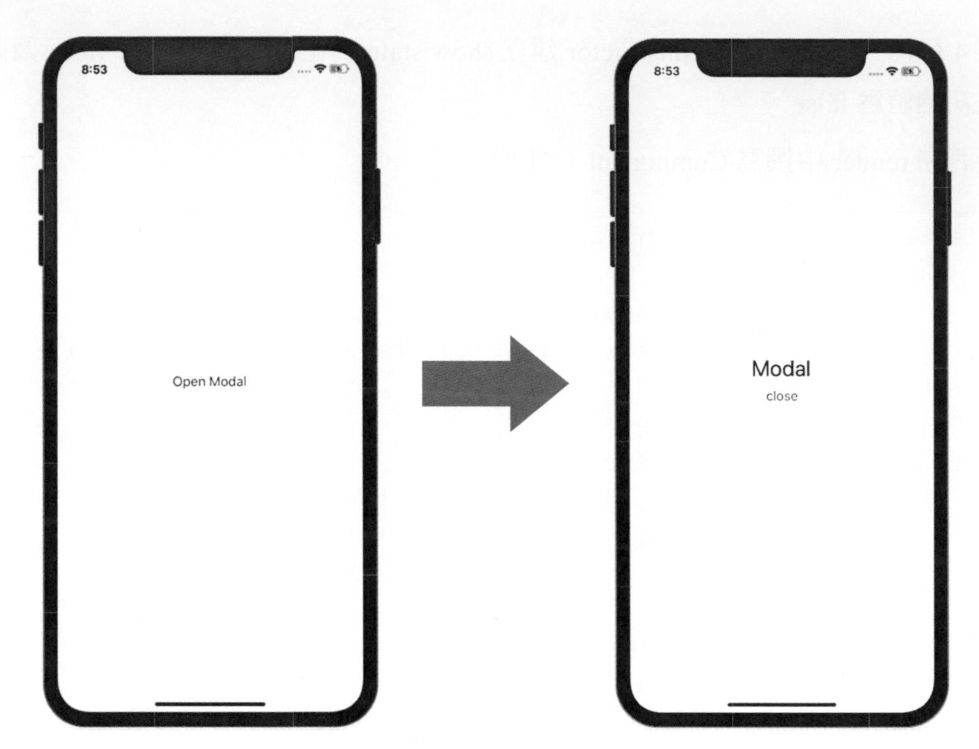

圖 4-51　執行結果

接下來介紹 Modal 的常用屬性，如表 4-10 所示：

表 4-10　Modal 組件屬性介紹

屬性	描述
animationType	設定互動視窗顯示及關閉的動畫方式。
transparent	設定互動視窗背景是否透明。
visible	設定互動視窗是否顯示。

常用屬性，詳細說明如下所示：

- animationType

型態：enum('none', 'slide', 'fade')

設定互動視窗開啓與關閉的動畫顯示方式。其設定值如下：

none：直接顯示視窗，沒有任何動畫，此爲預設值。

slide：由下方滑出視窗。

fade：淡入顯示視窗。

範例

```
1  <Modal
2       animationType="fade"
3       visible={this.state.show}>
4        . . .
5  </Modal>
```

■ transparent

型態：bool

設定互動視窗的背景是否透明。false 爲預設值。

範例

```
1  <Modal
2       transparent={true}
3       visible={this.state.show}>
4        . . .
5  </Modal>
```

■ visible

型態：bool

設定互動視窗是否顯示，控制視窗的開啓及關閉。true 爲預設值。通常 visible 屬性不會直接設定值，而是設定 state 可變動的值，大部分都會配合 Button 按鈕的 onPress 屬性，否則 visible 一開始就設定爲 true 會使 Modal 無法開啓。

範例

```
1  <Modal
2       visible={true}
3       visible={this.state.show}>
4        . . .
5  </Modal>
```

Modal 常用的回呼（callback）屬性，如表 4-11 所示：

表 4-11　Modal 組件事件介紹

屬性	描述
onShow	當互動視窗顯示時觸發。
onDismiss	當互動視窗關閉時觸發。

上述 callback 屬性型態皆爲 function，接下來會以屬性 onShow 爲例來解說，如下所示：

```
1  <View style={styles.container}>
2      <Button
3       title="Show"
4       onPress={() => { this.setState({ show: true }) }} />
5       <Modal
6          visible={this.state.show}
7          onShow={() => { console.log('modal show') }}>
8          <Button
9            title="close"
10           onPress={() => { this.setState({ show: false }) }} />
11     </Modal>
12 </View>
```

範例說明

第 7 行程式碼，當 Modal 開啓時，便會觸發 onShow 中的設定，本範例爲 Debug 模式中，在瀏覽器 console 模式下印出 modal show。

ActivityIndicator

提供一個載入（Loading）的組件，讓開發者在載入頁面時，先顯示載入 Loading 畫面，等頁面內容載入完成再顯示，避免頁面上的資料因載入速度不一致造成顯示錯誤。如下所示：

```
1  <View style={styles.container}>
2       <ActivityIndicator size="large" color="black" />
3  </View>
```

執行結果

圖 4-52 Android 執行結果

圖 4-53 iOS 執行結果

接下來介紹 ActivityIndicator 的常用屬性，如表 4-12 所示：

表 4-12 ActivityIndicator 組件屬性介紹

屬性	描述
animating	設定是否顯示載入組件。
color	設定載入組件的顏色。
size	設定載入組件的大小。

常用屬性詳細說明如下所示：

- animating

  型態：bool

  設定頁面上是否顯示載入組件，預設爲 true。

範例

```
1 <View style={styles.container}>
2       <ActivityIndicator animating={true} />
3 </View>
```

- color

  型態：color

  設定載入組件的顏色，iOS 預設爲灰色（gray），Android 爲深青色（dark cyan）。

範例

```
1 <View style={styles.container}>
2       <ActivityIndicator color="#f11313" />
3 </View>
```

- size

  型態：enum('small', 'large') 或 number

  設定載入組件的大小，small 大小爲 20，large 大小爲 36，其中可以直接輸入 number 型態，但只支援 Android 平台。預設爲 small。

範例

```
1 <View style={styles.container}>
2       <ActivityIndicator size='large' />
3 </View>
```

4-6　Native Module

React Native 中，部分功能是由 Native Module（原生模板）而來。顧名思義，就是使用原生 APP 程式撰寫一個功能模板 API，接著在 React Native 中便可以引用此模板，也因爲原生模板是使用原生 APP 程式撰寫，因此通常只適用單一平台，所以要在雙平台上使用同樣的功能時，大部分都需要分開引用 API。本節便會介紹幾個 React Native 官方提供的 API。

而這些 API 組件在使用前，也需要先引入，才能夠在頁面上進行操作，其引入方式如同前面介紹組件的引入，如下所示：

```
1  import {
2     Text,
3     View,
4     Alert, // API 組件
5  } from 'react-native';
```

4-6-1　跨平台 API

Alert

設定彈跳式 Alert 視窗，如下所示：

```
1  <View style={styles.container}>
2      <Button
3          title="alert"
4          onPress={() => {
5           Alert.alert(
6              'Title',// 標題
7              'Hello React Native Alert',// 內容
8              [
9                  { text: 'Cancel', onPress: () => console.
log('Cancel') },
10                 { text: 'Yes', onPress: () => console.log('Yes') },
11                 { text: 'No', onPress: () => console.log('No') },
12             ])
13       }} />
14 </View>
```

範例說明

1. 第 4-13 行程式碼，在 Button 的 onPress 中設定，按下按鈕後，跳出 Alert 視窗。
2. 第 5-12 行程式碼，開始設定 Alert 要顯示的內容，第一個參數為標題，第二個參數為要顯示的內容，第三個參數為設定 Alert 視窗的按鈕。

執行結果

圖 4-54　Alert 執行結果

Dimensions

用來取得行動裝置的螢幕大小，通常用來讓頁面可以依照裝置大小，動態呈現適當的組件大小，如下所示：

```
1  var { height, width } = Dimensions.get('window');
2
3  export default class App extends Component {

4      render() {
```

```
5          return (
6              <View style={styles.container}>
7                  <Image
8                      style={{ height: height * 0.2, width: width * 0.5 }}
9                      source={require('./react_native.png')}
10                 />
11             </View>
12         )
13     }
14 }
```

範例說明

1. 第 1 行程式碼，透過 Dimensions.get('window') 取得螢幕的寬高。
2. 第 7-10 行程式碼，透過上方取得的寬高設定 Image 組件的寬高比例，因此當此應用程式放到不同螢幕大小的裝置時，便會依照不同的寬高顯示相對應的組件大小。

StyleSheet

設定樣式集合，提供 create() 方法，可以集中管理所有樣式，如下所示：

```
1  const styles = StyleSheet.create({
2    container: {
3      flex: 1
4    },
5    content: {
6      justifyContent: 'center',
7      alignItems: 'center'
8    },
9    text: {
10     fontSize: 25
11   }
12 });
```

範例說明

將多個樣式集中管理，並將此集合設定給常數 styles，要使用到時，只需要爲 styles 加上樣式名稱即可，如下所示：

```
1  <View style={styles.container}>
2      <Text style={styles.text}>Hello</Text>
3  </View>
```

Animated

設定組件動畫的時間，通常用於載入頁面時，讓組件以特效方式進入頁面，讓頁面更加生動。但不是所有的組件都可以套用 Animated，在官方說明中可以套用的組件如下：

- Animated.View
- Animated.Image
- Animated.ScrollView
- Animated.Text
- Animated.FlatList
- Animated.SectionList

上述可以看到，只要在組件前方加入 Animated，便可套用動畫。接下來透過範例說明如何設定動畫，如下所示：

```
1  constructor(props) {
2     super(props);
3     this.state = {
4           fadeIn: new Animated.Value(0)
5     }
6  }
7  componentDidMount() {
8     Animated.timing(this.state.fadeIn, {
9           toValue: 1, // 目標值
10          duration: 1000, // 動畫持續時間
11    }).start();
12 }
13 render() {
14    return (
15          <Animated.View style={
16                [styles.container, {opacity: this.state.fadeIn}]
17          }>
18                <Text style={{ fontSize: 25 }}>How are you?</Text>
19          </Animated.View>
20    )
21 }
```

範例說明

1. 第 1-6 行程式碼，首先在 constructor 建立 fadeIn state，並設定 Animated.Value(0)，表示其動畫值爲 0。

2. 第 7-12 行程式碼，在 componentDidMount() 中，設定 Animated.timing()，表示頁面 render 渲染後，將動畫顯示，其中設定兩個數值，第一個為前面設定的 fadeIn state，第二個則是動畫設定的物件。

在物件中，toValue 是要到達的目標值，表示要將一開始設定 fadeIn 的值由 0 增加到 1，duration 是動畫持續的時間，這邊的單位是以毫秒表示，而 1000 毫秒就是 1 秒的意思。

完成設定後，在 Animated.timing() 後方調用 start() 方法，啓動動畫。

3. 第 15-19 行程式碼，在要加入動畫的 View 組件前加上 Animated，並且設定樣式 opacity 透明度會隨著 this.state.fadeIn 改變。

Clipboard

Clipboard 提供複製貼上的功能，如下所示：

```
1  constructor(props) {
2      super(props);
3      this.state = {
4            text: 'Hello'
5      }
6  }
```

範例說明

首先在 constructor 建立 text state，用來儲存並顯示複製並貼上後的資料，設定初始值為 false。

接下來，開始設定頁面以及 Clipboard 方法，如下所示：

```
1  render() {
2      return (
3            <View style={styles.container}>
4                  <Text> 你好嗎 </Text>
5                  <Button
6                        title=" 複製 "
7                        onPress={() => { Clipboard.setString(' 你好嗎 '); }} />
8                  <Text style={{ marginTop: 20 }}>
9                        {this.state.text}
10                 </Text>
11                 <Button
12                       title=" 貼上 "
```

```
13                  onPress={() => this.set()} />
14          </View>
15      );
16 }
17 async set(){
18      var copyText = await Clipboard.getString();
19      this.setState({ text: copyText })
20 }
```

範例說明

1. 第 7 行程式碼，設定按下複製按鈕後，透過 Clipboard.setString() 方法將「你好嗎」儲存入剪貼簿。
2. 第 13 行程式碼，設定當按下貼上按鈕時，會觸發 set() 方法，取得儲存在剪貼簿的文字。
3. 第 17-20 行程式碼，建立 set 方法，由於 Clipboard 的 getString() 方法是非同步的操作，因此要在 set 方法前方加入 async。
4. 第 18 行程式碼，透過 Clipboard.getString() 取得剛剛儲存在剪貼簿的文字，並加上 await 關鍵字。
5. 第 19 行程式碼，將取得的文字透過 setState() 儲存到 text state 中，並顯示在頁面上。

ToastAndroid

顯示 Toast 提示訊息，此組件只適用在 Android 平台上，如下所示：

```
1  render() {
2      return (
3          <View style={styles.container}>
4              <Button title="Toast" onPress={()=>this.toast()}/>
5          </View>
6      )
7  }
8  toast(){
9      ToastAndroid.show('Hello Toast !', ToastAndroid.SHORT);
10 }
```

範例說明

1. 第 4 行程式碼，在 render 中，設定當按下 Toast 按鈕時觸發 toast() 方法。

2. 第 8-9 行程式碼，透過 ToastAndroid 的 show() 方法，顯示提示訊息，其中第一個設定值爲要顯示的訊息文字，第二個則是訊息顯示的持續時間。

執行結果

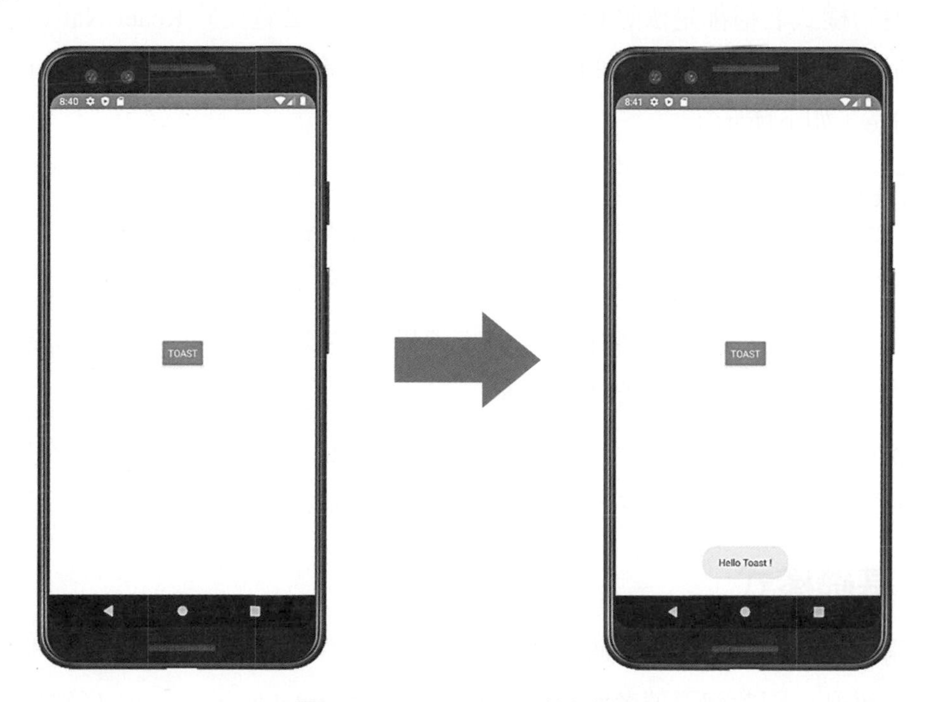

圖 4-55 ToastAndroid 執行結果

在 ToastAndroid 中，顯示持續時間有兩個選項可以設定：

- ToastAndroid.SHORT：持續時間較短。
- ToastAndroid.LONG：持續時間較長。

同時也可以設定 Toast 訊息顯示的位置，如下：

- ToastAndroid.BUTTOM：顯示在底部，此爲預設值。
- ToastAndroid.CENTER：顯示在中間。
- ToastAndroid.TOP：顯示在上方。

若要設定訊息的顯示位置，可以將其放在第三個設定值，如下所示：

```
1  ToastAndroid.show(
2      'Hello Toast !',
3      ToastAndroid.SHORT,
4      ToastAndroid.CENTER // 設定訊息顯示位置爲中間
5  );
```

4-7 樣式

若過去曾經接觸過 HTML 以及 CSS，在 React Native 中，基本上不需要額外學習 Style，這邊的樣式名稱都是依照 CSS 命名的，唯一不同之處在於 React Native 的樣式使用駝峰式命名規則，例如 CSS 中的 font-size 是用來設定文字大小，到了 React Native 便成為 fontSize。如下所示：

```
1  <View style={{ marginTop:10 }}>
2       <Text style={{ fontSize: 25 }}>How are you?</Text>
3  </View>
```

上述程式碼可以看到，我們將 View 的上邊界設定為 10，Text 文字大小設定為 25，其中的樣式名稱都是遵照駝峰式命名規則。

了解樣式命名規則後，接下來本節將會介紹，在 React Native 中，樣式的基本操作、設計頁面最常使用到的寬高設定，以及如何使用 Flexbox 來進行版面配置。

4-7-1 基礎樣式

平常開發一個頁面的組件，通常會越寫越複雜，再加上樣式設定，會使整個程式碼看起來非常雜亂，因此建議讀者使用 React Native 的 StyleSheet.create() 來建立一個樣式參考物件，將樣式集中管理，如下所示：

```
1  const styles = StyleSheet.create({
2      container: {
3          flex: 1,
4          justifyContent; 'center'.
5          alignItems: 'center',
6          backgroundColor: '#F5FCFF',
7      },
8      text: {
9          fontSize: 25,
10     },
11     text2: {
12         color: '#f00',
13     },
14 });
```

上述程式碼可以看到，StyleSheet.create() 建立一個樣式物件，包括多個不同的樣式，且在樣式之間以逗號間隔，最後以常數 styles 接收 StyleSheet 建立出來的樣式物件。

接著在組件中便可開始引用這些樣式，如下所示：

```
1  <View style={styles.container}>
2      <Text style={styles.text}>React Nation Style</Text>
3  </View>
```

上述程式碼可以看到，在要設定樣式的組件中加入 style 屬性，並且指定 styles 中的樣式名稱。

一個組件也可以同時設定多個 style，只要用中括弧包住 style 名稱即可，如下所示：

```
1  <View style={styles.container}>
2      <Text style={[styles.text, styles.text2]}>
3          React Nation Style
4      </Text>
5  </View>
```

4-7-2 設定寬高

組件的設定寬高為常用的樣式，它可以決定此組件在頁面上的大小，這邊值得注意的是，React Native 中，大小、長寬都是使用 dp（Density-independent pixels）為預設單位，因此不需要額外設定單位，如下所示：

```
1 <View style={{ height: 100, width: 100 }}>
2      <Text>Hello</Text>
3 </View>
```

上述範例是直接為組件設定一個固定的寬高，但當一個較大的裝置或較小的裝置使用此應用程式時，便會發現這個固定寬高的組件顯得太大或太小，這時候便需要設定成動態的長寬，讓頁面可以依照裝置大小，動態呈現適當的組件大小。因此，我們需要使用 React Native 官方提供的原生 API 模組 Dimensions，來取得行動裝置的螢幕大小，並且給予相對應的配置，如下所示：

```
1  var { height, width } = Dimensions.get('window');
2
3  export default class App extends Component {
4      render() {
5          return (
6              <View style={styles.container}>
7                  <View
```

```
8                       style={{
9                               height: height * 0.2,
10                              width: width * 0.5,
11                              backgroundColor:'red' }}
12                  />
13              </View>
14          )
15      }
16 }
```

如此一來，當此應用程式放到螢幕大小不同的裝置時，便會依照該裝置的寬高顯示相對應的組件大小。

4-7-3 Flexbox 版面配置

Flexbox 用來定義頁面的版面配置，適合製作響應式的版面。那麼 Flexbox 到底是什麼呢？它是 CSS3 中一個新的排版語法，用來適應不同的版面尺寸，具有相當高的彈性，所以也稱爲 Flexible Box。

React Native 中 Flexbox 的使用方式，基本上也跟 Web CSS 差不多，差異在於一些預設值或設定不同，像是樣式 flexDirection 在 React Native 中的預設值爲 column，在 Web 中的預設則是 row。介紹到這兒，有學過 Web CSS Flexbox 的讀者，應該非常容易了解其運作模式，但對初學者來說應該會一頭霧水，什麼是 flexDirection ？ column 和 row 又是什麼呢？接下來讓我們深入了解該樣式的操作方式。

在 Flexbox 中，最常用到的樣式屬性爲 flex、flexDirection、alignItem 和 justifyContent，接著會分別介紹每個樣式屬性的使用，以及在畫面上呈現的樣子。

Flex

定義物件在頁面上呈現的大小比例，這是實作響應式版面必須使用的樣式，當遇到不同大小的裝置，若設定 flex 屬性，頁面上的物件會依照設定的 flex 呈現適當的顯示比例。

在此以兩個範例說明，一個沒有設定 flex，一個有設定 flex 樣式，比較兩者間的差異，如下所示：

```
1  export default class App extends Component {
2      render() {
3          return (
4              <View style={styles.container}>
5              </View>
6          )
7      }
8  }
9  const styles = StyleSheet.create({
10     container: {
11         backgroundColor: 'gray',
12         flex:1
13     }
14 });
```

執行結果

圖 4-56　Android 執行結果

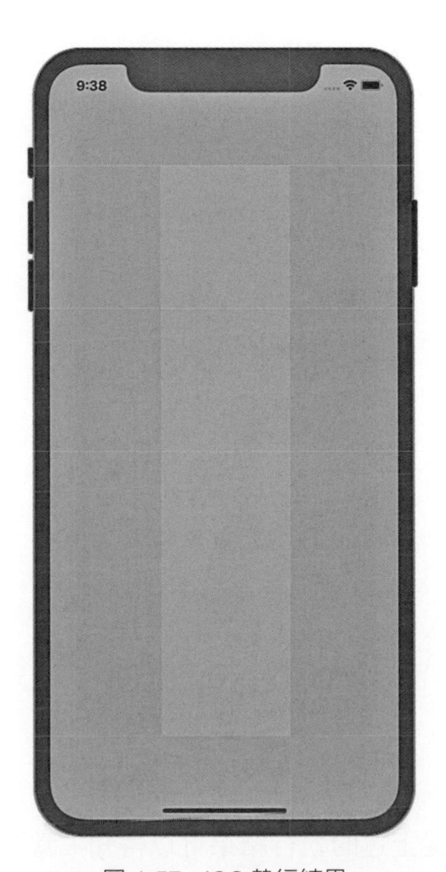

圖 4-57　iOS 執行結果

```
1  export default class App extends Component {
2      render() {
3          return (
4              <View style={styles.container}>
5              </View>
6          )
7      }
8  }
9
10 const styles = StyleSheet.create({
11     container: {
12         backgroundColor: 'gray',
13         width: 300,
14         height: 400
15      }
16 });
```

執行結果

圖 4-58　Android 執行結果

圖 4-59　iOS 執行結果

從上述的執行結果可以得知，當設定 flex:1 時，便會填充整個手機版面，就算到不同尺寸的手機上，也可以保持填滿手機版面。第二個直接寫死寬高的程式，就無法達到這個效果。

爲了讓讀者更了解 flex 如何填滿手機版面，我們直接改寫上述程式，將設定寬高的 View，放入樣式爲 container 的 View 中，並在其中再加入一層，如下所示：

```
1  export default class App extends Component {
2      render() {
3          return (
4              <View style={styles.container}>
5                  <View style={styles.view01}>
6                      <View style={styles.view02}></View>
7                  </View>
8              </View>
9          )
10     }
11 }
```

接著，設定各個 View 的樣式，如下所示：

```
1  const styles = StyleSheet.create({
2      container: {
3          alignItems: 'center',
4          justifyContent: 'center',
5          flex: 1
6      },
7      view01: {
8          backgroundColor: 'gray',
9          width: 300,
10         height: 400,
11         padding:10
12     },
13     view02: {
14         flex:1,
15         backgroundColor:'white'
16     }
17 });
```

範例說明

1. 程式碼 7-12 行，view01 樣式添加 padding，是爲了讓執行結果容易看出 view02 設定 flex:1 的意義。
2. 程式碼 13-16 行，設定 view02，flex 以及背景樣式。

執行結果

可以看到 view02 扣除掉 view01 設定的 padding 樣式後，填滿 view01 剩餘的空間。

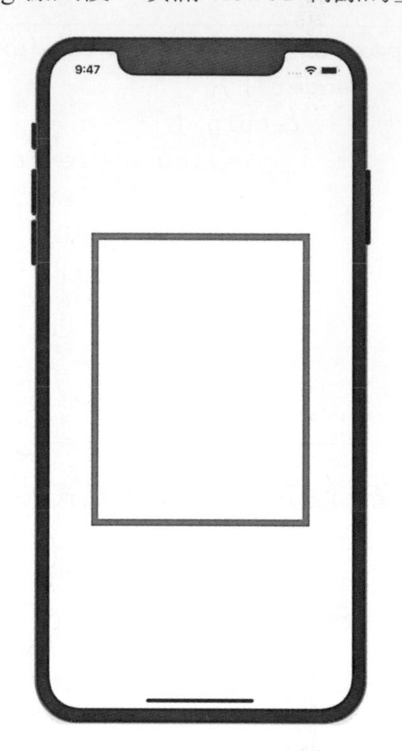

圖 4-60　Android 執行結果

圖 4-61　iOS 執行結果

接著，詳細介紹 flex「比例」的使用方法，延續上述的程式碼，在第二層 view01 中，加入兩個 View，並且分別設定樣式 flex 都爲 1，如下所示：

```
1  export default class App extends Component {
2      render() {
3          return (
4              <View style={styles.container}>
5                  <View style={styles.view01}>
6                      <View style={styles.view02}></View>
7                      <View style={styles.view03}></View>
8                  </View>
9              </View>
10         )
11     }
12 }
13
14 const styles = StyleSheet.create({
15     container: {
```

```
16          alignItems: 'center',
17          justifyContent: 'center',
18          flex: 1
19      },
20      view01: {
21          backgroundColor: 'gray',
22          width: 300,
23          height: 400,
24          padding:10
25      },
26      view02: {
27          flex:1,
28          backgroundColor:'white'
29      },
30      view03:{
31          flex:1,
32          backgroundColor:'black'
33      }
34 });
```

執行結果

可以看到，view02 和 view03 分別占了 view01 一半的空間，也就是比例 1:1 的概念。

圖 4-62　Android 執行結果

圖 4-63　iOS 執行結果

而當 view02 的 flex 改成 2，執行程式碼後，便能看到 2:1 的畫面，如下圖所示：

圖 4-64　Android 執行結果

圖 4-65　iOS 執行結果

FlexDirection

定義物件的排列方向，是以行（column）爲主軸，還是列（row）爲主軸排列，React Native 中，預設是以 column 爲主。如下所示，首先設定 render 中的組件：

```
1  render() {
2     return (
3        <View style={styles.container}>
4            <View style={styles.view}>
5                 <Text style={{ fontSize:30 }}>1</Text>
6            </View>
7            <View style={styles.view}>
8                 <Text style={{ fontSize:30 }}>2</Text>
9            </View>
10           <View style={styles.view}>
11                <Text style={{ fontSize:30 }}>3</Text>
12           </View>
13       </View>
14    )
15 }
```

接著，設定樣式：

```
1  const styles = StyleSheet.create({
2      container: {
3          justifyContent: 'center',
4          alignItems: 'center',
5          flex: 1,
6          flexDirection:'column'
7      },
8      view: {
9          width: 50,
10         height: 50,
11         margin: 10,
12         backgroundColor: 'gray'
13     }
14 });
```

範例說明

1. 第 6 行程式碼，可設定也可不設定，因爲 flexDirection 預設爲 column。

執行結果

由下圖可以看到 view 以垂直的方式排列。

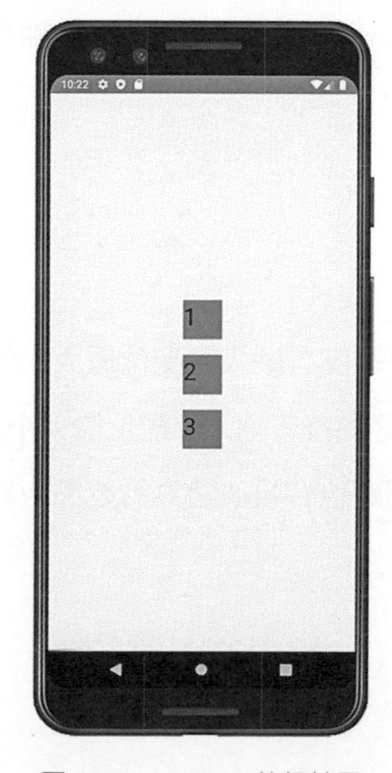

圖 4-66　Android 執行結果

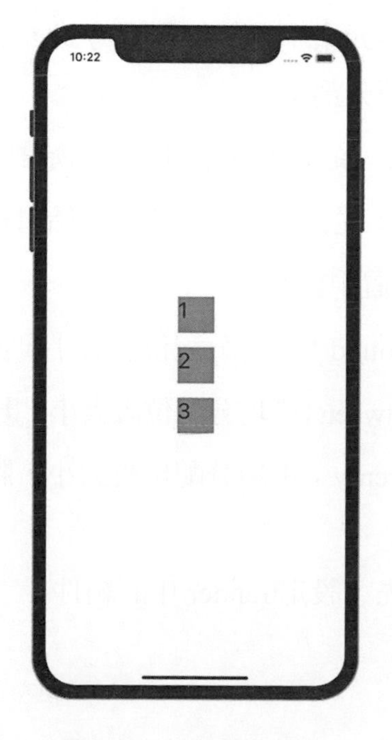

圖 4-67　iOS 執行結果

讀者可以嘗試將 flexDirection 設定成 row，執行後可以得到如下結果：

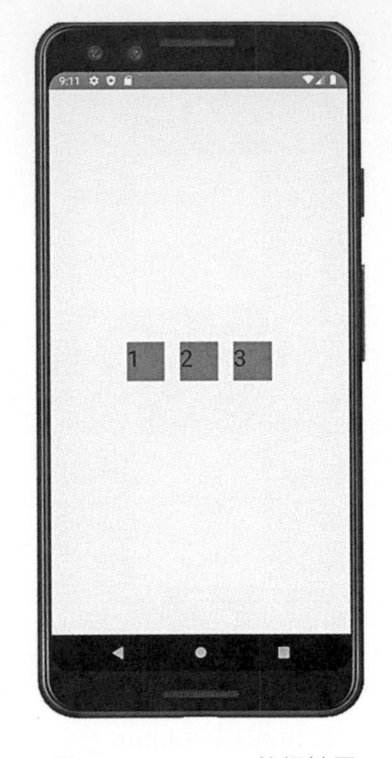

圖 4-68　Android 執行結果

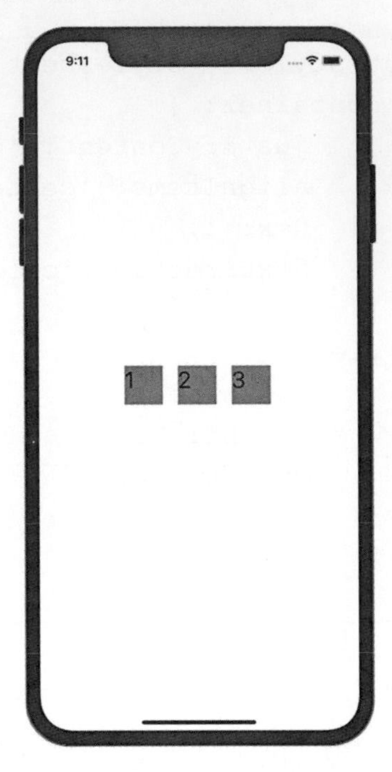

圖 4-69　iOS 執行結果

JustifyContent

定義元素中物件的對齊方式，是依照 flexDirection 樣式屬性所設定的主軸來排列，其設定值分爲：

flex-start：從畫面邊界的起點開始對齊。

flex-end：從畫面邊界的終點開始對齊。

center：置中對齊。

space-around：平均分配位置大小，畫面邊界的起點與終點有納入分配位置大小的計算。

space-between：平均分配位置大小，畫面邊界的起點與終點沒有納入分配位置大小的計算。

space-evenly：平均分配位置大小，將每個項目間的間距包含畫面邊界的起點與終點均勻分配。

首先，設定 render 中的組件：

```
1  render() {
2     return (
3       <View style={styles.container}>
4           <View style={styles.view}>
5                <Text style={{ fontSize:30 }}>1</Text>
6           </View>
7           <View style={styles.view}>
8                <Text style={{ fontSize:30 }}>2</Text>
9           </View>
10          <View style={styles.view}>
11               <Text style={{ fontSize:30 }}>3</Text>
12          </View>
13          <View style={styles.view}>
14               <Text style={{ fontSize:30 }}>4</Text>
15          </View>
16      </View>
17    )
18 }
```

接著，設定樣式：

```
1  const styles = StyleSheet.create({
2      container: {
3          justifyContent: 'center',
4          alignItems: 'center'
5          flex: 1,
6          flexDirection:'row'
7      },
8      view: {
9          width: 50,
10         height: 50,
11         margin: 10,
12         backgroundColor: 'gray'
13     }
14 });
```

執行結果

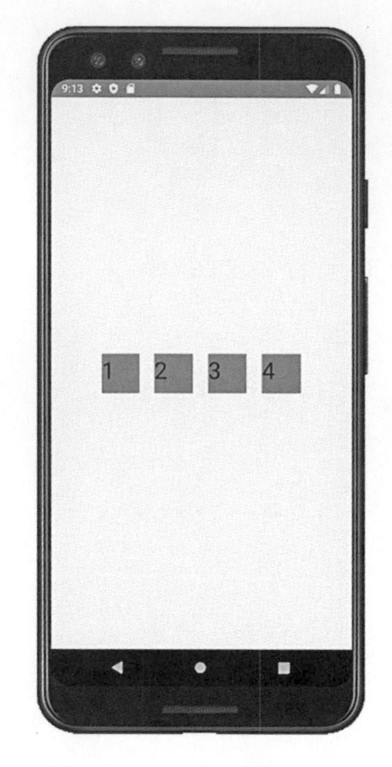

圖 4-70　Android 執行結果

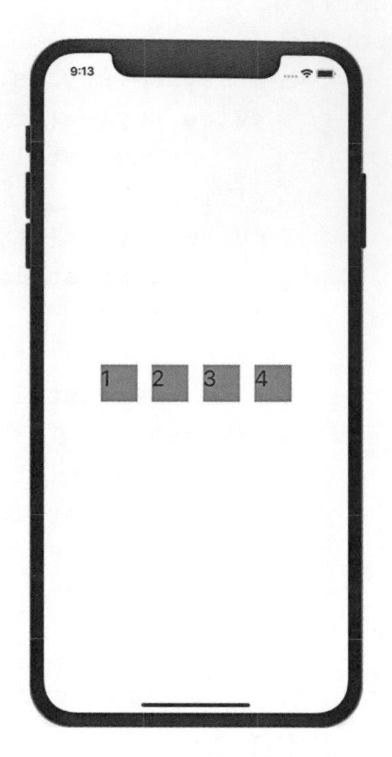

圖 4-71　iOS 執行結果

讀者可以嘗試將 justifyContent 設定成其他屬性值，執行後可以得到以下結果：

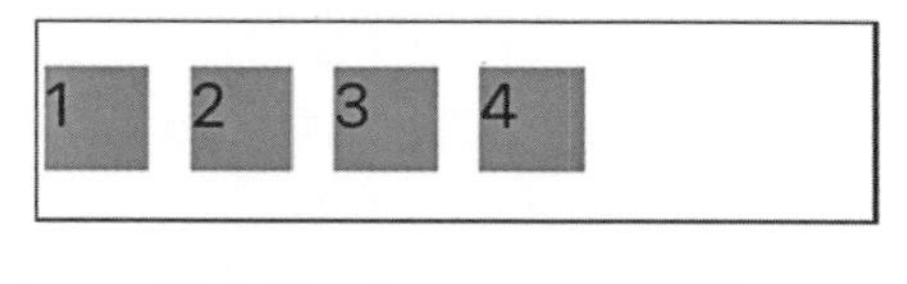

圖 4-72　flex-start 執行結果

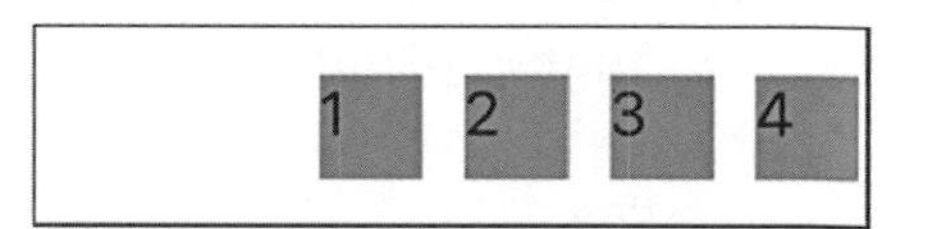

圖 4-73　flex-end 執行結果

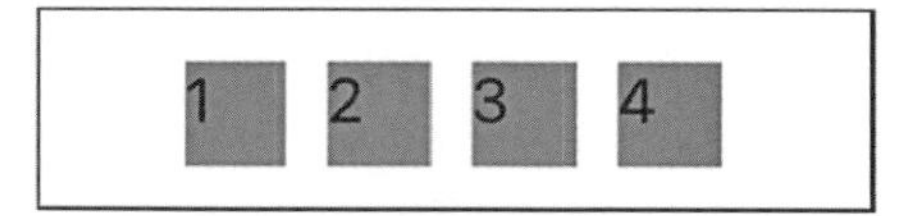

圖 4-74　center 執行結果

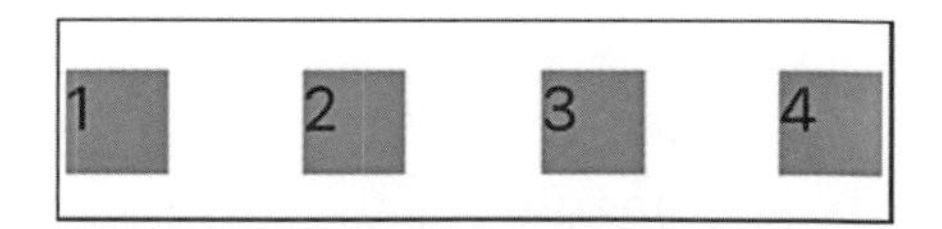

圖 4-75　space-between 執行結果

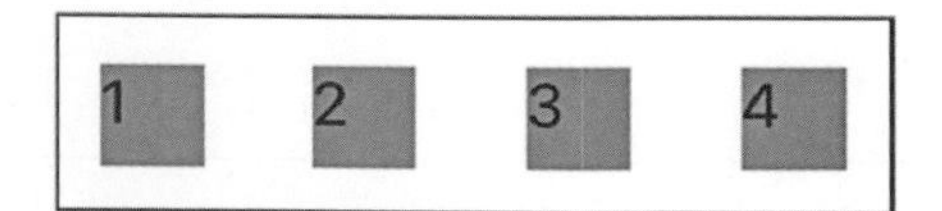

圖 4-76　space-around 執行結果

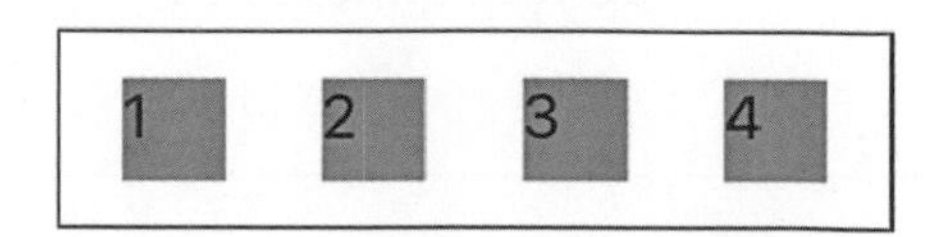

圖 4-77　space-evenly 執行結果

四、AlignItem

定義元素中物件的對齊方式，是依照 flexDirection 樣式屬性所設定的次軸來排列。

也就是說，當 flexDirection 設定以列（row）為主軸，則次軸便為行（column），其設定值分為：

stretch：彈性伸展到與次軸相同大小，flexDirction 設為 column 只需設定 height，設為 row 只需設定 width。

flex-start：從畫面邊界的起點開始對齊。

flex-end：從畫面邊界的終點開始對齊。

center：置中對齊。

首先，設定 render 中的組件：

```
1  <SafeAreaView style={styles.container}>
2      <View>
3          <View style={styles.view}>
4               <Text style={{ fontSize:30 }}>1</Text>
5          </View>
6          <View style={styles.view}>
7               <Text style={{ fontSize:30 }}>2</Text>
8          </View>
9          <View style={styles.view}>
10              <Text style={{ fontSize:30 }}>3</Text>
11         </View>
12     </View>
13 </SafeAreaView>
```

接著，設定樣式：

```
1  const styles = StyleSheet.create({
2      container: {
3          alignItems: 'center',
4          flex: 1,
5          flexDirection:'column'
6      },
7      view: {
8          width: 50,
9          height: 50,
10         margin: 10,
11         backgroundColor: 'gray'
12     }
13 });
```

執行結果

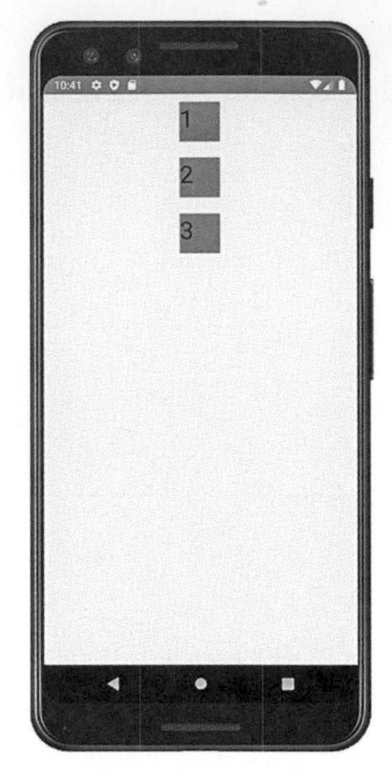

圖 4-78　Android 執行結果

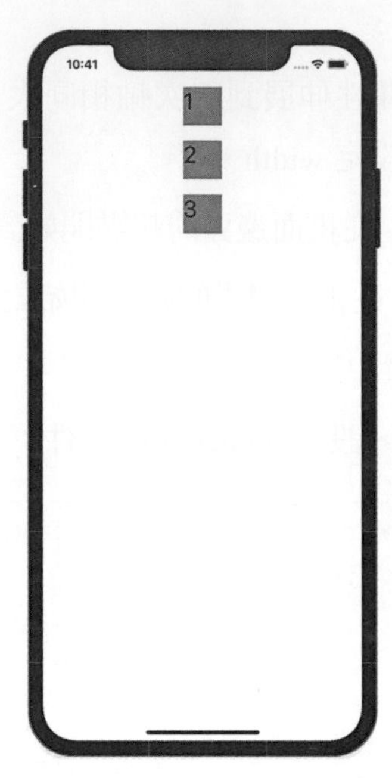

圖 4-79　iOS 執行結果

讀者可以嘗試將 alignItems 設定成其他屬性值，執行後可以得到以下結果：

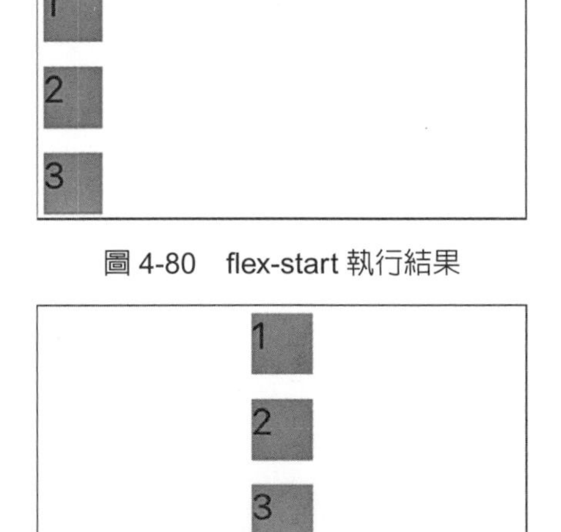

圖 4-80　flex-start 執行結果

圖 4-81　flex-end 執行結果

圖 4-82　center 執行結果

圖 4-83　stretch 執行結果（請先移除 view 屬性裡的 width 設置）

參考資料

https://reactjs.org/docs/react-component.html#the-component-lifecycle

https://github.com/kdchang/reactjs101

Chapter 5

路由

本章內容

- 5-1 路由概念
- 5-2 React Navigation 基礎操作

在了解 React Native 基礎技術後，本章要介紹另一個非常重要的觀念——「路由（Router）」，我們要開始學習如何在多個頁面中，進行切換頁面的動作。本章包含路由的觀念說明，並會使用官方推薦的 React Navigation 元件來實作路由的功能。

5-1 路由概念

在React Native中，路由是用來管理頁面之間跳轉的動作，並控制頁面顯示的狀態，它透過接收頁面觸發的跳頁請求，向應用程式推送並顯示正確的頁面。而本章要介紹的 React Navigation，是一個被開發者廣泛接受，同時也是 React Native 官方推薦使用的組件。

5-1-1 React Navigation 介紹

早期的路由處理，是由 React Native 官方提供的 Navigator 組件來控制，但這個路由組件卻有許多令人詬病的地方，例如切換頁面不流暢，導致頁面切換會停頓等，因此在社群中，便開始發展出各式的路由組件，爲的就是改善這些令人頭痛的問題，React Navigation 便從中脫穎而出。

Navigation 的原文解釋中有導航的意思，表示可以讓應用程式導向正確的頁面，起初是由社群開發的第三方元件，除了改進官方 Navigator 組件的問題，同時也讓切換頁面變得更簡單、更容易學習，因此吸引許多人使用。但其實一開始，React Native 官方並沒有推薦使用此第三方組件，是因爲收到許多開發者的抱怨後，才將其納入官方推薦的套件中。舊的 Navigator 組件也在 React Native 0.44 版發布後廢除，而後官方便開始共同合作並維護 React Navigation。

而在 React Navigation 中，除了簡單易學之外，也將頁面狀態做集中式的管理，所有的路由設定皆在此一併處理，讓開發者可以更容易地設定，不需要分散在各個不同的頁面中，加快了開發速度。而在頁面狀態的設定中，還能夠設定頁面上的資源、標頭（Header）、呈現方式等。例如進入頁面動畫顯示方式、或是 Header 樣式等。爲了讓讀者更加了解 React Navigation 的用法，接下來便會詳細的介紹其操作及設定方式。

更深入的 React Navigation 資訊可進入官網查詢，網址如下：https://reactnavigation.org/en/

5-1-2　安裝 React Navigation

接著本書將會透過簡單的實作 React Navigation 路由，來帶大家快速的入門，因此本小節會先建立一個新的專案，並安裝及設定需要的基本環境，在下一節便能夠直接操作路由。

建立專案及安裝套件

首先開啓終端機，建立一個新的專案，並進入專案中，指令如下所示：

```
npx react-native init NavigationProject
cd NavigationProject
```

由於 React Native 官方目前並未把 React Navigation 納入官方 package 中，因此還是需要額外的安裝才能使用，所以這裡透過 npm，開始安裝必要的 React Navigation 依賴套件，如下所示：

```
npm install --save @react-navigation/native
npm install --save react-native-gesture-handler
npm install --save @react-native-community/masked-view
npm install --save react-native-reanimated
npm install --save react-native-screens
npm install --save react-native-safe-area-context
```

除了上述各個路由的依賴套件之外，在 React Navigation 的最新版本中，它將不同跳頁方式的元件分別獨立成不同的套件，因此讀者在開發時可以選擇適合的元件安裝，而本範例將會介紹幾個常用的路由元件，包含 Stack、Tab 與 Drawer Navigator，而每種元件需要額外安裝的項目將會在各個小節介紹。

設定專案環境

安裝完成後，便可以開始設定之後專案會用到的頁面。首先，開啓專案並建立 src 資料夾，並在 src 下新增一個 routes 資料夾；接著在 routes 資料夾中，建立兩個頁面，分別爲 Home.js 和 Page1.js，之後會教導讀者，如何在這兩個頁面之間做切換。專案目錄如下所示：

```
├──── android/                  # Android 原生專案（Native Project）
├──── ios/                      # iOS 原生專案（Native Project）
├──── node_module/              # JS 套件庫（JS Libraries）
├──── src                       # [ 新增 ] 集中頁面或元件資料夾
   ├──── routes                 # [ 新增 ] 存放多個頁面
      ├──── Home.js             # [ 新增 ]Home 頁面
      ├──── Page.js             # [ 新增 ]Page 頁面
├──── App.js                    # 路由設定
├──── Index.js                  # 專案程式入口
├──── app.json                  # APP 資訊的設定檔
└──── package.json              # 記錄專案所使用套件的檔案
```

專案建立完成後，開啓 Home.js，設定頁面內容，程式碼如下所示：

【src/routes/Home.js】

```
1  import React, { Component } from 'react'
2  import { StyleSheet, Text, View, Button } from 'react-native'
3  export default class Home extends Component {
4     render() {
5        return (
6          <View style={styles.container}>
7              <Text>This is Home.</Text>
8          </View>
9        )
10    }
11 }
12 const styles = StyleSheet.create({
13    container: {
14       flex: 1,
15       justifyContent: 'center',
16       alignItems: 'center',
17       backgroundColor: '#F5FCFF',
18    }
19 })
```

接著開啓 Page.js，設定頁面內容，程式碼如下所示：

【src/routes/Page.js】

```
1  import React, { Component } from 'react'
2  import { StyleSheet, Text, View, Button } from 'react-native'
3  export default class Page1 extends Component {
```

```
4       render() {
5           return (
6               <View style={styles.container}>
7                   <Text>This is Page1.</Text>
8               </View>
9           )
10      }
11 }
12 const styles = StyleSheet.create({
13      container: {
14          flex: 1,
15          justifyContent: 'center',
16          alignItems: 'center',
17          backgroundColor: '#F5FCFF',
18      }
19 })
```

頁面也設定完後，接下來就要開始進入操作 React Navigation 的部分囉！

5-2 React Navigation 基礎操作

在 React Navigation 中，是透過自己的 Navigator 元件來建立應用程式 Navigation 的狀態，讓頁面之間可以跳轉，而 Navigator 元件又可分爲三種不同的模式，如下所示：

1. Stack Navigator：提供基本的切換頁面。
2. Tab Navigator：提供 TabBar 的切換頁面模式。
3. Drawer Navigator：提供側邊欄的頁面切換目錄。

在不同的 Navigator 中，又會有不同的設定方式，爲了讓讀者可以快速了解使用 React Navigation 的方式，本書會先以最基礎的 Stack Navigator 元件來說明，接著便會一一詳細介紹不同路由元件設定的方法。

在開始介紹 Navigator 之前，除了前面章節已經安裝的項目之外，還須安裝 Stack Navigator 套件，如下所示：

```
npm install --save @react-navigation/stack
```

5-2-1 使用 Navigator

在 React Navigation 中，每個透過 Navigator 建立狀態的頁面，都會接收到 navigation 與 route 的屬性，透過這些屬性可以用來設定路由的相關操作，包含跳頁、返回等。因此，為了讓頁面可以接收 navigation 屬性，首先要開啓 App.js，並將原本預設的程式碼刪除，我們要在這個檔案設定路由資訊，如下所示：

【App.js】

```
1  import React, { Component } from 'react'
2  import { NavigationContainer } from '@react-navigation/native'
3  import { createStackNavigator } from '@react-navigation/stack'
4
5  import HomeRoute from './src/routes/Home'
6  import PageRoute from './src/routes/Page'
7
8  const Stack = createStackNavigator()
9
10 export default class App extends Component {
11   render() {
12     return (
13       <NavigationContainer>
14         <Stack.Navigator>
15           <Stack.Screen name="Home" component={HomeRoute} />
16           <Stack.Screen name="Page" component={PageRoute} />
17         </Stack.Navigator>
18       </NavigationContainer>
19     );
20   }
21 }
```

範例說明

1. 第 2-3 行程式碼，引入 NavigationContainer 元件和 createStackNavigator 方法。
2. 第 5-6 行程式碼，引入 Home 與 Page 頁面。
3. 第 8 行程式碼，透過 createStackNavigator 方法建立 Stack 元件。
4. 第 13 與 18 行程式碼，NavigationContainer 元件必須在最外層，它負責管理所有 navigation 的頁面與狀態。
5. 第 14 與 17 行程式碼，使用 Stack.Navigator 元件建立頁面導航。
6. 第 15-16 行程式碼，使用 Stack.Screen 元件設定頁面，因此每個頁面便會自動帶入

navigation 和 route 屬性，其中 name 屬性表示頁面名稱，而 component 屬性則是頁面要顯示的元件。

設定好路由檔案後，當在頁面上要跳頁時，便可以透過 props 來取得 Navigator 用來跳頁的物件 navigation，它提供了許多好用的跳頁方法，下方介紹幾個 navigation 常見的方法：

1. navigate(routeName, params)：提供基本的切換頁面功能，方法中必須帶入要跳頁的對象名稱（routeName），也可以將資料傳入下個頁面中。
2. goBack()：關閉目前頁面，返回上一頁，不需要帶入任何參數。此方法常用在當頁面上沒有 Header，因此不會有 Header 返回按鈕，或者在 iOS 應用程式上沒有返回按鈕時，便可以添加此方法，方便返回上一頁。
3. setParams(params)：改變當前路由的參數狀態。

接著是 route 屬性，一樣是可以透過 props 來取得，主要是用來儲存頁面的狀態資訊，常見的參數如下所示：

1. key：頁面的 key 值，當導向到某個頁面時，系統會自動生成。
2. name：定義每個頁面的名稱。
3. params：在跳頁時所設定要傳送的參數。

接下來我們會以 Stack Navigator 元件爲例，詳細介紹 navigation 和 route 兩個屬性提供的幾個方法及參數。

navigate

首先在 Home 頁面中加入 Button 組件，並設定 onPress 屬性，表示當按下按鈕後，會切換頁面到 Page，如下所示：

【src/routes/Home.js】

```
1  export default class Home extends Component {
2      render() {
3          return (
4              <View style={styles.container}>
5                  <Text>This is {this.props.route.name}.</Text>
6                  <Button
```

```
7                   title="Go to Page"
8                   onPress={() => {
9                       this.props.navigation.navigate('Page')
10                  }} />
11            </View>
12        )
13    }
14 }
```

範例說明

1. 第 5 行程式碼，透過 props 取得 route 頁面狀態中的 name 參數，來顯示目前的頁面名稱。
2. 第 9 行程式碼，在 onPress 方法中，透過 props 取得 navigation 跳頁物件中的 navigate 方法，並帶入前面在 App.js 路由設定中，Stack.Screen 元件上設定的 name 屬性，也就表示按下按鈕後會切換到名稱爲 Page 的頁面。

除此之外，navigate 還可以帶入參數，並傳入下一個頁面中，這邊一樣在 Home 頁面中加入要傳遞的參數，如下所示：

【src/routes/Home.js】

```
1 <Button
2     title="Go to Page"
3     onPress={() => {
4          this.props.navigation.navigate('Page', { title: 'React' })
5 }} />
```

範例說明

第 4 行程式碼，在 navigate 方法中加上要傳送到 Page 頁面的參數名和值，這邊值得注意的是，傳送的格式是以物件的方式帶入，之後在下一個頁面時，便可以透過 route 屬性來取得此參數。

goBack

接著，開始實作 goBack 範例，開啓 Page 頁面，並加入一個 Button 按鈕，表示當從 Home 頁面切換到 Page 後，也可以再次返回 Home，如下所示：

【src/routes/Page.js】

```
1  export default class Page extends Component {
2      render() {
3          return (
4              <View style={styles.container}>
5                  <Text>This is {this.props.route.name}.</Text>
6                  <Text>Title is {this.props.route.params.title}.</
   Text>
7                  <Button
8                      title="Back"
9                      onPress={() => {
10                         this.props.navigation.goBack()
11                     }} />
12             </View>
13         )
14     }
15 }
```

範例說明

1. 第 5 行程式碼，透過 props 取得 route 頁面狀態中的 name 參數，來顯示目前的頁面名稱。
2. 第 6 行程式碼，透過 props 取得 route 頁面狀態中的 params 參數，並接收從 Home 頁面傳送過來的 title 資料。
3. 第 10 行程式碼，在 onPress 方法中，透過 props 取得 navigation 屬性中的 goBack 方法，讓使用者按下此按鈕後可以返回到 Home 頁面。

setParams

setParams 是用來設定前一個頁面傳遞過來的參數狀態，下方接續前面的範例，在 Page 頁面中，要更改 title 參數的值，便可以透過 setParams 方法來實現，如下所示：

【src/routes/Page.js】

```
1  export default class Page1 extends Component {
2      render() {
3          return (
4              <View style={styles.container}>
5                  <Text>This is {this.props.route.name}</Text>
6                 <Text>Title is {this.props.route.params.title}</Text>
7                  <Button
8                      title="Set Params to Native"
```

```
9                       onPress={() => {
10                          this.props.navigation.
  setParams({title:'Native'})
11                  }} />
12                  <Button
13                      title="Back"
14                      onPress={() => {
15                          this.props.navigation.goBack()
16                  }} />
17              </View>
18          )
19      }
20 }
```

範例說明

第 7-11 行程式碼，新增一個 Button 按鈕，而在 onPress 方法中，透過 props 取得 navigation 屬性中的 setParams 方法，並設定 title 的值爲 Native，讓使用者按下此按鈕後，頁面上的 title 便會更新。

5-2-2 Stack Navigator

Stack Navigator 是 React Navigation 提供的跳頁方式中最基本的一種，而前面一個小節已經介紹其基礎的使用方式，因此本小節要開始介紹 Stack Navigator 其他的設定與方法。

首先是方法，除了前面提到的 navigate、goBack 等每種 Navigator 都可以使用的方法之外，Stack Navigator 還有幾個專屬的 navigation 方法，如下所示：

1. push(routeName, params)：提供基本的切換頁面功能，方法中必須帶入跳頁的對象名稱，此方法的功能與 navigate 很像，但差別在於 navigate 最多只會有兩個頁面堆疊，但 push 可以無限的堆疊，因此使用 push 時必須注意頁面堆疊的數量，以免造成應用程式過度的負載。
2. pop(count)：關閉目前頁面，返回上一頁，不需要帶入任何參數，此方法的功能與 goBack 很像，通常會與 push 搭配使用。除此之外，它也可以帶入數字參數，表示要跳掉幾個頁面，例如 pop(2) 便表示要返回兩個頁面前。
3. popToTop()：回到最一開始的頁面，此功能會使用在當 push 堆疊多個頁面後，若要回到第一個頁面，不需要使用 pop 將每個頁面一一返回，直接使用 popToTop 即可直接回到最上層的頁面。

接下來範例一樣使用 5-1-2 安裝 React Navigation 章節的 NavigationProject 專案來實作，並以 push 爲例來跳轉頁面，因此開啓 Home.js，並修改按鈕程式，如下所示：

【src/routes/Home.js】

```
1  export default class Home extends Component {
2      render() {
3          return (
4              <View style={styles.container}>
5                  <Text>This is {this.props.route.name}.</Text>
6                  <Button
7                      title="Go to Page"
8                      onPress={() => {
9                         this.props.navigation.push('Page', { title:
   'React' })
10                     }} />
11             </View>
12         )
13     }
14 }
```

範例說明

第6-10行程式碼，將Button中的onPress方法改爲呼叫push方法，完成修改後儲存，即可執行程式查看結果，當按下「Go to Page」按鈕後，便會跳到Page頁面。

了解 Stack Navigator 切換頁面的功能後，它也有提供許多選項，來設定 Navigation 的呈現方式及樣式等，本書挑選幾個屬性來示範，如下所示：

【App.js】

```
1  <Stack.Navigator
2    headerMode="none"
3    screenOptions={{
4      headerTintColor: 'white',
5      headerStyle: { backgroundColor: 'tomato' },
6    }}>
7    <Stack.Screen name="Home" component={HomeRoute} />
8    <Stack.Screen name="Page" component={PageRoute} />
9  </Stack.Navigator>
```

範例說明

1. 第 2 行程式碼，設定 headerMode 屬性，表示 Header 渲染的方式，當設定 none 時，表示不要顯示 Header。
2. 第 3-6 行程式碼，透過在 screenOptions 設定 Stack 的外觀樣式。

除了上述範例的兩個屬性之外，Stack Navigator 還提供了許多屬性可以設定，本書便不一一介紹，假若讀者需要使用其他設定時，可以進入 React Navigation 的官方網站查詢即可。

5-2-3 Tab Navigator

Tab Navigator 也是一種很常見的跳頁方式，通常會在 APP 的最上面或最下面以選單按鈕的方式呈現，使用者按下按鈕後會跳至相對應的頁面，如圖 5-1 所示：

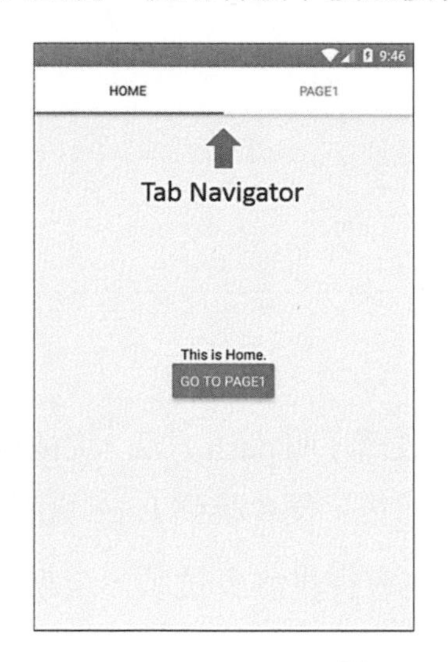

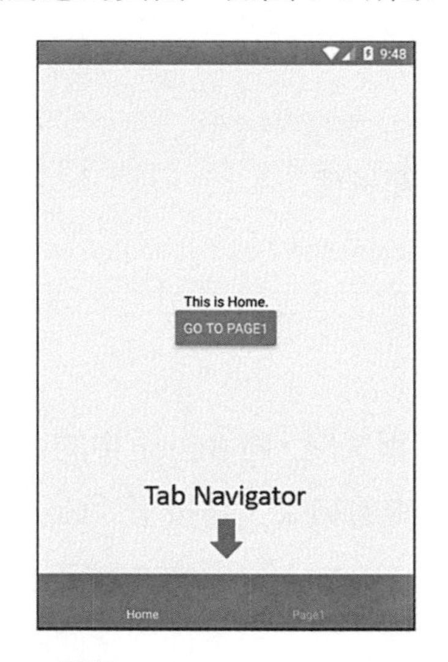

圖 5-1　Tab Navigator 呈現

在 React Navigation 中，Tab Navigator 又可以分成三種方法，如下所示：

1. createMaterialTopTabNavigator：顯示在最上方的選單。
2. createBottomTabNavigator：顯示在最下方的選單。
3. createMaterialBottomTabNavigator：顯示在最下方的選單。

其中 createBottomTabNavigator 與 createMaterialBottomTabNavigator 呈現方法都是顯示在應用程式最下方的選單，也能夠做到相同的功能，兩者主要的差異在於 createMaterialBottomTabNavigator 已經預設一些較絢麗的跳頁動畫，因此讀者可以選擇適合方式來開發即可。

這邊額外要注意的地方是，不同的Tab Navigator方法，都需要安裝不同的依賴套件，以下分別介紹三種方式各自需要安裝的依賴套件，如下所示：

【createMaterialTopTabNavigator】

```
npm install --save @react-navigation/material-top-tabs
npm install --save react-native-tab-view
```

【createBottomTabNavigator】

```
npm install --save @react-navigation/bottom-tabs
```

【createMaterialBottomTabNavigator】

```
npm install --save @react-navigation/material-bottom-tabs
npm install --save react-native-paper
npm install --save react-native-vector-icons
```

接下來的範例使用5-1-2安裝React Navigation章節的NavigationProject專案來實作，並以createMaterialTopTabNavigator方法爲主，教導如何操作Tab Navigator。

首先開啓App.js，將原本的Stack Navigator改爲Tab Navigator呈現方式，如下所示：

【App.js】

```
1  import React, { Component } from 'react'
2  import { NavigationContainer } from '@react-navigation/native'
3  import {
4      createMaterialTopTabNavigator
5  } from '@react-navigation/material-top-tabs'
6
7  import HomeRoute from './src/routes/Home'
8  import PageRoute from './src/routes/Page'
9
10 const Tab = createMaterialTopTabNavigator()
11
12 export default class App extends Component {
13   render() {
14     return (
15       <NavigationContainer>
16         <Tab.Navigator>
17           <Tab.Screen name="Home" component={HomeRoute} />
```

```
18            <Tab.Screen name="Page" component={PageRoute} />
19          </Tab.Navigator>
20        </NavigationContainer>
21      );
22    }
23 }
```

範例說明

1. 第 2-5 行程式碼，引入 createMaterialTopTabNavigator 方法和 NavigationContainer 元件。
2. 第 7-8 行程式碼，引入 Home 與 Page 頁面。
3. 第 10 行程式碼，透過 createMaterialTopTabNavigator 建立 Tab 元件。
4. 第 15 與 20 行程式碼，NavigationContainer 元件必須在最外層，它負責管理所有 navigation 的頁面與狀態。
5. 第 16 與 19 行程式碼，使用 Tab.Navigator 元件建立頁面導航。
6. 第 17-18 行程式碼，使用 Tab.Screen 元件設定頁面，因此每個頁面便會自動帶入 navigation 和 route 屬性，其中 name 屬性表示頁面名稱，而 component 屬性則是頁面要顯示的元件。

完成後，便可以執行專案查看結果，如圖 5-2 所示，在應用程式的最上方便可以看到 Home 頁面與 Page 頁面的選單按鈕：

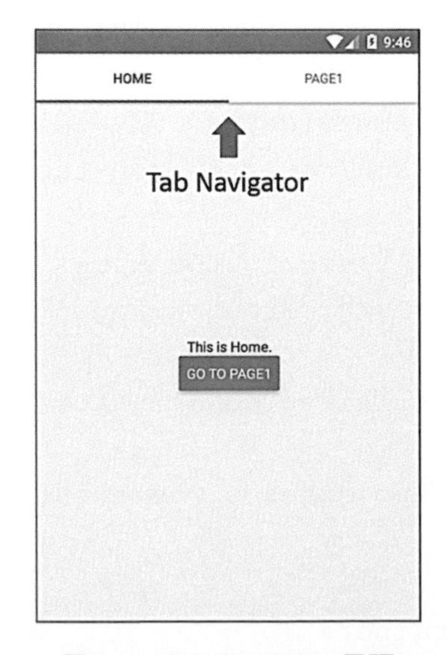

圖 5-2　Tab Navigator 呈現

除了前面提到的 navigate、goBack 等每種 Navigator 都可以使用的方法之外，Tab

Navigator 還有一個專屬的 navigation 方法：jumpTo(routeName, params) 主要提供基本的切換頁面功能，方法中必須帶入跳頁的對象名稱，此方法的功能與 navigate 很像。

接下來，我們使用 jumpTo 來跳轉頁面，開啓 Home.js，並修改按鈕程式，如下所示：

【src/routes/Home.js】

```
1 export default class Home extends Component {
2     render() {
3         return (
4             <View style={styles.container}>
5                 <Text>This is {this.props.route.name}.</Text>
6                 <Button
7                     title="Go to Page"
8                     onPress={() => {
9                        this.props.navigation.jumpTo('Page')
10                    }} />
11            </View>
12        )
13    }
14 }
```

範例說明

第 6-10 行程式碼，將 Button 中的 onPress 方法改爲呼叫 jumpTo 方法，完成修改後儲存，即可執行程式查看結果，當按下「Go to Page」按鈕後，便會跳到 Page 頁面。

了解 Tab Navigator 切換頁面的功能後，它也有提供許多選項，來設定 Navigation 的呈現方式及樣式等，本書挑選幾個屬性來示範，如下所示：

【App.js】

```
1 import { createMaterialTopTabNavigator } from '@react-navigation/
  material-top-tabs';
2 const Tab = createMaterialTopTabNavigator();
3 // 省略程式碼
4 <Tab.Navigator
5   swipeEnabled={true}
6   tabBarOptions={{
7     labelStyle: { fontSize: 12 },
8     tabStyle: { width: 100 },
9     style: { backgroundColor: 'powderblue' },
10  }}>
11  <Tab.Screen name="Home" component={HomeRoute} />
12  <Tab.Screen name="Page" component={PageRoute} />
13 </Tab.Navigator>
```

範例說明

1. 第 5 行程式碼，設定 swipeEnabled 屬性，讓應用程式可以透過在螢幕上左右滑動來切換頁面。
2. 第 6-10 行程式碼，透過在 tabBarOptions 設定 Tab 的外觀樣式。

除了上述範例的兩個屬性之外，Tab Navigator 還有提供許多屬性可以設定，本書便不一一介紹，因此當讀者需要使用其他設定時，可以進入 React Navigation 的官方網站查詢即可。

5-2-4 Drawer Navigator

Drawer Navigator 是以側邊欄呈現的跳頁方式，使用者按下按鈕後會跳至相對應的頁面，如圖 5-3 所示：

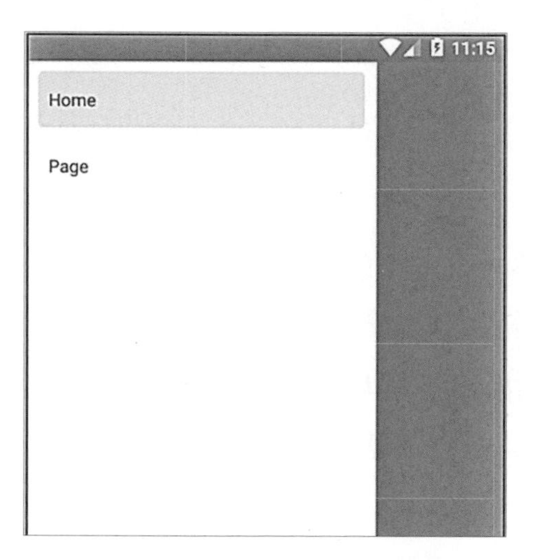

圖 5-3 Drawer Navigator 呈現

在使用 Drawer Navigator 之前同樣也要安裝依賴套件，如下所示：

```
npm install --save @react-navigation/drawer
```

接下來的範例一樣使用 5-1-2 安裝 React Navigation 章節的 NavigationProject 專案來實作，教導讀者如何操作 Drawer Navigator。

首先開啓 App.js，將 5-2-3 小節使用的 Tab Navigator 改爲 Drawer Navigator 呈現方式，如下所示：

【App.js】

```
1  import React, { Component } from 'react'
2  import { NavigationContainer } from '@react-navigation/native'
3  import { createDrawerNavigator } from '@react-navigation/drawer'
4
5  import HomeRoute from './src/routes/Home'
6  import PageRoute from './src/routes/Page'
7
8  const Drawer = createDrawerNavigator()
9
10 export default class App extends Component {
11   render() {
12     return (
13       <NavigationContainer>
14         <Drawer.Navigator>
15           <Drawer.Screen name="Home" component={HomeRoute} />
16           <Drawer.Screen name="Page" component={PageRoute} />
17         </Drawer.Navigator>
18       </NavigationContainer>
19     );
20   }
21 }
```

範例說明

1. 第 2-3 行程式碼，引入 NavigationContainer 和 createDrawerNavigator。
2. 第 5-6 行程式碼，引入 Home 與 Page 頁面。
3. 第 8 行程式碼，透過 createDrawerNavigator 建立 Drawer 元件。
4. 第 13 與 18 行程式碼，NavigationContainer 元件必須在最外層，它負責管理所有 navigation 的頁面與狀態。
5. 第 14 與 17 行程式碼，使用 Drawer.Navigator 元件建立頁面導航。
6. 第 15-16 行程式碼，使用 Drawer.Screen 元件設定頁面，因此每個頁面便會自動帶入 navigation 和 route 屬性，其中 name 屬性表示頁面名稱，而 component 屬性則是頁面要顯示的元件。

完成後，便可以執行專案查看結果，如圖 5-4 所示，從應用程式的左側拉出一個選單，便可以看到 Home 頁面與 Page 頁面的選單按鈕：

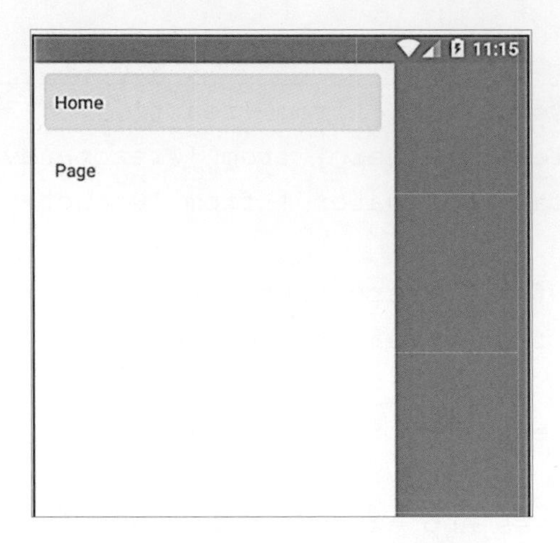

圖 5-4　Drawer Navigator 呈現

除了前面提到的 navigate、goBack 等每種 Navigator 都可以使用的方法之外，Drawer Navigator 還有幾個專屬的 navigation 方法，如下所示：

1. openDrawer()：開啓側邊欄。
2. closeDrawer()：關閉側邊欄。
3. jumpTo(routeName, params)：指定跳到特定的頁面，與 Tab Navigator 的 jumpTo 使用方法一樣。

接下來，我們以 openDrawer 爲例，開啓 Home.js，並修改按鈕程式，如下所示：

【src/routes/Home.js】

```
1  export default class Home extends Component {
2      render() {
3          return (
4              <View style={styles.container}>
5                  <Text>This is {this.props.route.name}.</Text>
6                  <Button
7                      title="Open Drawer"
8                      onPress={() => {
9                         this.props.navigation.openDrawer()
10                     }} />
11             </View>
12         )
13     }
14 }
```

範例說明

第 6-10 行程式碼，將 Button 中的 onPress 方法改爲呼叫 openDrawer 方法，完成修改後儲存，即可執行程式查看結果，當按下「Open Drawer」按鈕後，便會開啓側邊欄。

了解 Drawer Navigator 切換頁面的功能後，它也有提供許多選項，來設定 Navigation 的呈現方式及樣式等，本書挑選幾個屬性來示範，如下所示：

【App.js】

```
1  <Drawer.Navigator
2    drawerPosition='right'
3    drawerStyle={{
4      backgroundColor: '#c6cbef',
5      width: 240,
6    }}>
7    <Drawer.Screen name="Home" component={HomeRoute} />
8    <Drawer.Screen name="Page" component={PageRoute} />
9  </Drawer.Navigator>
```

範例說明

1. 第 2 行程式碼，設定 drawerPosition 屬性，表示要從應用程式的右側拉出選單，預設爲左側。
2. 第 3-6 行程式碼，透過在 drawerStyle 設定 Drawer 的外觀樣式。

除了上述範例的兩個屬性之外，Drawer Navigator 還提供了許多屬性可以設定，本書便不一一介紹，讀者需要使用其他設定時，可以進入 React Navigation 的官方網站查詢即可。

NOTE

Chapter 6

Redux Library

本章內容

- 6-1 什麼是 Redux
- 6-2 Redux 的應用
- 6-3 第一個 Redux 專案

經過前面五章後，相信讀者對 React Native 有一定程度的熟悉了，因此本章便要開始加入 Redux 的概念，將程式依照不同的工作性質分工，不再是把所有的邏輯通通寫在同一個頁面上，造成可讀性下降，而在維護程式時，也能夠快速地找到問題所在。本章包含介紹 Redux 的由來、基礎觀念、安裝環境，並且在最後會以範例帶領讀者一步一步建立 Redux 專案。

6-1　什麼是 Redux

Redux 是一個函式庫，由 Flux 概念衍生而來，目的是實作出簡單又容易操作的程式框架。由於在一個 React Native 的應用程式中，不管是在頁面上記錄的狀態，或是不同組件，甚至不同頁面中互相傳遞的狀態，state 都是不可或缺的部分，因此當應用程式越來越大，頁面上的組件或需要處理的邏輯程式也越來越多時，便會造成 state 過於複雜，且難以管理，這時候便可以透過 Redux 來簡化這些複雜的工作。

6-1-1　Redux 的由來

在介紹 Redux 之前，先讓我們來了解 Flux 的觀念及基本運作方式，接著會說明 Redux 是如何繼承 Flux 的理念，並實作出容易操作的框架。

一、Flux 的運作方式

Flux 是一個單向資料流的概念，爲了保護資料，它規定要存取資料時只能透過發送一個 Action（動作）觸發，因此，除非發送 Action，不然我們不需擔心資料會無故遭到更動；而一個資料可能會需要讓多個頁面存取，或是要長時間保留，所以 Flux 便提出了 Store 的概念，將此類的資料集中管理，若要修改儲存在 Store 的資料，則要透過前面提到的 Action 去進行更新的動作。

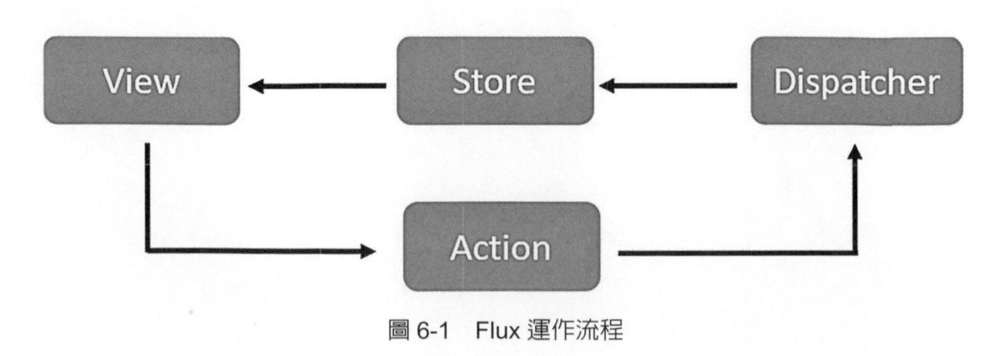

圖 6-1　Flux 運作流程

爲了讓讀者可以更了解單向資料流的概念，我們以圖 6-1 來說明，可以看到圖中各個流程的箭頭都是單一方向，這便是 Flux 的單一資料流，表示資料傳送出去後，會走訪完整個流程才回到頁面上，不會在兩個流程之間反覆的傳遞。而概念簡單來說，當在 View（頁面）上要修改儲存在 Store 的資料時，便可以傳送 Action 到 Dispatcher（發送器），其中 Dispatcher 可以想成是一個發送中心，接收各個不同頁面的 Action 所傳遞的資料來更新 Store，最後便會重新渲染有取用 Store 的 View。

以新增待辦清單的例子來說，當使用者在頁面上輸入待辦項目，按下確認按鈕後，便會發送一個新增項目的 Action 到 Dispatcher，而 Dispatcher 接收到後，便會去更新儲存在 Store 中的資料，最後會重新渲染頁面，將新增待辦事項顯示在頁面上。

二、Redux 的運作方式

爲了管理在 React Native 中變化不斷的 state，Redux 實作出 Flux 的概念，簡化程式的複雜度。理念大致上都與 Flux 相同，一樣都是單向資料流的運作方式，並新增了 Reducer 的概念，用來管理儲存在 Store 中的資料。

爲了讓讀者更清楚地了解，我們以圖 6-2 說明。從圖中可以看到在 View 觸發更新儲存在 Store 的 state 資料事件時，會傳送一個請求到 Action Creator 進行資料的處理，並建立一個 UPDATE action。接著將 action 發送到 Reducer，找到儲存在 Store 中正確的 state 值更新，最後便會重新渲染有取用 Store 的 View，讓所有 Hello 更新爲你好。這邊值得注意的是，Store 的資料在 View 中是以 Props 的方式取得，表示是不能在頁面中隨意更動的值，必須透過發送完整的 Redux 流程才能更新。

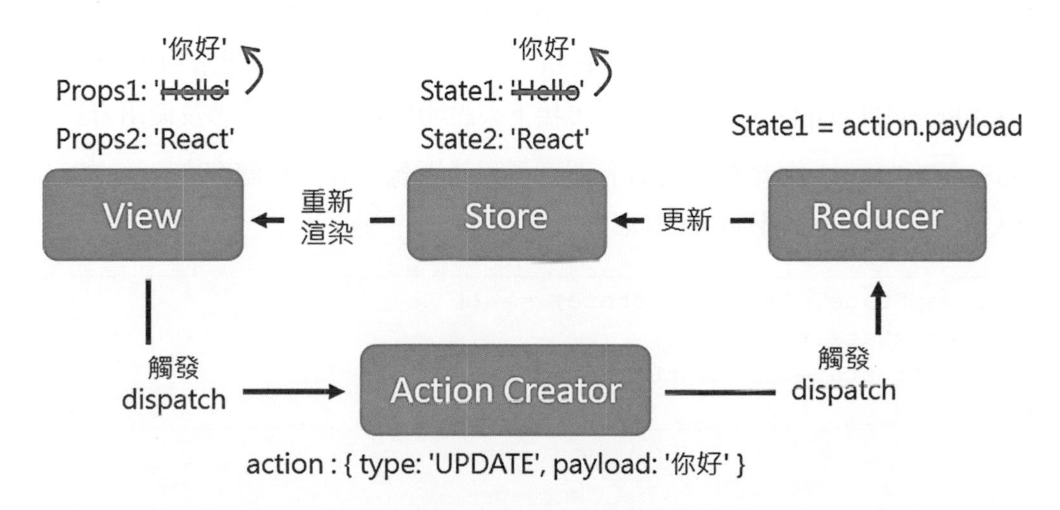

圖 6-2 Redux 運作流程

這邊同樣以新增待辦清單例子來說，當使用者在頁面上輸入待辦項目，按下確認按鈕後，便會發送一個新增待辦項目的請求到 Action Creator 步驟，將資料進行處理，完成後會建立一個新增待辦事項 action，並進入 Reducer 步驟，將資料存入 Store 中，最後會重新渲染頁面，將新增待辦事項顯示在頁面上。

備註：Action v.s. action
為了不混淆讀者，本書在流程上的動作以大寫表示 Action，用來進行資料處理，而讓流程得以進行的動作則以小寫表示 action，用來觸發 Reducer，並更新 Store 中的資料，最後可以重新渲染頁面元件。

6-1-2 React Redux

Redux 是一個獨立的函式庫，並不是特別為了 React 而設計，它也可以應用在 Angular、jQuery 或是 JavaScript 等其他框架上。而為了讓 Redux 在 React 中可以更方便地操作，Redux 官方開發了另一個函式庫 React Redux，讓 React 和 Redux 可以快速地結合起來。讀者可以把它想像成是一個橋梁，讓兩邊的資料可以交互使用。

接下來，我們必須了解 React Redux 提供了哪些重要的功能，它連結了 React 和 Redux，例如：它讓原本 React 中的 Component 元件可以讀取 Redux Store 的資料，因此這邊介紹兩個最基本的功能，如下所示：

一、connect()

connect 方法將頁面 Component 與 Redux Store 連結，讓頁面可以使用 store 的資料，同時也可以發送 action 去更新 store 的資料，而它又可以接收兩個常用參數，分別是 mapStateToProps 與 mapDispatchToProps，接下來說明參數代表的意思及使用方式。

mapStateToProps：由此參數的命名即可了解其涵義，表示將儲存在 store 的 state 資料，加入頁面上的 props 屬性中，其形式大致如下：

```
1 const mapStateToProps = (state) => ({
2   title: state.titleData,
3   content: state.contentData
4 });
```

範例說明

上述程式片段可以看到，mapStateToProps 傳入了一個 state 參數，表示將儲存在 store 的資料傳入，因此便可以透過此參數，取得儲存在 Store 的 titleData 和 contentData 的值，並將兩個值設定給頁面上的 title 以及 content 屬性。因此，當要在頁面上使用這兩個資料時，便會是透過呼叫 this.props.title 與 this.props.content 的方式取得。

除此之外，mapStateToProps 也會監聽儲存在 Store 的 state 資料，當有 state 更新時，便會重新執行 mapStateToProps 方法，並將更新的值重新渲染到頁面上。

mapDispatchToProps：一樣由參數的命名就可以知道此參數的涵義，表示將 dispatch 方法，加入頁面上的 props 屬性中，讓頁面可以呼叫 dispatch 方法，並呼叫 Action Creator 方法來觸發 Redux 流程的運作。

而 mapDispatchToProps 參數的形式可以是方法（Method），也可以是物件（Object），首先 Method 的形式大致如下：

```
1  const mapDispatchToProps = (dispatch) => ({
2    sendUserName: (name) => {
3      dispatch(setUser(name)) //setUser 為 Action Creator
4    },
5    getData: () => {
6      dispatch(getUser()) //getUser 為 action Creator
7    }
8  });
```

範例說明

上述程式碼可以看到，當 mapDispatchToProps 是 Method 時，會接收 dispatch 參數，透過此參數可以將頁面上需要用到的動作發送出去，簡單來說便是將 sendUserName 和 getData 兩個方法加入頁面的 props 中，而這兩個方法可以分別 dispatch setUser 及 getUser 兩個 Action Creator。

而當將 mapDispatchToProps 寫成 Object 時，其形式大致如下：

```
1  const mapDispatchToProps = {
2    sendUserName: setUser,
3    getData: getUser
4  };
```

範例說明

上述程式碼可以看到，將 mapDispatchToProps 寫成 Object 時，當呼叫 sendUserName 或 getData 方法，便會自動觸發 dispatch，並發送 setUser 及 getUser 兩個 Action Creator 出去。

二、Provider

Provider 主要是讓所有有經過 connect 方法與 Redux Store 連結的元件可以取得儲存在 store 的資料，其形式大致如下：

```
1  import React, { Component } from 'react';
2  import { Provider } from 'react-redux';
3  import { createStore } from 'redux';
4  import HomePage from './src/homePage';
5
6  const store = createStore();
7
8  export default class App extends Component {
9    render() {
10     return (
11       <Provider store={store}>
12         <HomePage />
13       </Provider>
14     );
15   }
16 }
```

範例說明

1. 第 2 行程式碼，從 react-redux 中引入 Provider。
2. 第 3 行程式碼，從 redux 中引入 createStore。
3. 第 6 行程式碼，透過 createStore 方法，建立 Store 儲存空間。
4. 第 11-13 行程式碼，透過 Provider 將 store 綁定給頁面，讓 HomePage 元件能夠存取 store 中的資料。

6-2 Redux 的應用

了解 Redux 的概念後，本節將要帶讀者了解如何實際應用這些觀念，並依照前面提到的 Redux 流程依序介紹 Component 與 Container、action 與 dispatch、Action Creator、Reducer 以及 Store。

6-2-1 Component 與 Container

在 Redux 框架中，將 Component 依照工作性質細分成 Presentational Component 與 Container Component 兩種，接下來開始介紹兩種元件的使用方式。

一、Presentational Component

在 Redux 的理念中，Presentational Component 就是單純用來顯示頁面元件，不參與 Store 資料處理的工作，撰寫方式如同前面章節提到的 Component，讓開發者可以很容易地重複利用這些元件。

一個簡單的 Presentational Component 如下所示：

```
1  import React, { Component } from 'react';
2  import { View, Text } from 'react-native';
3
4  class Hello extends Component {
5    render() {
6      return (
7        <View>
8          <Text>Hello React Native</Text>
9        </View>
10     )
11   }
12 }
13
14 export default Hello;
```

範例說明

由上面的程式碼可以看到，此 Component 是用來顯示「Hello React Native」文字，寫法與前面章節所撰寫的元件並無差異。

另外，這邊需要注意的是，Presentational Component 與 Redux 並沒有直接的關係，它們之間是透過 Container Component 來連結，讓 Presentational Component 可以使用 props 來取得儲存在 Redux Store 的資料，詳細內容將在下個部分 Container Component 介紹。

二、Container Component

Container Component 是用來連結 Presentational Component 與 Redux 的橋梁，除了監聽 Store 的資料，讓頁面可以使用之外，也是頁面發送 action 的地方。因此，這邊要提到前面 6-1-2React Redux 小節介紹的方法 connect，這邊再次與讀者簡單說明。

connect 方法將頁面與 Redux Store 連結，讓頁面可以取用儲存在 Store 的資料，同時也可以發送 action 去更改 Store 的資料。而 connect 方法提供了兩個可傳入的參數，分別為 mapStateToProps 與 mapDispatchToProps，以下將說明兩種參數的用途。

1. mapStateToProps：顧名思義，mapStateToProps 主要是將儲存在 Store 的 State 值轉換為頁面可以操作的 Props，也就是實行了監聽 Store 資料的方法，讓頁面除了可以取得資料之外，還能夠在資料更新時，讓更新的值重新渲染到頁面上，頁面上顯示的資料維持在最新的狀態。
2. mapDispatchToProps：同樣由參數的命名即可了解其含義，設定頁面上要發送的 action，並將可以觸發 action 的 Dispatch 發送器綁定在頁面上的 Props 屬性中，讓頁面上的組件可以呼叫此方法。

這邊以一個簡單的 Container Component 範例與大家說明，如下所示：

```
1  import { connect } from 'react-redux';
2  import Home from '../Components/HomeComponent';
3  import { setMessage } from '../Actions/messageAction';
4
5  const mapStateToProps = (state) => ({
6    list: state.messageList
7  })
8
9  const mapDispatchToProps = (dispatch) => ({
10   add: (data) => {
11     dispatch(setData(data));
12   }
13 })
14
15 export default connect(mapStateToProps, mapDispatchToProps)(Home);
```

範例說明

1. 第 1 行程式碼，從 react-redux 中引入 connect 方法。
2. 第 5-7 行程式碼，建立 mapStateToProps 方法，並監聽儲存在 Store 的 messageList State，因此當 Home 頁面要使用此資料時，便要透過 this.props.list 來取得。
3. 第 9-13 行程式碼，建立 mapDispatchToProps 方法，加入 add 方法，並設定當呼叫 add 方法時，會觸發 setData Action Creator，因此當 Home 頁面要呼叫此方法時，便要到 this.props.add() 取得。
4. 第 15 行程式碼，最後透過 connect 方法將 Home 頁面與 Redux 連結，讓頁面可以使用上述提到的資料。

爲了方便說明，往後的章節將會直接以 Component 代表 Presentational Component，Container 代表 Container Component。

6-2-2 action 與 dispatch

在 Redux 中，action 是用來觸發 Reducer 流程的重要物件，而 dispatch 則是用來發送 action 的方法，因爲有兩種機制的配合，才能讓 Redux 的流程順利地完成，接下來將會分別介紹兩種概念。

一、觸發流程物件：action

action 中文意思爲動作，在 Redux 中，表示要觸發更新資料的動作。每一個 action 都是物件組成，擁有一個 type 屬性，並設定 Reducer 的名稱，用來判斷要進入哪一個 Reducer。除此之外，也可以加入 payload 屬性，將資料傳送到 Reducer，並更新 Store 中的資料。常見的 action 格式，如下所示：

```
16 {
17   type: 'REDUCER_NAME',
18   payload: data
19 }
```

範例說明

設定 action 的 type 與 payload 屬性。注意 type 爲 action 之必要屬性，若沒有要傳遞資料時，則可省略 payload。

另外值得一提的是，在 Redux 中，action 的屬性並沒有強制限制命名爲 type 與 payload，但就大部分的開發人員來說，還是會遵守此命名規則，較具有統一性，因此本書也建議讀者依照此方式命名。

二、發送 action 方法：dispatch

有了觸發流程的 action 後，也需要一個用來發送動作的方式，這便是 dispatch 的工作，它是由 Redux Store 提供的方法，可以將 action 配送給 Reducer，以完成更新 Store 的動作。dispatch 方法的使用方式如下：

```
1  dispatch({
2    type: ' REDUCER_NAME ',
3    payload: data,
4  })
```

範例說明

將要傳送的 action 放入 dispatch 方法中即可觸發該動作。

看到這裡若讀者對 action 和 dispatch 還有疑惑，可以將 action 想成一封公司寄給員工的信，信中的 type 記錄送達員工的姓名，payload 則是記錄在信中的工作內容，而傳送此封信的人就是 dispatch，可以想成是郵差或是送信者，當信送達後，員工便可以依照信中的內容去完成工作。

本小節簡單說明了 action 與 dispatch 的使用方式，其他更詳細的 dispatch 實現方式將會陸續爲讀者介紹。

6-2-3 Action Creator 處理資料

在 Action Creator 流程中，主要是用來負責處理頁面傳送過來的資料，必要時會發送 HTTP 請求，並將處理完成的資料傳送給 Reducer 儲存。接下來介紹 Action Creator 的使用方式。

首先會先建立一個 Action Creator Function，如下所示：

```
1  export const setMessage = (message) => {
2    return {
3      type: 'UPDATE',
4      payload: message
5    }
6  }
```

範例說明

從上述程式碼可以看到，setMessage 便是一個 ActionCreator，在這個方法中，我們可以對資料進行處理，完成後，便回傳（return）要更新資料的 action，並帶入要觸發 Reducer 的 type 與要變更的資料。

6-2-4 Reducer 儲存資料

Action 設定完成後，便可以開始撰寫 Reducer 方法，接收要變更的資料，並更新 Store。這邊值得注意的是，在 Reducer 中的程式要越單純越好，它只負責接收並更新資料，因此資料處理邏輯應在 Action 流程處理完成後才傳給 Reducer 儲存。接下來介紹 Reducer 的使用方式，如下所示：

```
1  export default (state = "", action) => {
2    switch (action.type) {
3      case 'UPDATE':
4        return {
5          message: action.payload
6        }
7      default:
8        return state
9    }
10 }
```

範例說明

1. 第 1 行程式碼，設定 state 的初始值。
2. 第 2-3 行程式碼，判斷 action 的 type 是否相同。
3. 第 4-6 行程式碼，當 case 中的 UPDATE 字串與前一小節所發送的 action type 相同，便能成功更新儲存在 Store 的 message 資料。
4. 第 7-8 行程式碼，當不符合 UPDATE 字串時，則回傳原本的資料，不做更動。

6-2-5 Store 資料格式

Store 在 Redux 中是儲存資料的地方，每一個應用程式只會有一個 Store，讀者可以把它想成是一個大倉庫，裡面以物件（Object）格式存放著應用程式中會使用到的資料，如下所示：

```
1  var store = {
2    state1: {
3      name : 'John',
4      age : 20
5    },
6    state2: {
7      name : 'Amy'
8    }
9  }
```

範例說明

由上述程式片段可以看到，不同的State均儲存在單一Store中，當更新某個State時，所有有取用此 State 的頁面將會重新渲染。

為了讓讀者可以更了解 redux 的運作模式，接下來我們會直接以範例一步一步詳細解說其操作。

6-3 第一個 Redux 專案

本節以一個簡單的留言板為範例，介紹如何安裝 Redux、專案環境到整個完整 Redux 的流程，讓讀者可以更了解程式邏輯的運作過程。

6-3-1 建立專案

首先開啓終端機，建立一個新的專案，指令如下：

```
npx react-native init ReduxApp
```

建立完成後，輸入下列指令進入專案中，指令如下：

```
cd ReduxApp
```

接著透過 npm 開始安裝 redux 與 react-redux：

```
npm install --save redux
npm install --save react-redux
```

接著要建立留言板首頁以及新增留言的畫面路由，因此需要安裝切換頁面用的導覽器，在專案中安裝 react-navigation 以及其他所需套件，此處使用最新更新的 react-navigation 5.X 版。

表 6-1 套件版本說明表

套件名稱	使用版本
@react-navigation/native	5.0.0
@react-navigation/stack	5.0.0
@react-navigation/bottom-tabs	5.0.0
react-native-reanimated	1.7.0
react-native-gesture-handler	1.5.6
react-native-screens	2.0.0-beta.2
react-native-safe-area-context	0.7.2
@react-native-community/masked-view	0.1.6

安裝上述提及的套件，

```
npm install @react-navigation/native --save
npm install @react-navigation/stack --save
npm install @react-navigation/bottom-tabs --save
npm install react-native-reanimated --save
npm install react-native-gesture-handler --save
npm install react-native-screens --save
npm install react-native-safe-area-context --save
npm install @react-native-community/masked-view --save
```

爲了在 iOS 上完成鏈結，請執行以下指令：

```
cd ios
pod install
```

在 Android 上，須修改 android/app/build.gradle 以完成 react-native-screens 套件的鏈結。

【android/app/build.gradle】

```
1 ...
2 dependencies {
3   ...
4   implementation 'androidx.appcompat:appcompat:1.1.0-rc01'
5   implementation 'androidx.swiperefreshlayout:swiperefreshlayo
    ut:1.1.0-alpha02'
6 }
7 ...
```

範例說明

1. 第 4、5 行程式碼，引入 react-native-screens。

接著修改 MainActivity.java 以完成 react-native-gesture-handler 的鏈結。

【android/app/src/main/java/com/reduxapp/MainActivity.java】

```
8  ...
9  import com.facebook.react.ReactActivityDelegate;
10 import com.facebook.react.ReactRootView;
11 import com.swmansion.gesturehandler.react.RNGestureHandlerEnabledRootView;
12
13 public class MainActivity extends ReactActivity {
14   ...
15   @Override
16   protected ReactActivityDelegate createReactActivityDelegate() {
17     return new ReactActivityDelegate(this, getMainComponentName()) {
18       @Override
19       protected ReactRootView createRootView() {
20         return new RNGestureHandlerEnabledRootView(MainActivity.this);
21       }
22     };
23   }
24 }
```

安裝完成後，開啓 package.json 便可以看到所安裝套件的版本紀錄。

一、檔案建置

專案建立完成後，有了初始的專案資料夾，首先要建立此專案中各個流程會使用到的資料夾及檔案，如下所示：

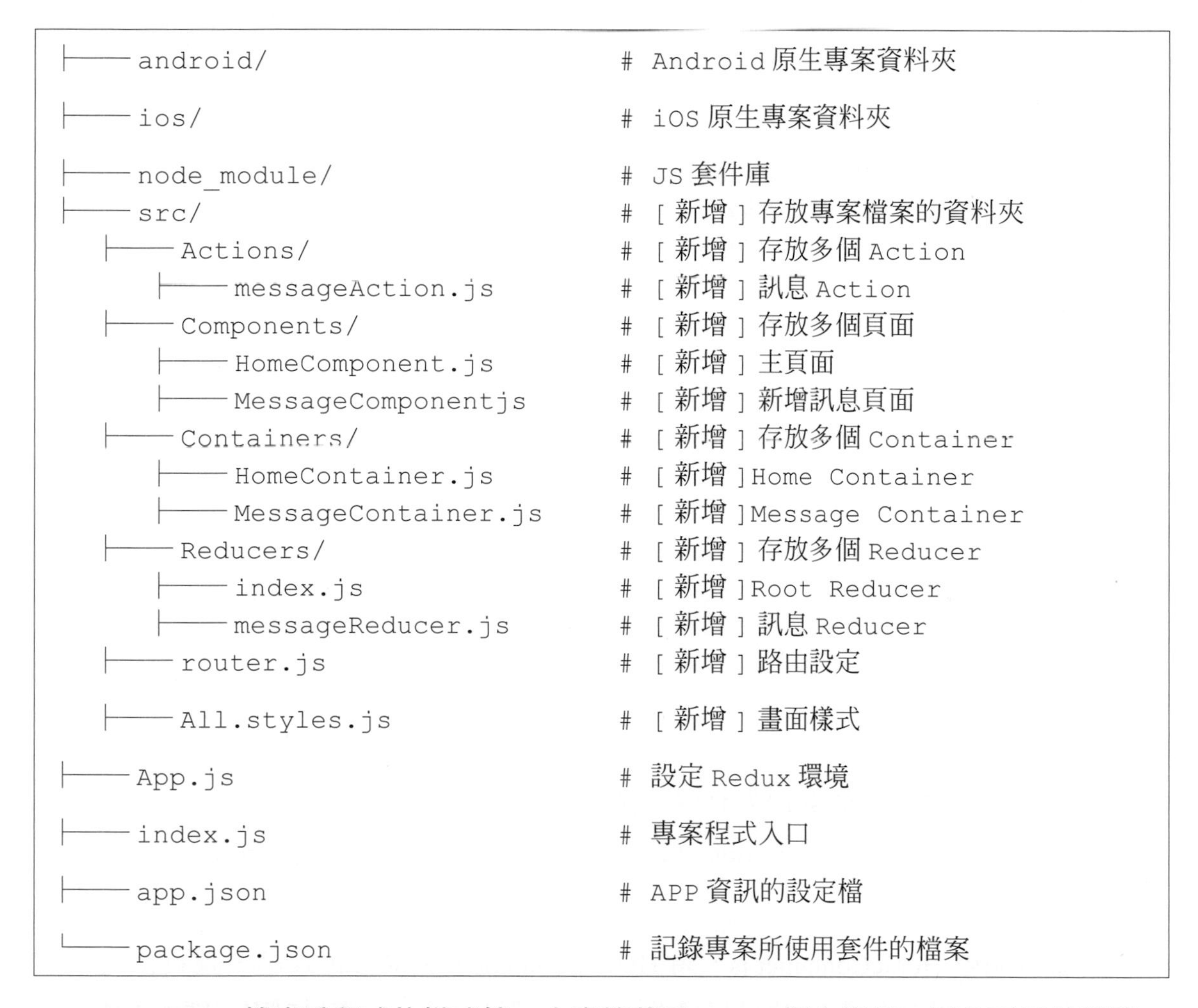

```
├──── android/                      # Android 原生專案資料夾
├──── ios/                          # iOS 原生專案資料夾
├──── node_module/                  # JS 套件庫
├──── src/                          # [ 新增 ] 存放專案檔案的資料夾
   ├──── Actions/                   # [ 新增 ] 存放多個 Action
      ├──── messageAction.js        # [ 新增 ] 訊息 Action
   ├──── Components/                # [ 新增 ] 存放多個頁面
      ├──── HomeComponent.js        # [ 新增 ] 主頁面
      ├──── MessageComponentjs      # [ 新增 ] 新增訊息頁面
   ├──── Containers/                # [ 新增 ] 存放多個 Container
      ├──── HomeContainer.js        # [ 新增 ]Home Container
      ├──── MessageContainer.js     # [ 新增 ]Message Container
   ├──── Reducers/                  # [ 新增 ] 存放多個 Reducer
      ├──── index.js                # [ 新增 ]Root Reducer
      ├──── messageReducer.js       # [ 新增 ] 訊息 Reducer
   ├──── router.js                  # [ 新增 ] 路由設定
   ├──── All.styles.js              # [ 新增 ] 畫面樣式
├──── App.js                        # 設定 Redux 環境
├──── index.js                      # 專案程式入口
├──── app.json                      # APP 資訊的設定檔
└──── package.json                  # 記錄專案所使用套件的檔案
```

All.styles.js 檔案為程式的樣式檔，本章節著重 Redux 概念應用，因此不另外說明，讀者可至本書網站中下載該檔案的範例檔，並將 All.styles.js 取出放入即可。

二、頁面設定

為了讓讀者可以更認識 Redux 的概念，我們事先將專案會使用到的頁面以及路由建立起來，後續讀者只需要專注在 Redux 專案的流程即可。

進入留言板後，在主頁面要顯示留言內容的區塊以及新增留言按鈕，因此開啓 Home.js，開始建立留言板主頁面，如下所示：

【src/Components/HomeComponent.js】

```
1  import React, { Component } from 'react';
2  import { SafeAreaView, View, Text, Button } from 'react-native';
3  import styles from '../All.styles';
4
5  export default class extends Component {
6    render() {
7      return (
8        <SafeAreaView style={styles.container}>
9         <Text >留言板</Text>
10         <View style={styles.flatListView}></View>
11         <View
12           style={styles.buttonView}>
13           <Button
14             title="新增訊息"
15             onPress={() => this.props.navigation.push('Message')}
16           />
17         </View>
18       </SafeAreaView >
19     )
20   }
21 }
```

範例說明

1. 第 10 行程式碼，設定顯示留言內容的區塊。
2. 第 13-16 行程式碼，設定 Button 元件，做爲進入新增留言頁面的按鈕。

接著，開啓 HomeContainer.js，將 HomeComponent 與 Redux 連結，讓頁面可以取用儲存在 Store 的資料，同時也可以發送 action 去更改 Store 的資料。程式碼如下所示：

【src/Containers/HomeContainer.js】

```
1  import  { connect } from 'react-redux';
2  import Home from '../Components/HomeComponent';
3
4  export default connect()(Home);
```

範例說明

1. 透過 connect 方法將 Home 元件與 Redux 連結。

開啓 MessageComponent.js 檔案，設定新增留言頁面並加入輸入框，讓使用者可以輸入要發送的訊息，如下所示：

【src/Components/MessageComponent.js】

```
1  import React, { Component } from 'react';
2  import { SafeAreaView, View, Text, TextInput, Button } from 'react-native';
3  import styles from '../All.styles';
4
5  export default class extends Component {
6    state = { message: null }
7    render() {
8      return (
9        <SafeAreaView style={styles.container}>
10         <Text> 請輸入訊息 </Text>
11         <TextInput
12           style={styles.textInput}
13           onChangeText={(message) => this.setState({ message })} />
14         <View style={styles.buttonView}>
15           <Button
16             title=" 返回 "
17             color="red"
18             onPress={() => this.props.navigation.goBack()}
19           />
20           <Button
21             title=" 儲存 "
22           />
23         </View>
24       </SafeAreaView>
25     )
26   }
27 }
```

範例說明

1. 第 6 行程式碼，設定 message state 初始值。
2. 第 11-13 行程式碼，設定 TextInput 元件，讓使用者輸入留言內容，並加入 onChangeText 屬性，表示當使用者輸入訊息時，會觸發 setState 方法，更新 message state 的值。
3. 第 15-22 行程式碼，設定 Button 元件，分別爲返回及儲存留言的按鈕。

同樣開啓 MessageContainer，將 MessageComponent 與 Redux 連結。程式碼如下所示：

【src/Containers/MessageContainer.js】

```
1  import  { connect } from 'react-redux';
2  import Message from '../Components/MessageComponent';
3
4  export default connect()(Message);
```

範例說明

1. 透過 connect 方法將 Message 元件與 Redux 連結。

三、路由設定

完成所有的頁面設定後，接下來開啓 router.js 檔案，開始加入路由，讓頁面之間可以互相轉跳，如下所示：

【src/router.js】

```
1  import React, { Component } from 'react';
2  import { createStackNavigator } from '@react-navigation/stack';
3  import Home from './Containers/HomeContainer';
4  import Message from './Containers/MessageContainer';
5  export default class extends Component {
6    render() {
7      const Stack = createStackNavigator();
8      const StackNavigator = () => (
9        <Stack.Navigator
10         initialRouteName="Home">
11         <Stack.Screen
12           name="Home"
13           component={Home}
14         />
15         <Stack.Screen
16           name="Message"
17           component={Message}
18         />
19       </Stack.Navigator>
20     );
21     return (
22       <StackNavigator />
23     );
24   }
25 }
```

範例說明

1. 使用 @react-navigation/stack 來進行頁面跳轉，並將 Home 作爲進入 APP 時的第一個頁面。

以上步驟皆完成後，表示基本的設定已經告一段落了，下一小節便要開始帶領讀者深入了解 Redux 的開發環境及資料流程囉！

6-3-2 設定 Redux 環境

進入 App.js 中，移除一開始建立 React Native 專案時預設的程式碼，將此檔案作爲 Redux 環境設定檔，如下所示：

【App.js】

```
1  import React, { Component } from 'react';
2  import { Provider } from 'react-redux'
3  import { createStore } from 'redux';
4  import { NavigationContainer } from '@react-navigation/native';
5  import Router from './src/router';
6
7  const store = createStore();
8
9  export default class App extends Component {
10   render() {
11     return (
12       <Provider store={store}>
13         <NavigationContainer>
14           <Router />
15         </NavigationContainer>
16       </Provider>
17     );
18   }
19 }
```

範例說明

1. 第 1-3 行程式碼，引入 react 基本元件、react-redux 的 Provider 元件及 react 的 createStore 方法。
2. 第 5 行程式碼，引入路由。
3. 第 7 行程式碼，透過 createStore 方法建立 Store 儲存庫。

4. 第 12-16 行程式碼，透過 Provider 元件將 store 綁定到 Router 路由上，讓之後在路由中設定的所有頁面，都可以取得儲存在 Store 的 State 資料。並且使用 @react-navigation/native 的 NavigationContainer 將畫面進行封裝。

6-3-3 設定 Action Creator

完成 Redux 的基本環境設定後，接下來開始進入 Redux 框架中的 Action 流程，設定 ActionCreator Function，用來進行資料的處理。

首先，開啟 messageAction.js，設定新增留言的 ActionCreator Function，如下所示：

【src/Actions/messageAction.js】

```
1  export const setMessage = (message, number) => {
2    const key = 'm_' + number
3    return {
4      type: 'SAVE_MESSAGE',
5      payload: { message, key }
6    }
7  }
```

範例說明

1. 第 1 行程式碼，設定 setMessage 方法，並接收 message 和 number 兩個參數，其中 message 表示留言的內容，而 number 則是此留言的編號。
2. 第 2 行程式碼，設定 key 參數並處理留言編號，用來辨識此留言。
3. 第 3-6 行程式碼，回傳儲存留言的 action，也就是將此 action 發送（dispatch）至 type 為 SAVE_MESSAGE 的 Reducer，並傳入留言資料。

接著，開啟 MessageContainer.js，加入 ActionCreator Function，讓 Message 元件可以觸發儲存留言的 action，如下所示：

【src/Containers/MessageContainer.js】

```
1  import { connect } from 'react-redux';
2  import Message from '../Components/MessageComponent';
3  import { setMessage } from '../Actions/messageAction';
4
5  const mapStateToProps = (state) => ({})
6  const mapDispatchToProps = (dispatch) => ({
7    add: (message, number) => {
```

```
8       dispatch(setMessage(message, number));
9     }
10 })
11
12 export default connect(mapStateToProps, mapDispatchToProps)(Message);
```

範例說明

1. 第 3 行程式碼，引入 setMessage 方法。
2. 第 5 行程式碼，設定 mapStateToProps，由於此元件不需要監聽 Store 的資料，因此留空即可。
3. 第 6-10 行程式碼，設定 mapDispatchToProps，加入 add 方法，接收 message 留言與 number 留言編號兩個參數，並透過 ActionCreator 的 setMessage 方法，觸發前面提到儲存留言的 action。
4. 第 12 行程式碼，將 mapStateToProps 與 mapDispatchToProps 兩個方法加入 connect 中。

最後，回到 MessageComponent.js 中，設定儲存留言的操作，如下所示：

【src/Components/MessageComponent.js】

```
1  saveMessage = () => {
2    this.props.add(this.state.message) // 第二個參數將會在下一個章節中加入
3    this.props.navigation.goBack();
4  }
5  render() {
6    return (
7      <SafeAreaView style={styles.container}>
8        <Text> 請輸入訊息 </Text>
9        <TextInput
10         style={styles.textInput}
11         onChangeText={(message) =>
12           this.setState({ message })} />
13       <View style={styles.buttonView}>
14         <Button
15           title=" 返回 "
16           color="red"
17           onPress={() => this.props.navigation.goBack()}
18         />
19         <Button
```

```
20            title=" 儲存 "
21            onPress={this.saveMessage}
22          />
23        </View>
24      </SafeAreaView>
25    )
26 }
```

範例說明

1. 第 1-4 行程式碼，設定 saveMessage 方法，用來呼叫 this.props.add 方法，並傳入留言內容與透過路由傳送過來的留言編號，完成後返回 Home 頁面。這邊要注意，add 方法需要傳入兩個參數，但由於目前尚未設定到留言編號的參數，因此第二個參數將會在下一個章節中加入。
2. 第 21 行程式碼，設定 Button 的 onPress 屬性，表示當按下儲存按鈕後，便會呼叫 saveMessage 方法。

6-3-4 設定 Redcuer

完成 ActionCreator 的設定後，接下來開始進入 Redux 框架中的 Reducer 流程，用來接收 action 傳遞要變更的資料，並更新 Store。

首先，開啓 messageReducer.js，設定接收儲存留言的 action，並更新儲存在 Store 的留言清單，如下所示：

【src/Reducers/messageReducer.js】

```
1  export default (state = { list: [] }, action) => {
2    switch (action.type) {
3      case 'SAVE_MESSAGE':
4        return {
5          ...state,
6          list: [...state.list, action.payload]
7        }
8      default:
9        return state
10   }
11 }
```

範例說明

1. 第 1 行程式碼，建立一個 Reducer，傳入兩個參數，分別爲 state 以及 action，其中前者是目前存放在 Store 中的值，而後者則是接收的 action 物件。這邊值得注意的是，當初始化專案時，由於每個 state 都會是空值，有可能會造成頁面上的錯誤，例如找不到某個儲存在 Store 的值，因此必須在 Reducer 中，先設定 state 的預設值，而本範例設定預設值爲 { list: [] }，用來存放留言的清單。
2. 第 2 行程式碼，透過 switch 判斷 action 傳遞過來的 type 是否符合此 Reducer。
3. 第 3-7 行程式碼，設定當 action.type 符合 SAVE_MESSAGE 時，便回傳 action 中設定的資料（action.payload），更新 Store 中的 state。
4. 第 8-9 行程式碼，當 action.type 不符合 SAVE_MESSAGE 時，便會執行 default 區塊，回傳原本的 state 值，不做更動。

由於一個專案中，爲了避免 Reducer 程式過於冗長，通常會將不同功能目的的 Reducer 分檔案撰寫，以便管理與維護，因此可能會有多個 Reducer，但 Store 又只能有一個，這時候便需要將所有的 Reducer 集中，合併成一個，再放到 Store 中。因此開啓 Reducers 資料夾下的 index.js，如下所示：

【src/Reducers/index.js】

```
1  import { combineReducers } from 'redux';
2  import message_reducer from './messageReducer';
3
4  const root_reducer = combineReducers({
5    message : message_reducer,
6  });
7
8  export default root_reducer;
```

範例說明

1. 第 1 行程式碼，引入 redux 的 combineReducers 方法。
2. 第 2 行程式碼，引入 message_reducer。
3. 第 4-6 行程式碼，透過 combineReducers 方法，將多個 Reducer 以物件的方式傳入合併（本範例只有一個 Reducer），並設定 message 接收 message_reducer 所傳送的 State 資料。

完成 Reducer 集合的設定後，回到 App.js 中，引入 Reducers 資料夾下的 index.js，如下所示：

【App.js】

```
1  import reducers from './src/Reducers';
2  const store = createStore(reducers);
```

範例說明

將引入的 reducers 加入 createStore 方法中，建立 Store 儲存庫。

Reducer 建立完成後，接下來便可以開始在頁面上加入監聽儲存在 Store 的 state 資料囉！

首先，開啓 HomeContainer.js，加入 mapStateToProps，監聽 message State 下的 list 資料，如下所示：

【src/Containers/HomeContainer.js】

```
1  const mapStateToProps = (state) => ({
2    message: state.message.list,
3  });
4  export default connect(mapStateToProps)(Home);
```

範例說明

1. 第 1-3 行程式碼，取得儲存在 Store 的 message State 下的 list 值，並設定給頁面上的 message 屬性。
2. 第 4 行程式碼，將 mapStateToProps 方法加入 connect 中。

回到 HomeComponent.js 中，透過在 HomeContainer 中監聽的 message 資料，在首頁元件中便可以透過 this.props.message 操作留言資料，如下所示：

【src/Components/HomeComponent.js】

```
1  …
2  import { SafeAreaView, View, Text, Button, FlatList } from 'react-
   native';
3  export default class extends Component {
4    render() {
```

```
5       return (
6         <SafeAreaView style={styles.container}>
7           <Text >留言板</Text>
8           <View style={styles.flatListView}>
9             <FlatList
10              data={this.props.message}
11              renderItem={({ item }) =>
12                <Text>{item.message}</Text>}
13            />
14          </View>
15          <View
16             style={styles.buttonView}>
17            <Button
18              title="新增訊息"
19              onPress={() => this.props.navigation.push('Message', {
   number: this.props.message.length })}
20            />
21          </View>
22        </SafeAreaView>
23      )
24    }
25  }
```

範例說明

1. 第 2 行程式碼，引入 FlatList 元件。
2. 第 9-13 行程式碼，透過 FlatList 元件顯示留言內容。
3. 第 15-20 行程式碼，設定 Button 的 onPress 屬性，表示當按下新增訊息按鈕後，便會跳轉到 Message 頁面，並傳入目前留言筆數，作爲留言的編號。

最後，回到 MessageComponent.js，在 this.props.add 方法中，加入第二個留言編號參數，如下所示：

【src/Components/MessageComponent.js】

```
1  saveMessage = () => {
2    this.props.add(this.state.message,
3      this.props.route.params['number']);
4    this.props.navigation.goBack()
5  }
```

範例說明

第 3 行程式碼，透過 route.params 方法，取得 key 爲 number 的資料。

完成上述的設定後，接下來便可以在終端機分別輸入 iOS 與 Android 的指令執行專案，並查看結果，指令如下所示：

```
npx react-native run-ios
npx react-native run-android
```

圖 6-3　iOS 留言板

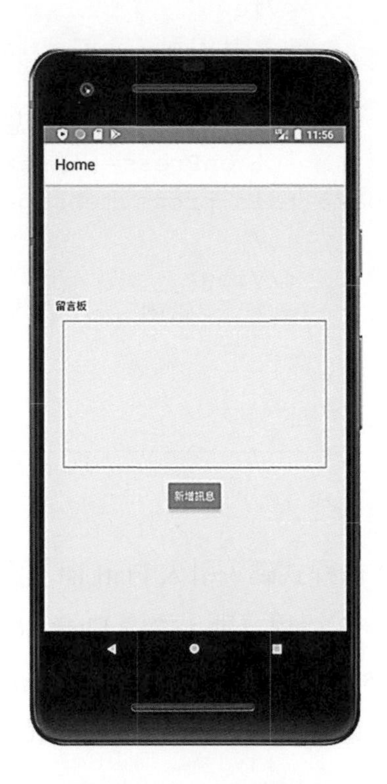

圖 6-4　Android 留言板

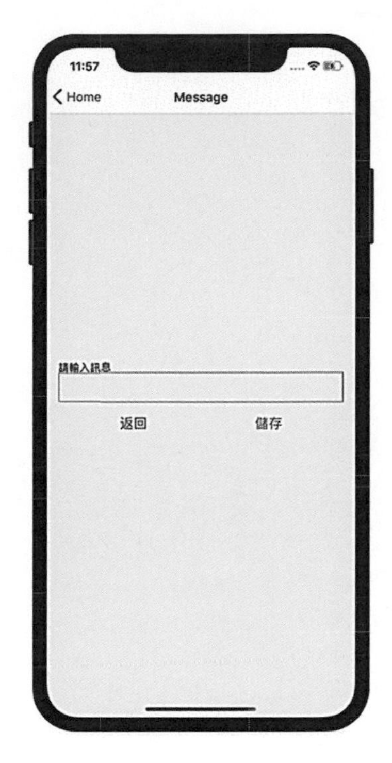

圖 6-5 iOS 新增訊息

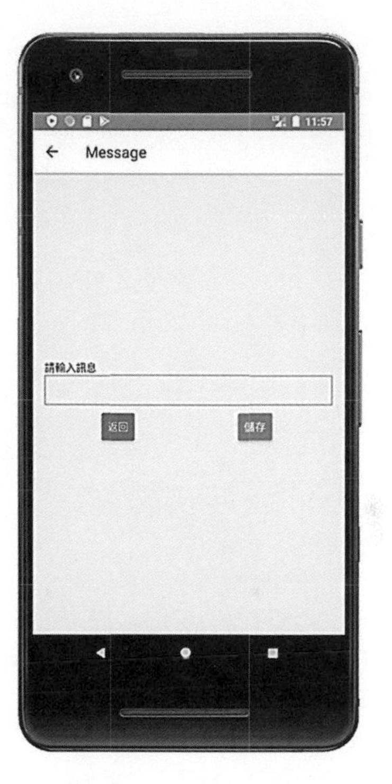

圖 6-6 Android 留言板

NOTE

Chapter 7

Dva 框架

本章內容

- 7-1　什麼是 Dva
- 7-2　第一個 Dva 專案
- 7-3　Dva 練習——待辦清單

第六章了解 Redux 框架後，本章將要帶領讀者更進一步地學習 React Native 的進階框架—— Dva。Dva 框架改進了 Redux 框架既有的缺點，包括簡化的 Redux 開發流程，使其加快開發速度等。為了讓讀者能夠活用 Dva 框架，本章最後也會引導讀者，如何使用 Dva 撰寫待辦清單，讓大家可以更清楚地明白 Dva 與 Redux 的差異。

7-1 什麼是 Dva

在開始操作 Dva 之前，仍然不免俗地要帶大家了解 Dva 的由來，以及為什麼我們要選擇它來作為開發 React Native 的框架。熟悉基礎的概念後，也會有助於後續的程式開發喲！

7-1-1 Dva 的由來

在介紹 Dva 之前，讓我們回想一下上一章中的 Redux 框架，在開發程式時，每一次的資料流都要經過 Action、Reducer 等一大串的流程，改一項小功能便需要在多個程式檔案中來回切換，對於開發專案來說，這勢必會耗費掉許多的時間，當專案越來越大，程式檔案越來越多時，所延伸的檔案管理，也會變成一個麻煩的問題。

為了解決這些問題，Dva 便誕生了。它是一個整合了 redux、redux-saga 及 react-router 等應用的框架，讓我們在開發 APP 的時候，不需要額外去安裝這些應用，即可直接使用。Dva 除了納入這些常用的應用之外，它也提供了最重要的 Model 架構，結合 Reducer、Action 與 State 等核心，讓我們省去許多繁雜的開發步驟。詳細的 Model 使用方式將會在後面小節操作。接下來讓我們一步一步深入 Dva 吧！

備註：redux-saga 與 react-router
redux-saga 是一個 Redux 的中介層（Middleware）應用，主要是用來處理像是 HTTP 請求時，會遇到的非同步問題。 react-router 則是 React 中用來配置路由的工具，負責處理頁面路徑、頁面切換等問題，但由於目前 react-router 只支援網頁開發，並不支援 React Native APP 的開發，因此我們會使用前面介紹的 react-navigation 來代替。

7-1-2 Dva 觀念

了解 Dva 的由來後，接下來我們介紹 Dva 的觀念及兩種常見的運作方式。

一、Dva 基本流程

一個最基本的流程包含了 View 頁面、Model 以及 State 狀態，從圖 7-1 可以看到：View 頁面發送 Action 動作請求，而 Model 接收到動作後，便會透過 Reducer 處理請求資料，完成後更新儲存在 State 中的資料，而當 State 的資料更動了，就會重新渲染頁面上的組件，如此便是一圈完整的 Dva 運作流程。

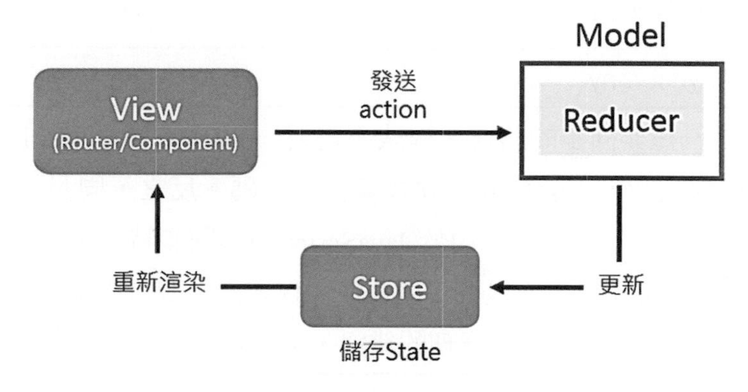

圖 7-1　Dva 基本運作流程

爲了讓讀者可以更清楚地了解整個流程，我們以待辦清單專案爲例來說明。當使用者在頁面上輸入待辦項目，按下確認按鈕後，便會發送一個 Action 到 Model 中的 Reducer 處理，完成後更新 State 的待辦清單資料，最後會重新渲染頁面，將待辦事項顯示在頁面上。

二、Dva 處理非同步流程

當需要處理非同步問題時，流程便會如圖 7-2，當 View 發送 Action 請求時，會由 Model 的 Effect 處理，此時 Effect 會發出 HTTP 向 Server 後端請求資料，接著由 Reducer 將取得的資料更新 State 並重新渲染頁面即完成流程。

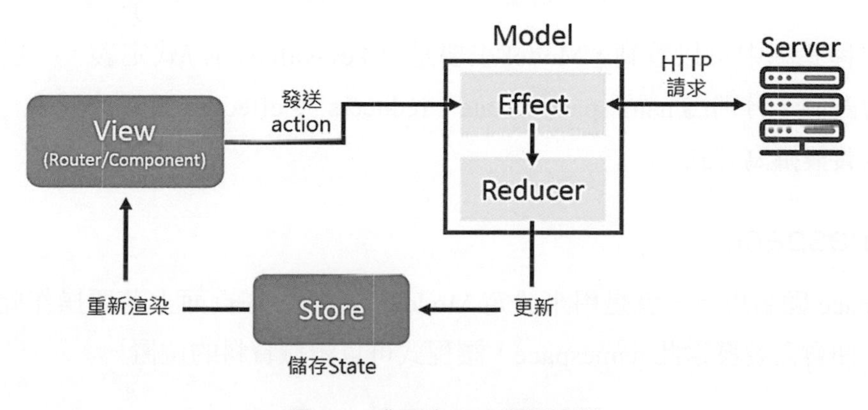

圖 7-2　非同步 Dva 運作流程

這邊同樣也以例子來說明。日常我們使用某些 APP 時，在登入頁面輸入帳號密碼，點下登入按鈕時，頁面會發送一個登入 Action，而 Model 的 Effect 接收到後，便會開始進行 HTTP 請求，向後端發送登入要求，當後端驗證使用者帳號密碼成功後，返回使用者資料，此時 Effect 便會將取得的資料給 Reducer，進行儲存及更新 State，最後刷新頁面顯示登入成功及使用者資訊。其中這邊的 Effect，便是由前面提到的 redux-saga 所提供的解決非同步問題的辦法。

備註：非同步 Asynchrony
JavaScript 是一種非同步的語言，程式不需要一個指令一個步驟的執行，表示非同步的語言執行程式時，可能會同時執行多行程式碼。反之，同步（Synchrony）的程式語言則是要一行一行的執行。由於 JavaScript 的非同步特性，在請求 HTTP 時，因為需要等待後端回覆資料，便很有可能會發生程式尚未取得後端的資料，但後面的程式卻已經執行，造成無資料可以處理的錯誤，這便是一般常見的非同步問題。

7-1-3 Model 的格式與操作

接下來本小節要開始介紹 Dva 最重要的 Model 觀念。首先，讓我們先了解 Model 的架構。還記得在 7-1-1Dva 的由來中提到，Model 結合了 Redux 的 Reducer、Action 與 State 等核心，是如何結合的呢？讓我們看看以下的 Model 程式架構：

```
1  export default {
2    namespace: 'modelName',
3    state: { ... },
4    reducers: { ... },
5    effects: { ... }
6  }
```

從上述程式碼中可以看到，Model 主要是以 key-value 的方式定義，一般常用的屬性主要包含四個，分別為 namespace、state、reducers 與 effects，接下來將會一一介紹每個屬性的意義與撰寫方式。

一、namespace

namespace 顧名思義，就是用來設定 Model 的名稱，在頁面上若要操作此 Model 中的資料時，便會需要發送此 namespace，讓程式可以辨識資料的位置。

二、state

設定 state 初始值的地方，格式如下所示：

```
1  state: {
2    state01: null,
3    state02: 10
4  }
```

範例說明

以 key-value 的方式儲存 state 資料。

三、reducers

等同於 Redux 架構中的 Reducer，是整個運作流程中唯一可以修改 State 的地方，而呼叫 Reducer 的方式主要是透過 action 觸發，reducers 格式如下：

```
reducers: {
  SET_data(state, { payload }) {
    return {
      ...state,
      data: payload
    }
  }
}
```

範例說明

1. 第 2 行程式碼，建立一個名為 SET_data 的 Reducer，並傳入兩個參數，第一個 state 為儲存在此 Model 的所有資料，第二個參數則是透過 JS ES6 解構（Destructure）的特性，將 action 傳送的 payload 資料取出。
2. 第 3-6 行程式碼，將資料儲存並回傳，其中儲存方式也是透過 JS ES6 展開運算子（Spread Operator）的特性達成，表示將保留原有 State 的其他資料，只更新 data 值。

備註：解構 Destructure

JavaScript 在 ES6 中提出了解構的特性，將一般陣列與物件取值的方式簡化許多，同時也提高了程式的閱讀性，這邊直接以例子的方式與大家說明。在 ES6 之前，當要取得物件中的某個值時，便需要額外宣告變數，再給予指定的值，如下所示：

```
const obj = { a: 1, b: 2, c: 3 }
const value = obj.b
console.log(value) // 2
```

而在 ES6 後，提出了解構的特性，簡化了物件取值的方式，如下所示：

```
const { b } = { a: 1, b: 2, c: 3 }
console.log(b) // 2
```

備註：展開運算子 Spread Operator

JavaScript 在 ES6 中提出了展開運算子的特性，簡化了物件與陣列展開的過程，讓使用者可以更容易地合併、複製、存取陣列與物件。這邊直接以例子向大家說明。在 ES6 之前，合併兩個陣列時，便需要使用 concat 方法，如下所示：

```
const array1 = ['a','b','c']
const array2 = ['d','e','f']
console.log(array1.concat(array2)) // ["a", "b", "c", "d", "e", "f"]
```

ES6 之後，使用展開運算子合併陣列，如下所示：

```
const array1 = ['a','b','c']
const array2 = ['d','e','f']
console.log([...array1,...array2]) // ["a", "b", "c", "d", "e", "f"]
```

也可以使用在存取物件的數值上，如下所示：

```
let obj={ a: 1, b: 2, c: 3 }
var save = { ...obj, b:4 };
console.log(save); // {a: 1, b: 4, c: 3}
var insert = { ...save, d:5 };
console.log(insert); // {a: 1, b: 4, c: 3, d: 5}
```

範例說明

上述程式碼可以看到，透過展開運算子，不但可以更新物件中 b 的值，也可以新增物件的值。

四、effects

主要用來處理 HTTP 請求的非同步問題，以及發送 action 觸發 Reducer。讀者可以將 Effect 看作是 Redux 架構中的 Action，其中要注意的是，Effect 中的方法是以 JS ES6 中的 Generator Function 的方式來定義，格式如下：

```
1  effects: {
2    * GET_data({ payload }, { put, call, select }) {
3      yield put({ type: 'SET_data', payload: payload })
4    }
5  }
```

範例說明

1. 第 2 行程式碼，建立一個名為 GET_data 的方法，並接收兩組參數，第一個是將 action 傳送的 payload 資料傳入，第二個則是傳入三個方法，分別為 put 可以發送 action 觸發 Reducer、call 可以發送 HTTP 請求，以及 select 可以取得所有 State 資料。
2. 第 3 行程式碼，以 put 方法為例，表示發送一個 action，指定 Reducer 為 SET_data，並將 payload 資料傳送至 Reducer 儲存。

備註：Generator Function

JavaScript 在 ES6 中提出了 Generator Function 的特性，是用來解決非同步問題的方法，其最特別的用法，便是使用 yield 關鍵字，表示在方法中遇到 yield 時會暫停執行，並進入呼叫的方法中執行，直到呼叫的方法執行完畢。以 React Native 的例子來說，如下所示：

```
* GET_data({ payload }, { put, call, select }) {
   yield put({ type: 'SET_data', payload: '123'})
   yield put({ type: 'SET_list', payload: '456'})
}
```

範例說明

上述程式碼可以看到，在 GET_data 方法中，當方法在執行時遇到第一個 yield 後，便會暫停繼續往下執行，並進入 put 方法，將資料發送給 Reducer 儲存，直到儲存完成，才會返回 GET_data 方法繼續執行後面的程式碼，以此類推。

五、在頁面上呼叫 Model

Model 設定完成後，如何在頁面上呼叫 Model 中的方法呢？在這邊與 Redux 的概念相同，一樣是透過 dispatch 發送一個 action 去觸發 Model 的方法，如下所示：

```
1  this.props.dispatch({
2      type: 'model_name/model_function',
3      payload: data,
4      callback: () => { }
5  })
```

範例說明

1. 第 2 行程式碼，設定 action 的 type，格式為 Model 的 namespace 加上 Model 中的方法，中間以「/」分隔，注意：type 為 action 必要之屬性。
2. 第 3-4 行程式碼，設定要傳送的 payload 資料或 callback 方法，注意這兩個部分並非 action 必要之屬性，讀者可以依照開發需求調整。

7-2　第一個 Dva 專案

本節將會以一個簡單的留言板範例，從零開始，帶領讀者一步一步從 Dva 的開發環境設定到 Model 的建立，完成一輪完整的介紹，讓讀者可以快速透過範例更了解整個 Dva 的運作流程。

7-2-1　建立專案

在開始安裝 Dva 前，讀者需要注意，雖然 Dva 框架整合了許多應用，但部分目前只適用在 React 網頁開發，並不支援 React Native APP 開發，例如 react-router。因此，Dva 的作者另外將核心的功能拉出來，成為 dva-core，也就是我們將要使用的套件，讓專案不需要安裝多餘的應用，接下來便可以開始建立專案並建構 Dva 框架囉！

首先開啟終端機，建立一個新的專案，指令如下：

```
npx react-native init DvaApp
```

建立完成後，輸入下列指令進入專案中，指令如下：

```
cd DvaApp
```

接著透過 npm，開始安裝 dva-core：

```
npm install --save dva-core
```

由於我們使用的是 dva-core 核心功能，因此我們仍然需要配合 react-redux 的功能，讓 Dva 和 React 可以結合起來。同樣使用 npm 來安裝，指令如下：

```
npm install --save redux
npm install --save react-redux
```

安裝讓頁面之間可以快速地互相切換的套件工具，指令如下所示：

```
npm install --save @react-navigation/native
npm install --save @react-navigation/stack
npm install --save react-native-gesture-handler
npm install --save react-native-reanimated
npm install --save react-native-screens
npm install --save react-native-safe-area-context
npm install --save @react-native-community/masked-view
```

為了在 iOS 上完成套件鏈結，請執行以下指令：

```
cd ios
pod install
```

在 Android 上，須修改 android/app/build.gradle 以完成 react-native-screens 套件的鏈結。

【android/app/build.gradle】

```
1  //... 省略其他程式碼
2  dependencies {
3    //... 省略其他程式碼
4    implementation 'androidx.appcompat:appcompat:1.1.0-rc01'
5    implementation 'androidx.swiperefreshlayout:swiperefreshlayo
     ut:1.1.0-alpha02'
6  }
7  //... 省略其他程式碼
```

範例說明

1. 第 4、5 行程式碼，引入 react-native-screens。

接著修改 MainActivity.java 以完成 react-native-gesture-handler 的鏈結。

【android/app/src/main/java/com/DvaApp/MainActivity.java】

```
1  //... 省略其他程式碼
2  import com.facebook.react.ReactActivityDelegate;
3  import com.facebook.react.ReactRootView;
4  import com.swmansion.gesturehandler.react.RNGestureHandlerEnabledRootView;
5
6  public class MainActivity extends ReactActivity {
7    //... 省略其他程式碼
8    @Override
9    protected ReactActivityDelegate createReactActivityDelegate() {
10     return new ReactActivityDelegate(this, getMainComponentName()) {
11       @Override
12       protected ReactRootView createRootView() {
13         return new RNGestureHandlerEnabledRootView(MainActivity.this);
14       }
15     };
16   }
17 }
```

安裝完成後，開啓 package.json 便可以看到所安裝套件的版本紀錄。

一、檔案建置

專案建立完成後，有了初始的專案資料夾，首先要來建立此專案中各個流程會使用到的資料夾及檔案，如下所示：

```
├── android/                  # Android 原生專案資料夾
├── ios/                      # iOS 原生專案資料夾
├── node_module/              # JS 套件庫
├── src/                      # [ 新增 ] 存放專案檔案的資料夾
│   ├── models/               # [ 新增 ] 存放多個 model
│   │   ├── messageModel.js   # [ 新增 ] 留言 model
│   │   ├── nameModel.js      # [ 新增 ] 姓名 model
│   ├── routes/               # [ 新增 ] 存放多個頁面
│   │   ├── All.styles.js     # [ 新增 ] 頁面樣式設定
│   │   ├── Entrance.js       # [ 新增 ] 留言板入口頁面
│   │   ├── Home.js           # [ 新增 ] 主頁面
│   │   ├── Message.js        # [ 新增 ] 新增留言頁面
│   ├── router.js             # [ 新增 ] 路由設定
├── App.js                    # 設定 Dva 環境
├── index.js                  # 專案程式入口
├── app.json                  # APP 資訊的設定檔
└── package.json              # 記錄專案所使用套件的檔案
```

All.styles.js 檔案為程式的樣式檔，本章節著重 Dva 概念應用，因此不另外說明，讀者可至本書網站中下載該檔案的範例檔，並將 All.styles.js 取出放入即可。

二、頁面設定

為了讓讀者可以更認識 Dva 的概念，我們事先將專案會使用到的頁面以及路由建立起來，後續讀者只需要專注在 Dva 專案的流程即可。

在進入留言板前，使用者要先輸入姓名才能登入，因此開啓 Entrance.js，開始建立留言板入口頁面，如下所示：

【src/routes/Entrance.js】

```
1  import React, {Component} from 'react';
2  import {SafeAreaView, View, Text, TextInput, Button} from 'react-native';
3  import {connect} from 'react-redux';
4  import styles from './All.styles';
5
6  class Entrance extends Component {
7    state = {
8      data: null,
9    };
10
11   render() {
12     return (
13       <SafeAreaView style={styles.container}>
14         <Text> 你是誰 </Text>
15         <TextInput
16           style={styles.textInput}
17           onChangeText={name => this.setState({data: name})}
18         />
19         <View>
20           <Button title=" 進入 " />
21         </View>
22       </SafeAreaView >
23     );
24   }
25 }
26
27 export default connect()(Entrance);
```

範例說明

1. 第 14-18 行程式碼，設定 TextInput 元件，讓使用者輸入登入姓名。
2. 第 20 行程式碼，設定 Button 元件，做為登入留言板的按鈕。

進入留言板後，在主頁面要顯示留言內容的區塊、新增留言按鈕以及返回入口畫面按鈕，因此開啓 Home.js，開始建立留言板主頁面，如下所示：

【src/routes/Home.js】

```
1  import React, {Component} from 'react';
2  import {SafeAreaView, View, Text, Button} from 'react-native';
3  import {connect} from 'react-redux';
4  import styles from './All.styles';
5
6  class Home extends Component {
7    render() {
8      return (
9        <SafeAreaView style={styles.container}>
10         <Text> 留言板 </Text>
11         <View style={styles.buttonView}>
12           <Button
13             title=" 離開 "
14             color="red"
15             onPress={() => this.props.navigation.goBack()}
16           />
17           <Button
18             title=" 新增留言 "
19             onPress={() => this.props.navigation.push('Message')}
20           />
21         </View>
22       </SafeAreaView>
23     );
24   }
25 }
26
27 export default connect()(Home); 程式碼說明
```

範例說明

1. 第 12-16 行程式碼，設定 Button 元件，做爲離開留言板的按鈕。
2. 第 17-20 行程式碼，設定 Button 元件，做爲進入新增留言頁面的按鈕。

接著，開啓 Message.js 檔案，設定新增留言頁面，加入輸入框，讓使用者可以輸入要發送的訊息，如下所示：

【src/routes/Message.js】

```
1  import React, {Component} from 'react';
2  import {SafeAreaView, View, Text, TextInput, Button} from 'react-native';
3  import {connect} from 'react-redux';
4  import styles from './All.styles';
5
6  class Message extends Component {
7    state = {
8      data: null,
9    };
10
11   render() {
12     return (
13       <SafeAreaView style={styles.container}>
14         <Text>請輸入訊息</Text>
15         <TextInput
16           style={styles.textInput}
17           onChangeText={message => this.setState({data: message})}
18         />
19         <View style={styles.buttonView}>
20           <Button
21             title="返回"
22             color="red"
23             onPress={() => this.props.navigation.goBack()}
24           />
25           <Button title="儲存" />
26         </View>
27       </SafeAreaView>
28     );
29   }
30 }
31
32 export default connect()(Message);
```

範例說明

1. 第 14-18 行程式碼，設定 TextInput 元件，讓使用者輸入留言內容。
2. 第 20-25 行程式碼，設定 Button 元件，分別爲返回及儲存留言的按鈕。

三、路由設定

完成所有的頁面設定後，接下來開啓 router.js 檔案，開始加入路由，讓頁面之間可以互相跳轉，如下所示：

【src/router.js】

```
1  import React, {Component} from 'react';
2  import {NavigationContainer} from '@react-navigation/native';
3  import {createStackNavigator} from '@react-navigation/stack';
4
5  import Entrance from './routes/Entrance';
6  import Home from './routes/Home';
7  import Message from './routes/Message';
8
9  const Stack = createStackNavigator();
10 const StackNavigator = () => (
11   <Stack.Navigator initialRouteName="Entrace" headerMode="none">
12     <Stack.Screen name="Entrance" component={Entrance} />
13     <Stack.Screen name="Home" component={Home} />
14     <Stack.Screen name="Message" component={Message} />
15   </Stack.Navigator>
16 );
17
18 export default class Router extends Component {
19   render() {
20     return (
21       <NavigationContainer>
22         <StackNavigator />
23       </NavigationContainer>
24     );
25   }
26 }
```

範例說明

1. 使用 @react-navigation/stack 來進行頁面跳轉，並將 Entrance 作爲進入 APP 時的第一個頁面。

以上步驟皆完成後，表示基本的設定已經告一段落了，下一小節便要開始帶領讀者深入了解 Dva 的開發環境及資料流程囉！

7-2-2 設定 Dva 環境

進入 App.js 中，移除一開始建立 React Native 專案時預設的程式碼，將此檔案作爲 Dva 環境設定檔，設定檔中第 6-7 行與第 10-11 行用以引入 Model，後續小節會繼續撰寫這兩個檔案的內容，若要先行測試畫面結果，可將這四行暫時註解。程式碼如下：

【App.js】

```
1  import React, {Component} from 'react';
2  import {Provider} from 'react-redux';
3  import {create} from 'dva-core';
4  import Router from './src/router';
5
6  import name from './src/models/nameModel';
7  import message from './src/models/messageModel';
8
9  const app = create();
10 app.model(name);
11 app.model(message);
12
13 app.start();
14 const store = app._store;
15
16 export default class App extends Component {
17   render() {
18     return (
19       <Provider store={store}>
20         <Router />
21       </Provider>
22     );
23   }
24 }
```

範例說明

1. 第 1-3 行程式碼，引入 react 基本元件、react-redux 的 Provider 元件及 dva-core 的 create 方法。
2. 第 4 行程式碼，引入路由。
3. 第 6-7 行程式碼，引入 Model。
4. 第 9 行程式碼，使用 create 方法建立 Dva 架構。
5. 第 10-11 行程式碼，透過 model 方法，將前面引入的 Model 加入 Dva 架構中。
6. 第 13 行程式碼，透過 start 方法啓動 Dva。

7. 第 14 行程式碼，取得 Dva 架構中的 store 儲存庫。
8. 第 19-21 行程式碼，透過 Provider 元件將 store 綁定到 Router 路由上，讓之後在路由中設定的所有頁面，都可以取得儲存在 Store 的 State 資料。

在 App.js 引入 router.js 後，接下來便可以在終端機分別輸入 iOS 與 Android 的指令執行專案，並查看結果，就可以看到已建立好的畫面，並且切換 initialRouteName 即可看到不同畫面，指令如下所示：

```
react-native run-ios
react-native run-android
```

圖 7-3　iOS Entrace 畫面

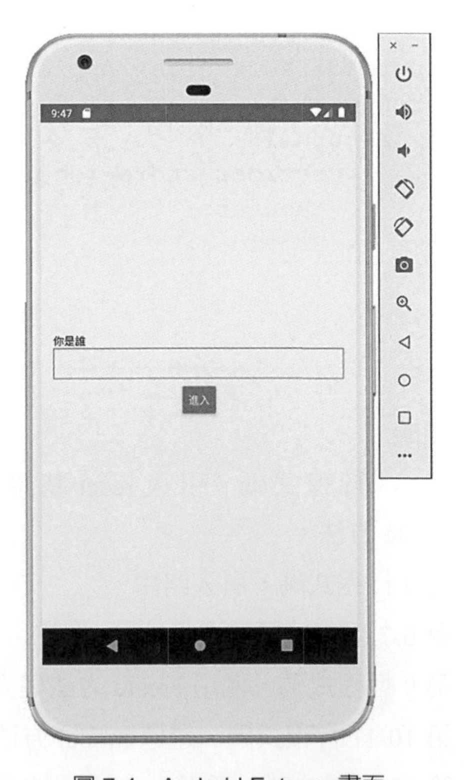

圖 7-4　Android Entrace 畫面

圖 7-5　iOS Home 畫面

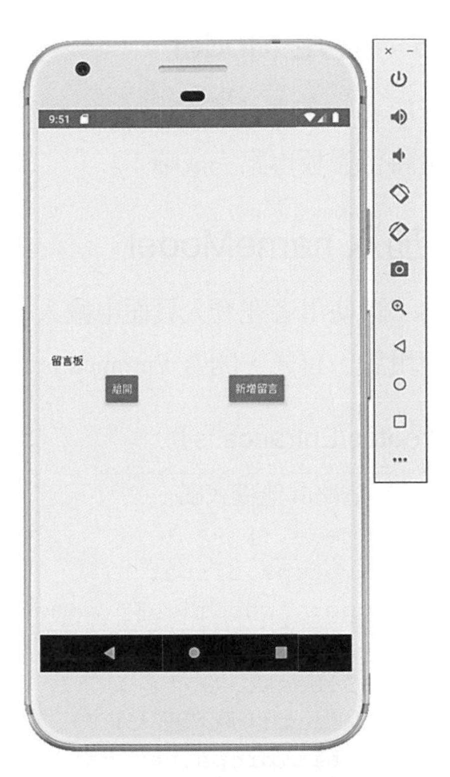

圖 7-6　Android Home 畫面

圖 7-7　iOS Message 畫面

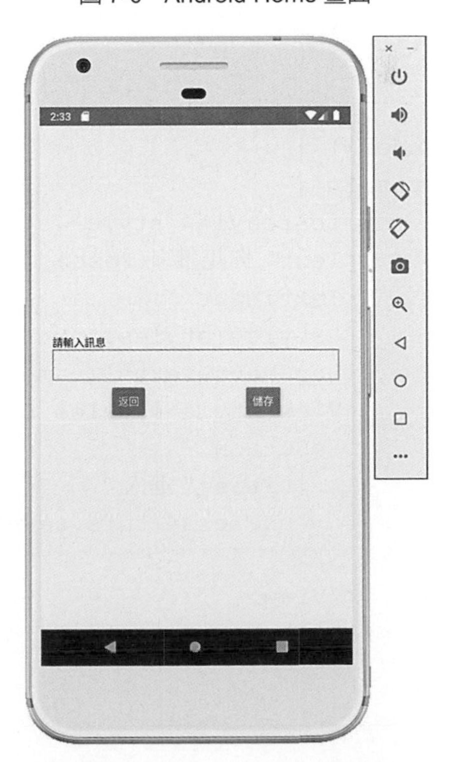

圖 7-8　Android Message 畫面

7-2-3　設定 Model

完成 Dva 的基本環境設定後，接下來開始進入 Dva 框架中最重要的 Model 環節，並繼續將留言板專案完成囉！

一、加入 nameModel

為了讓使用者在登入頁面中輸入姓名後，可以記錄其資料，讓 APP 可以辨識目前進入的使用者，首先，開啓 Entrance.js，設定按下進入按鈕後的方法及動作，如下所示：

【src/routes/Entrance.js】

```
1  //... 省略其他程式碼
2  saveName = () => {
3    this.props.dispatch({
4      type: 'whoami/GET_name',
5      payload: this.state.data,
6      callback: () => {
7        alert(' 成功進入！ ')
8        this.props.navigation.push('Home')
9      }
10   })
11 }
12
13 render() {
14   return (
15     <SafeAreaView style={styles.container}>
16       <Text> 你是誰 </Text>
17       <TextInput
18         style={styles.textInput}
19         onChangeText={(name) => this.setState({ data: name })} />
20       <View style={styles.buttonView}>
21         <Button
22           title=" 進入 "
23           onPress={this.saveName}
24         />
25       </View>
26     </SafeAreaView>
27   )
28 }
```

範例說明

1. 第 2-11 行程式碼，建立一個 saveName 方法，此方法會 dispatch（發送）一個儲存使用者姓名的 action 至 model，其中 type 設定要傳送的 model 名稱爲 whoami，調用的方法名稱爲 GET_name，接著傳入姓名資料，最後設定一個 callback 方法，表示儲存使用者姓名成功後會跳出提醒視窗，並進入 Home 頁面。
2. 第 23 行程式碼，設定使用者點擊進入按鈕後，會觸發 saveName 方法。

接著，開啓 nameModel.js，建立一個名爲 whoami 的 Model，並分別設定 Reducer 與 Effect 的方法，如下所示：

【src/models/nameModel.js】

```
1  export default {
2    namespace: 'whoami',
3    state: {
4      name: null,
5    },
6    reducers: {
7      SET_name(state, {payload}) {
8        return {
9          ...state,
10         name: payload,
11       };
12     },
13   },
14   effects: {
15     *GET_name({payload, callback}, {put}) {
16       yield put({
17         type: 'SET_name',
18         payload: payload,
19       });
20       if (callback) {
21         callback();
22       }
23     },
24   },
25 };
```

範例說明

1. 第 2 行程式碼，將 namespace 設定為 whoami。
2. 第 3-5 行程式碼，設定 State 中 name 的初始值。
3. 第 6-13 行程式碼，在 Reducers 中設定 SET_name Reducer。
4. 第 14-24 行程式碼，在 Effect 中設定 GET_name，並使用 put 方法傳送一個更改 name 的 action 至 SET_name Reducer，完成後呼叫 callback 方法進入 Home 頁面。

完成登入功能後，接下來在首頁上需要顯示目前登入者的姓名，因此開啓 Home.js，設定接收 whoami Model 中的 name state，如下所示：

【src/routes/Home.js】

```
1  //... 省略其他程式碼
2  class Home extends Component {
3    render() {
4     return (
5       <SafeAreaView style={styles.container}>
6         <Text> 留言板 </Text>
7         <View style={styles.buttonView}>
8           <Button
9             title=" 離開 "
10            color="red"
11            onPress={() => this.props.navigation.goBack()}
12          />
13          <Button
14            title=" 新增留言 "
15            onPress={() => this.props.navigation.push('Message')}
16          />
17       </View>
18        <Text> 登入者：{this.props.name}</Text>
19      </SafeAreaView>
20    );
21  }
22 }
23
24 const mapStateToProps = state => {
25   return {
26     name: state.whoami.name,
27   };
28 };
29
30 export default connect(mapStateToProps)(Home);
```

範例說明

1. 第 18 行程式碼，加入 Text 元件，用來顯示登入者的名稱。
2. 第 24-28 行程式碼，設定 mapStateToProps 方法，並取得存放在 whoami Model 中的 name State。
3. 第 30 行程式碼，在 connect 方法中，將 mapStateToProps 與 Home 連結，讓頁面可以操作 name 資料。

完成上述設定後，此時啓動專案，輸入登入者姓名，點擊「進入」按鈕，即可進入 Home 頁面，並且在下方顯示登入者的姓名，如圖 7-9 至圖 7-12：

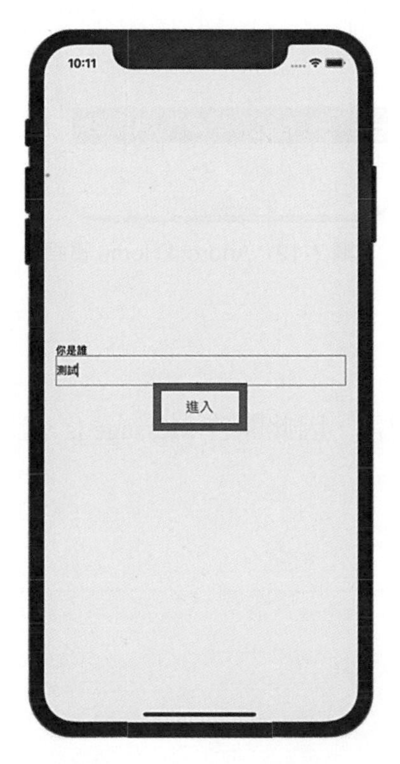

圖 7-9　iOS Entrace 畫面

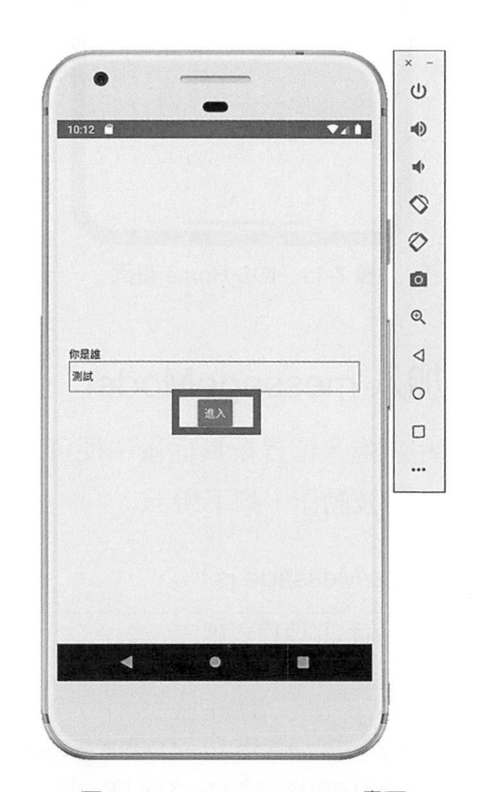

圖 7-10　Android Entrace 畫面

圖 7-11　iOS Home 畫面

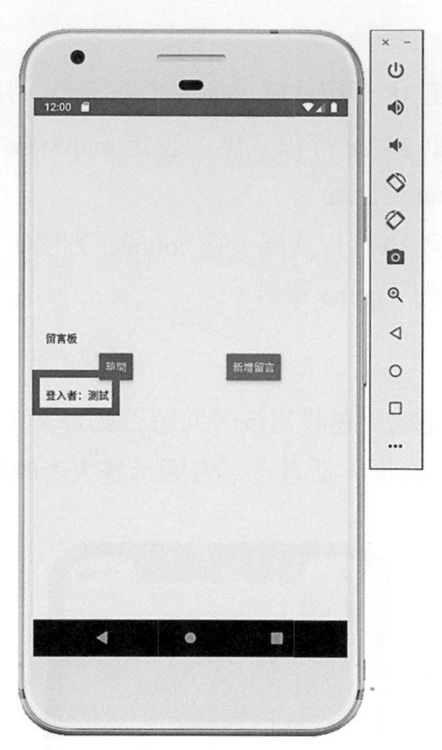

圖 7-12　Android Home 畫面

二、加入 messageModel

使用者進入留言板頁面後，便可以開始新增留言，因此開啓 Message.js，設定新增留言的方法及動作，如下所示：

【src/routes/Message.js】

```
1  //... 省略其他程式碼
2  saveMessage = () => {
3    this.props.dispatch({
4      type: 'message/POST_message',
5      payload: this.state.data,
6      callback: () => {
7        alert(' 修改訊息成功！ ');
8        this.props.navigation.goBack();
9      },
10   });
11 };
12
13 render() {
14   return (
```

```
15      <SafeAreaView style={styles.container}>
16        <Text>請輸入訊息</Text>
17        <TextInput
18          style={styles.textInput}
19          onChangeText={message => this.setState({data: message})}
20        />
21        <View style={styles.buttonView}>
22          <Button
23            title="返回"
24            color="red"
25            onPress={() => this.props.navigation.goBack()}
26          />
27          <Button title="儲存" onPress={this.saveMessage}/>
28        </View>
29      </SafeAreaView>
30    );
31 }
```

範例說明

1. 第 2-11 行程式碼，建立一個 saveMessage 方法，此方法會 dispatch（發送）一個儲存訊息的 action 至 model，其中 type 設定要傳送的 model 名稱為 message、調用的方法名稱為 POST_message，接著傳入訊息資料，最後設定一個 callback 方法，表示儲存訊息成功後，跳出提醒視窗，並回到 Home 頁面。
2. 第 27 行程式碼，設定使用者點擊儲存按鈕後，會觸發 saveMessage 方法。

接著，開啟 messageModel.js，建立一個名為 message 的 Model，如下所示：

【src/models/messageModel.js】

```
1  export default {
2    namespace: 'message',
3    state: {
4      list: [],
5    },
6    reducers: {
7      SET_message(state, {payload}) {
8        return {
9          ...state,
```

```
10          list: [...state.list, payload],
11        };
12      },
13    },
14    effects: {
15      *POST_message({payload, callback}, {put, select}) {
16        const _message = yield select(state => state.message);
17        const _whoami = yield select(state => state.whoami);
18
19        yield put({
20          type: 'SET_message',
21          payload: {
22            key: 'm' + _message.list.length,
23            name: _whoami.name,
24            message: payload,
25          },
26        });
27
28        if (callback) {
29          callback();
30        }
31      },
32    },
33 };
```

範例說明

1. 第 2 行程式碼，將 namespace 設定爲 message。
2. 第 3-5 行程式碼，設定 State 中 list 的初始值。
3. 第 6-13 行程式碼，在 Reducer 中設定 SET_message。
4. 第 15 行程式碼，在 Effect 中設定 POST_message。
5. 第 16-17 行程式碼，使用 select 方法取得 message 與 whoami 在 Model 中儲存的資料。
6. 第 19-26 行程式碼，使用 put 方法傳送一個新增留言訊息的 action 至 SET_message Reducer，其中在傳送的 payload 中，需要透過前面取得的 _message 和 _whoami 來設定 key，表示留言的編號（此處以 .length 取得留言 list 的長度以設定編號），以及留言者的 name，完成後呼叫 callback 方法返回 Home 頁面。

完成新增留言功能後，接下來我們要讓所有的留言可以在首頁上顯示，因此開啓 Home.js，加入 FlatList 元件來顯示留言內容，與設定接收 message Model 中的 list state，如下所示：

【src/routes/Home.js】

```
1  import { //... 省略其他程式碼, FlatList } from 'react-native'
2  //... 省略其他程式碼
3  class Home extends Component {
4    render() {
5      return (
6        <SafeAreaView style={styles.container}>
7          <Text>留言板</Text>
8          <View style={styles.flatListView}>
9            <FlatList
10             data={this.props.message}
11             renderItem={({item}) => (
12               <Text>
13                 {item.name}說：{item.message}
14               </Text>
15             )}
16           />
17         </View>
18         <View style={styles.buttonView}>
19           <Button
20             title="離開"
21             color="red"
22             onPress={() => this.props.navigation.goBack()}
23           />
24           <Button
25             title="新增留言"
26             onPress={() => this.props.navigation.push('Message')}
27           />
28         </View>
29         <Text>登入者：{this.props.name}</Text>
30       </SafeAreaView>
31     );
32   }
33 }
34
35 const mapStateToProps = state => {
36   return {
```

```
37    //... 省略其他程式碼
38    message: state.message.list,
39  };
40 };
```

範例說明

1. 第 1 行程式碼，引入 FlatList 元件。
2. 第 9-16 行程式碼，使用 FlatList 設定顯示留言訊息的區塊。
3. 第 38 行程式碼，取得存放在 message Model 中的 list State，讓 Home 頁面可以顯示訊息資料。

完成上述的設定後，啓動專案即可在 Message 頁面中新增留言後，於 Home.js 查看所有留言，畫面如下：

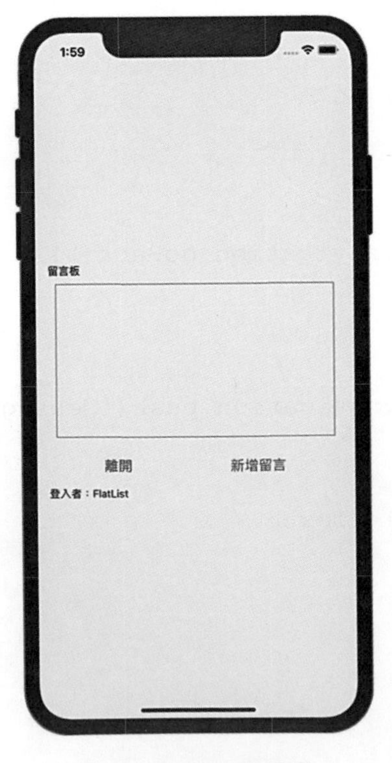

圖 7-13　iOS 留言板

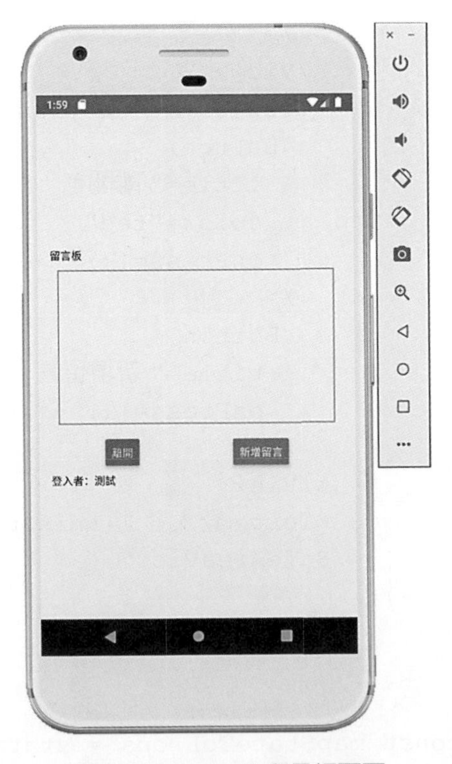

圖 7-14　Android 留言板頁面

圖 7-15 iOS 新增留言

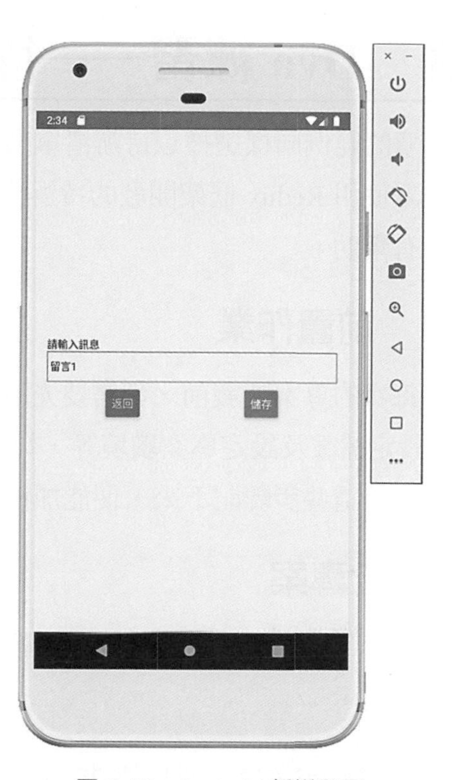

圖 7-16 Android 新增留言

圖 7-17 iOS 所有留言內容

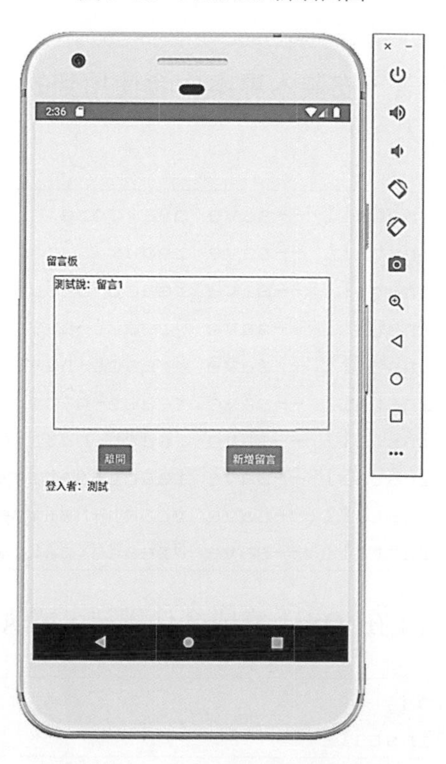

圖 7-18 Android 所有留言內容

7-3　Dva 練習——待辦清單

本章的範例同樣選擇以待辦清單來讓讀者更熟悉 Dva 框架的使用方式，同時也可以與前一章使用 Redux 框架開發的待辦清單範例比較，了解兩者之間的差異，對未來的開發會更有幫助。

7-3-1　前置作業

在每次的專案開發前，都需要先進行一些基本的前置作業，包含建立專案、套件的安裝、設定檔案及設定專案環境等，本範例同樣也會帶著讀者一步一步的完成這些操作，未來可以將這些步驟記下來，便能加快開發的效率。

一、建立專案

首先，開啓終端機，進入欲存放專案的路徑下，建立 Todolist 專案，並進入專案中，指令如下所示：

```
npx react-native init Todolist
cd TodoList
```

接著，安裝本專案中會使用到的套件，包含 Dva 相關套件與路由套件，指令如下所示：

```
npm install --save dva-core
npm install --save redux
npm install --save react-redux
npm install --save @react-navigation/native
npm install --save @react-navigation/stack
npm install --save react-native-gesture-handler
npm install --save react-native-reanimated
npm install --save react-native-screens
npm install --save react-native-safe-area-context
npm install --save @react-native-community/masked-view
```

爲了在 iOS 上完成套件鏈結，請執行以下指令：

```
cd ios
pod install
```

在 Android 上，須修改 android/app/build.gradle 以完成 react-native-screens 套件的鏈結。

【android/app/build.gradle】

```
1  //... 省略其他程式碼
2  dependencies {
3    //... 省略其他程式碼
4    implementation 'androidx.appcompat:appcompat:1.1.0-rc01'
5    implementation 'androidx.swiperefreshlayout:swiperefreshlayo
     ut:1.1.0-alpha02'
6  }
7  //... 省略其他程式碼
```

範例說明

4. 第 4、5 行程式碼，引入 react-native-screens。

接著修改 MainActivity.java 以完成 react-native-gesture-handler 的鏈結。

【android/app/src/main/java/com/Todolist/MainActivity.java】

```
1  //... 省略其他程式碼
2  import com.facebook.react.ReactActivityDelegate;
3  import com.facebook.react.ReactRootView;
4  import com.swmansion.gesturehandler.react.RNGestureHandlerEnabledRootView;
5
6  public class MainActivity extends ReactActivity {
7    //... 省略其他程式碼
8    @Override
9    protected ReactActivityDelegate createReactActivityDelegate() {
10     return new ReactActivityDelegate(this, getMainComponentName()) {
11       @Override
12       protected ReactRootView createRootView() {
13         return new RNGestureHandlerEnabledRootView(MainActivity.this);
14       }
15     };
16   }
17 }
```

二、檔案建置

完成後，開始建置專案中必要的檔案，專案目錄如下：

```
├──── android/                      # Android 原生專案資料夾
├──── ios/                          # iOS 原生專案資料夾
├──── node_module/                  # JS 套件庫
├──── src/                          # [ 新增 ] 存放專案檔案的資料夾
   ├──── models /                   # [ 新增 ] 存放多個 model
      ├──── listModel.js            # [ 新增 ] 待辦清單 model
   ├──── routes/                    # [ 新增 ] 存放多個頁面
      ├──── Add.js                  # [ 新增 ] 新增待辦事項頁面
      ├──── All.styles.js           # [ 新增 ] 頁面樣式
      ├──── Edit.js                 # [ 新增 ] 修改待辦事項頁面
      ├──── Home.js                 # [ 新增 ] 主頁面
   ├──── router.js                  # [ 新增 ] 路由設定
├──── App.js                        # 設定 Dva 環境
├──── index.js                      # 專案程式入口
├──── app.json                      # APP 資訊的設定檔
└──── package.json                  # 記錄專案所使用套件的檔案
```

由於本範例的目標已經明確爲待辦清單，因此可以事先建立所需要的頁面以及 Model，若讀者未來在開發時，尚未確定頁面等資訊，可以先略過部分新增檔案的步驟，從建立確定的頁面開始，之後有需要再添加其他檔案即可。

三、Dva 環境設定

進入 App.js 中，移除一開始建立 React Native 專案時預設的程式碼，將此檔案作爲 Dva 環境設定檔，如下所示：

【App.js】

```
1  import React, {Component} from 'react';
2  import {Provider} from 'react-redux';
3  import {create} from 'dva-core';
4  import Router from './src/router';
5
6  const app = create();
7  app.start();
8  const store = app._store;
9
```

```
10 export default class App extends Component {
11   render() {
12     return (
13       <Provider store={store}>
14         <Router />
15       </Provider>
16     );
17   }
18 }
```

四、主頁面設定

開啓 Home.js，設定進入 APP 後的主頁面，用來顯示待辦清單，如下所示：

【src/routes/Home.js】

```
1  import React, {Component} from 'react';
2  import {View, Text} from 'react-native';
3  import {connect} from 'react-redux';
4  import styles from './All.styles';
5
6  class Home extends Component {
7    render() {
8      return (
9        <View style={styles.container}>
10         <Text>無待辦項目</Text>
11       </View>
12     );
13   }
14 }
15
16 export default connect()(Home);
```

範例說明

1. 第 1-4 行程式碼，引入必要的元件以及樣式。
2. 第 10 行程式碼，由於一開始沒有待辦的資料，因此在主頁面上會先顯示「無待辦項目」。

五、路由設定

開啓 router.js 檔案，首先先加入 Home 主頁面路由，其他頁面待後面小節需要使用時再加入即可，如下所示：

【src/router.js】

```
1  import React, {Component} from 'react';
2  import {NavigationContainer} from '@react-navigation/native';
3  import {createStackNavigator} from '@react-navigation/stack';
4
5  import Home from './routes/Home';
6
7  const Stack = createStackNavigator();
8  const StackNavigator = () => (
9    <Stack.Navigator initialRouteName="Home">
10     <Stack.Screen
11       name="Home"
12       component={Home}
13       options={{
14         title: '待辦清單',
15       }}
16     />
17   </Stack.Navigator>
18 );
19
20 export default class Router extends Component {
21   render() {
22     return (
23       <NavigationContainer>
24         <StackNavigator />
25       </NavigationContainer>
26     );
27   }
28 }
```

範例說明

1. 第 10-16 行程式碼，在 Router 中建立一個頁面，名為 Home，在 Home 路由中加入 options 屬性，並設定此頁面的標題為「待辦清單」。

完成基本的前置作業後，此時啟動專案即可看到上述建立的待辦清單，接下來就可以開始撰寫待辦清單的功能。而本範例會帶領讀者從新增、顯示、刪除、修改待辦清單，到最後的改變待辦項目的狀態，依序介紹各個功能的撰寫方式，並詳細說明程式碼的意思，加快開發 Dva 框架上手的速度。

圖 7-19　iOS 待辦事項清單

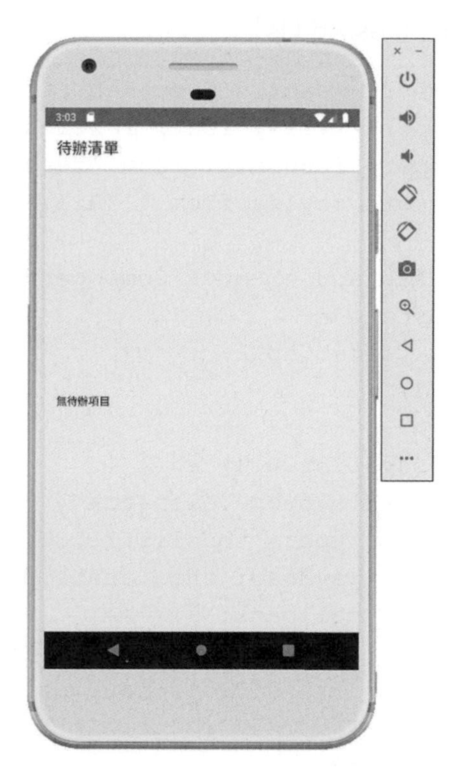

圖 7-20　Android 待辦事項清單

7-3-2 新增待辦項目

首先，開啓 Add.js 撰寫新增待辦項目的頁面邏輯，加入輸入框，讓使用者可以輸入要新增的事項，如下所示：

【src/routes/Add.js】

```
1 import React, {Component} from 'react';
2 import {View, Text, TextInput, Button} from 'react-native';
3 import {connect} from 'react-redux';
4 import styles from './All.styles';
5
6 class Add extends Component {
7   state = {
8     data: null,
9   };
10
11   saveList = () => {
12     this.props.dispatch({
13       type: 'todolist/POST_list',
14       payload: this.state.data,
15       callback: () => {
16         alert('新增待辦事項成功！');
17         this.props.navigation.goBack();
18       },
19     });
20   };
21
22   render() {
23     return (
24       <View style={styles.container}>
25         <Text>請輸入待辦事項</Text>
26         <TextInput
27           style={styles.textInput}
28           onChangeText={list => this.setState({data: list})}
29         />
30         <View style={styles.buttonView}>
31           <Button
32             title="返回"
33             color="red"
34             onPress={() => this.props.navigation.goBack()}
35           />
36           <Button title="儲存" onPress={this.saveList} />
```

```
37          </View>
38        </View>
39      );
40    }
41 }
42
43 export default connect()(Add);
```

範例說明

1. 第 1-4 行程式碼，引入必要的元件以及樣式。
2. 第 8 行程式碼，設定 data state 的初始值。
3. 第 11-20 行程式碼，設定 saveList 方法，表示當使用者按下儲存待辦事項的按鈕後，會觸發此方法，而此方法會發送一個 action 至 todolist Model 中的 POST_list 方法，並將 data state 傳入儲存，最後加入 callback 方法，可以返回主頁面查看待辦清單顯示結果。
4. 第 26-29 行程式碼，新增 TextInput 元件，讓使用者可以輸入待辦事項，並加入 onChangeText 的屬性，設定當更改輸入框的內容時，會觸發 this.setState 方法去修改 data state 的值。
5. 第 31-36 行程式碼，加入返回及儲存按鈕，並分別設定按下後會觸發返回主頁面和儲存待辦事項的動作。

完成新增待辦項目的頁面後，開啓 listModel.js，建立一個名爲 todolist 的 Model，並分別設定 Reducer 與 Effect 的方法，如下所示：

【src/models/listModel.js】

```
1  export default {
2    namespace: 'todolist',
3    state: {
4      list: [],
5    },
6    reducers: {
7      SAVE_list(state, {payload}) {
8        return {
9          ...state,
10         list: [...state.list, payload],
11       };
12     },
```

```
13   },
14   effects: {
15     *POST_list({payload, callback}, {put, select}) {
16       const _todolist = yield select(state => state.todolist);
17       yield put({
18         type: 'SAVE_list',
19         payload: {
20           key: 't' + _todolist.list.length,
21           value: payload,
22         },
23       });
24
25       if (callback) {
26         callback();
27       }
28     },
29   },
30 };
```

範例說明

1. 第 2 行程式碼，將 namespace 設定為 todolist。
2. 第 3-5 行程式碼，設定 State 中 list 的初始值。
3. 第 7-12 行程式碼，設定 SAVE_list Reducer，用來更新 State 中 list 的值。
4. 第 14-29 行程式碼，設定 POST_list Effect，由於每項待辦事項都需要有獨特的編號，之後若要對某個事項進行新增、修改等動作時，才能識別要操作的對象，因此這邊以取得目前清單的長度，加上字母 t 作為每個待辦項目的編號，例如新增第一筆項目，此時清單尚未有資料，所以長度為 0，而此筆項目的編號便為 t0，並使用 put 方法將值傳送至新增待辦項目的 Reducer 完成後呼叫 callback 方法返回 Home 主頁面。

接著，開啓 router.js 將 Add 新增待辦項目頁面加入路由中，如下所示：

【src/router.js】

```
1  //... 省略其他程式碼
2  import {TouchableOpacity, Text} from 'react-native';
3  import Add from './routes/Add';
4
5  const StackNavigator = () => (
6    <Stack.Navigator initialRouteName="Home">
```

```
7       <Stack.Screen
8         name="Home"
9         component={Home}
10        options={({navigation}) => ({
11          title: '待辦清單',
12          headerRight: ({focused, color}) => (
13            <TouchableOpacity
14              onPress={() => navigation.push('Add')}
15              style={{marginRight: 15, color: '#fff'}}>
16              <Text>新增</Text>
17            </TouchableOpacity>
18          ),
19        })}
20      />
21      <Stack.Screen
22        name="Add"
23        component={Add}
24        options={{
25          title: '新增待辦項目',
26        }}
27      />
28    </Stack.Navigator>
29 );
```

範例說明

1. 第 2 行程式碼，引入所需元件。
2. 第 3 行程式碼，引入 Add 新增待辦項目頁面。
3. 第 12-19 行程式碼，加入 headerRight 屬性，設定標題的右側爲進入新增待辦項目頁面的按鈕。
4. 第 21-27 行程式碼，加入 Add 新增待辦項目頁面，並設定此頁面的標題爲「新增待辦項目」。

最後，回到 App.js 中，將 listModel 加入 Dva 框架中，如下所示。

【App.js】

```
1  //... 省略其他程式碼
2  import list from './src/models/listModel';
3
4  const app = create();
5  app.model(list);
6  app.start();
7  //... 省略其他程式碼
```

範例說明

1. 第 2 行程式碼，引入 listModel。
2. 第 5 行程式碼，透過 model 方法，將前面引入的 Model 加入 Dva 架構中。

完成後，便可以在終端機分別輸入 iOS 與 Android 的指令執行專案，並查看結果，可以看到目前新增完待辦事項時，雖然會跳回主頁面，但並不會顯示待辦清單的內容，因此在下一小節將會教大家如何在主頁面顯示所有的待辦項目。

7-3-3 顯示待辦清單

完成新增待辦項目後，接下來要開始在主頁面設定顯示待辦清單，因此開啓 Home.js 將 todolist 的資料顯示在主頁面上，如下所示：

【src/routes/Home.js】

```
1  //... 省略其他程式碼
2  import { //... 省略其他程式碼 , FlatList } from 'react-native';
3
4  class Home extends Component {
5    render() {
6      if (this.props.todolist.length === 0) {
7        return (
8          <View style={styles.container}>
9            <Text> 無待辦項目 </Text>
10         </View>
11       );
12     } else {
13       return (
14         <View style={styles.container}>
15           <FlatList
```

```
16              data={this.props.todolist}
17              renderItem={({item}) => (
18                <View>
19                  <Text>{item.value}</Text>
20                </View>
21              )}
22            />
23          </View>
24        );
25      }
26    }
27 }
28
29 const mapStateToProps = state => {
30   return {
31     todolist: state.todolist.list,
32   };
33 };
34
35 export default connect(mapStateToProps)(Home)
```

範例說明

1. 第 2 行程式碼，引入 FlatList 元件，用來顯示待辦清單。
2. 第 6-25 行程式碼，判斷 todolist 的長度是否有資料，若是 0 表示沒有資料，則顯示「無待辦項目」，若有則透過 FlatList 元件顯示待辦項目內容。
3. 第 29-33 行程式碼，設定 mapStateToProps 方法，並取得存放在 todolist Model 中的 list State。
4. 第 35 行程式碼，在 connect 方法中，將 mapStateToProps 與 Home 連結，讓頁面可以操作 list 資料。

完成後，便可以在終端機分別輸入 iOS 與 Android 的指令執行專案，並查看結果，可以看到在新增完待辦項目後，回到主頁面便會顯示目前所有的待辦項目。

圖 7-21　iOS 新增待辦事項

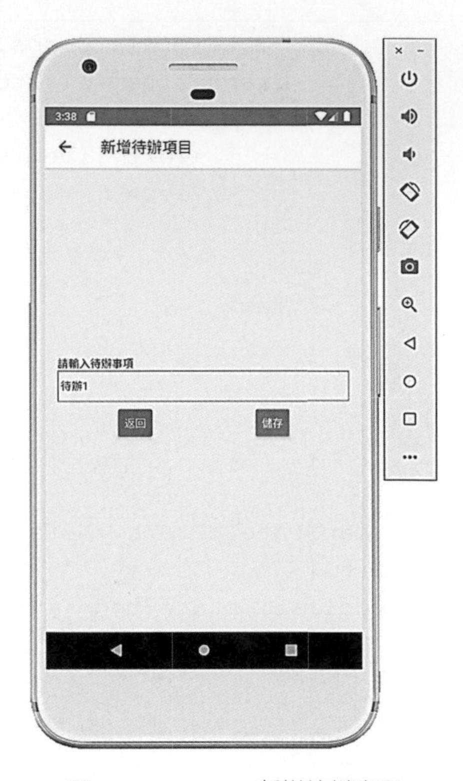

圖 7-22　Android 新增待辦事項

圖 7-23　iOS 待辦事項清單

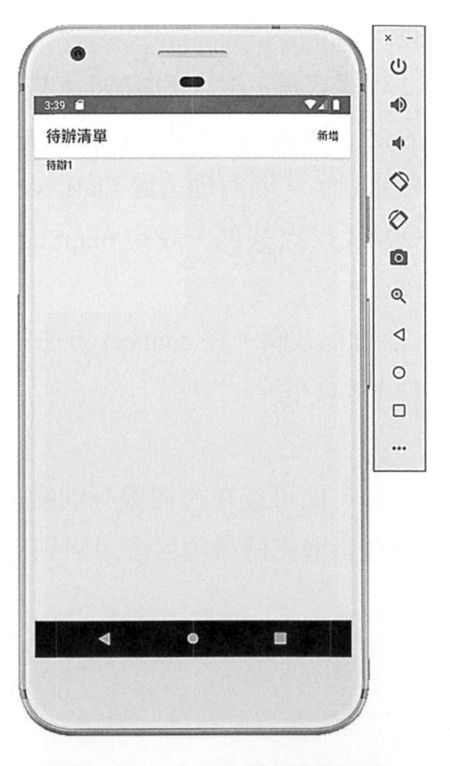

圖 7-24　Android 待辦事項清單

7-3-4 刪除待辦項目

在新增待辦項目後，也要讓使用者可以刪除待辦項目，因此在這裡我們需要設定當使用者長按待辦項目時，會跳出視窗詢問是否要刪除該項目，所以開啓 Home.js 撰寫刪除待辦項目的頁面邏輯，如下所示：

【src/routes/Home.js】

```
1  //... 省略其他程式碼
2  import {//... 省略其他程式碼, TouchableOpacity, Alert} from 'react-native'
3
4  class Home extends Component {
5    deleteItem = key => {
6      this.props.dispatch({
7        type: 'todolist/DELETE_item',
8        payload: key,
9      });
10   };
11
12   alert = list => {
13     return Alert.alert(
14       '待辦項目',
15       list.value,
16       [
17         {text: '取消', style: 'cancel'},
18         {text: '刪除', onPress: () => this.deleteItem(list.key)},
19       ],
20       {cancelable: false},
21     );
22   };
23
24   render() {
25     if (this.props.todolist.length === 0) {
26       return (
27         <View style={styles.container}>
28           <Text>無待辦項目</Text>
29         </View>
30       );
31     } else {
32       return (
```

```
33        <View style={styles.container}>
34          <FlatList
35            data={this.props.todolist}
36            renderItem={({item}) => (
37              <TouchableOpacity onLongPress={() => this.alert(item)}>
38                <View>
39                  <Text>{item.value}</Text>
40                </View>
41              </TouchableOpacity>
42            )}
43          />
44        </View>
45      );
46    }
47  }
48 }
49 //... 省略其他程式碼
```

範例說明

1. 第 2 行程式碼，引入 TouchableOpacity 與 Alert 元件。
2. 第 5-10 行程式碼，設定 deleteItem 方法，表示當使用者按下刪除待辦項目的按鈕後，會觸發此方法，而此方法會發送一個 action 至 todolist Model 中的 DELETE_item 方法，並將要刪除項目的 key 傳入，用來找出正確的項目刪除。
3. 第 12-22 行程式碼，設定 alert 方法，並加入 Alert 元件，表示當長按某個待辦項目時，會觸發此方法，跳出視窗，讓使用者選擇是否要刪除該項目，當按下刪除按鈕時，會調用 deleteItem 方法來刪除待辦項目。
4. 第 37-41 行程式碼，加入 TouchableOpacity 元件，並設定 onLongPress 的屬性，表示當長按待辦項目時，會觸發 alert 方法。

完成刪除待辦項目的頁面設定後，開啓 listModel.js，在 Reducer 與 Effect 中加入 SET_item 與 DELETE_item 方法，如下所示：

【src/models/listModel.js】

```
1 //... 省略其他程式碼
2 reducers: {
3   RESET_list(state, {payload}) {
4     return {
5       ...state,
```

```
6        list: payload,
7      };
8    },
9  },
10 effects: {
11   //... 省略其他程式碼
12   *DELETE_item({payload}, {put, select}) {
13     const _todolist = yield select(state => state.todolist);
14     yield put({
15       type: 'RESET_list',
16       payload: _todolist.list.filter(target => {
17         return target.key !== payload;
18       }),
19     });
20   },
21 },
22 //... 省略其他程式碼
```

範例說明

1. 第 3 行程式碼，設定 RESET_list 的 Reducer，用來重置 list。
2. 第 10 行程式碼，設定 DELETE_item Effect。
3. 第 13 行程式碼，並使用 select 方法取得目前儲存在 todolist Model 中的資料。
4. 第 14-19 行程式碼，透過 _todolist 取得待辦清單 list，並使用 filter 方法將要刪除的待辦項目排除，透過 put 方法發送一個 action 至 SET_item Reducer，並把新的 todolist 傳入更新 list State。

完成後，便可以在終端機分別輸入 iOS 與 Android 的指令執行專案，並查看結果，可以看到長按待辦項目後，會跳出視窗讓使用者選擇是否要刪除該項目。

圖 7-25　iOS 長按欲刪除的待辦事項

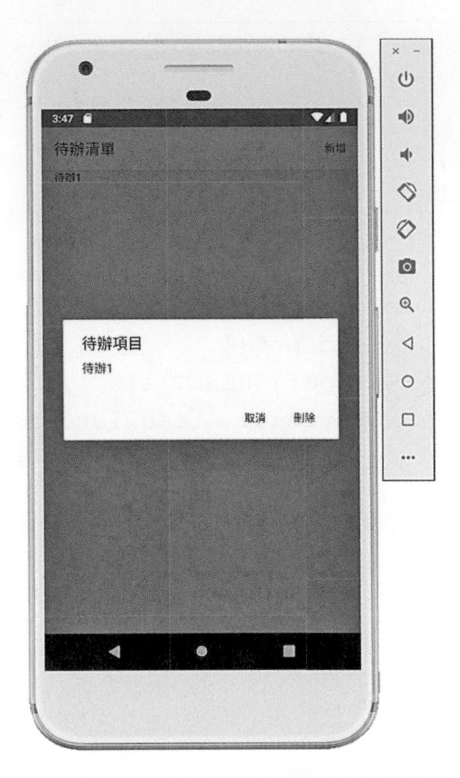

圖 7-26　Android 長按欲刪除的待辦事項

圖 7-27　iOS 成功刪除待辦事項

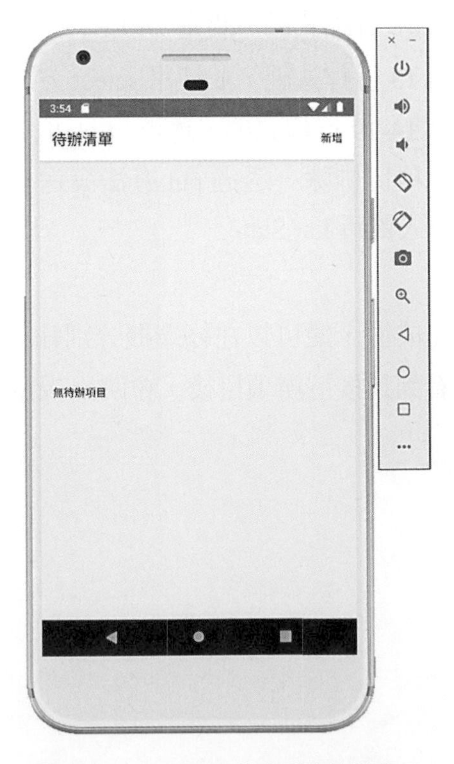

圖 7-28　Android 成功刪除待辦事項

7-3-5 修改待辦項目

接下來開始加入修改待辦項目的功能。與刪除待辦項目的方式相同，在長按項目後，會跳出視窗讓使用者選擇要刪除或修改該項目，所以開啟 Home.js，在 alert 方法中加入修改按鈕，如下所示：

【src/routes/Home.js】

```
1  //... 省略其他程式碼
2  alert = list => {
3    return Alert.alert(
4      '待辦項目',
5      list.value,
6      [
7        {text: '取消', style: 'cancel'},
8        {
9          text: '修改',
10         onPress: () => this.props.navigation.push('Edit', {list}),
11       },
12       {text: '刪除', onPress: () => this.deleteItem(list.key)},
13     ],
14     {cancelable: false},
15   );
16 };
17 //... 省略其他程式碼
```

範例說明

第 8-11 行程式碼，在 alert 方法中加入修改按鈕，當按下時會跳轉至修改待辦事項頁面，同時也要記得要將欲修改的待辦事項 list 傳入至修改待辦事項頁面。

接著，開啟 Edit.js 撰寫修改待辦項目的頁面邏輯，加入輸入框，讓使用者可以輸入要修改的事項內容，如下所示：

【src/routes/Edit.js】

```
1  import React, {Component} from 'react';
2  import {View, Text, Button, TextInput} from 'react-native';
3  import {connect} from 'react-redux';
4  import styles from './All.styles';
5
6  class Edit extends Component {
```

```
7     state = {
8       key: null,
9       value: null,
10    };
11    static getDerivedStateFromProps(nextProps, prevState) {
12      const params = nextProps.route.params.list;
13      if (params.key !== prevState.key) {
14        return {
15          ...params,
16        };
17      }
18      return {};
19    }
20
21    editList = () => {
22      this.props.dispatch({
23        type: 'todolist/UPDATE_item',
24        payload: {
25          key: this.state.key,
26          value: this.state.value,
27        },
28        callback: () => {
29          alert('修改待辦事項成功！');
30          this.props.navigation.goBack();
31        },
32      });
33    };
34
35    render() {
36      return (
37        <View style={[styles.container, styles.textInputView]}>
38          <Text>待辦事項</Text>
39          <TextInput
40            style={styles.textInput}
41            value={this.state.value !== null ? this.state.value :''}
42            onChangeText={text => this.setState({value: text})}
43          />
44          <View style={styles.buttonView}>
45            <Button
46              title="返回"
47              color="red"
48              onPress={() => this.props.navigation.goBack()}
```

```
49             />
50             <Button title=" 修改 " onPress={() => this.editList()} />
51           </View>
52         </View>
53       );
54     }
55 }
56
57 export default connect()(Edit);
```

範例說明

1. 第 1-4 行程式碼，引入必要的元件以及樣式。
2. 第 7-10 行程式碼，設定 state 的初始值。
3. 第 11-19 行程式碼，加入 getDerivedStateFromProps 生命週期方法，取得從主頁面傳送過來的待辦項目，並將資料分別存入這個頁面的 state 中。
4. 第 21-33 行程式碼，設定 editList 方法，表示當使用者按下修改待辦事項的按鈕後，會觸發此方法，而此方法會發送一個 action 至 todolist Model 中的 UPDATE_item 方法，並將 key 與 value state 傳入，最後加入 callback 方法，可以返回主頁面查看待辦清單修改結果。
5. 第 39-43 行程式碼，新增 TextInput 元件，讓使用者可以輸入欲修改的內容，並加入 value 屬性，設定預設值為舊項目的內容，接著再加入 onChangeText 的屬性，設定當更改輸入框的內容時，會觸發 this.setState 方法去修改 value state 的值。
6. 第 45-50 行程式碼，加入返回及修改按鈕，並分別設定按下後會觸發返回主頁面和修改待辦事項的動作。

完成修改的頁面設定後，開啓 listModel.js，在 Effect 中加入 UPDATE_item 方法，如下所示：

【src/models/listModel.js】

```
1  //... 省略其他程式碼
2  effects: {
3    //... 省略其他程式碼
4    *UPDATE_item({payload, callback}, {put, select}) {
5      const _todolist = yield select(state => state.todolist);
6      yield put({
7        type: 'RESET_list',
```

```
8        payload: _todolist.list.map(item => {
9          if (item.key === payload.key) {
10           return {
11             ...item,
12             value: payload.value,
13           };
14         }
15         return item;
16       }),
17     });
18     if (callback) {
19       callback();
20     }
21   },
22 },
23 //... 省略其他程式碼
```

範例說明

1. 第 4 行程式碼，設定 UPDATE_item 的 Effect。
2. 第 5 行程式碼，並使用 select 方法取得目前儲存在 todolist Model 中的資料。
3. 第 6-17 行程式碼，透過 put 方法發送一個 action 至 RESET_item Reducer，並把新的 todolist 傳入更新 list State。
4. 第 8-16 行程式碼，透過 _todolist 取得待辦清單 list，並使用 map 方法，一一比對待辦項目 key 值是否與要修改的項目 key 值相同，若相同的話則將新項目取代舊項目，若不相同則保留原本的項目。

最後，開啓 router.js 將 Edit 修改待辦項目頁面加入路由中，如下所示：

【src/router.js】

```
1 //... 省略其他程式碼
2 import Edit from './routes/Edit';
3 //... 省略其他程式碼
4 const StackNavigator = () => (
5   <Stack.Navigator initialRouteName="Home">
6     //... 省略其他程式碼
7     <Stack.Screen
8       name="Edit"
9       component={Edit}
```

```
10        options={{
11          title: '修改待辦項目',
12        }}
13      />
14    </Stack.Navigator>
15 );
16 //... 省略其他程式碼
```

範例說明

1. 第 2 行程式碼，引入 Edit 新增待辦項目頁面。
2. 第 7-13 行程式碼，加入 Edit 修改待辦項目頁面，並設定此頁面的標題為「修改待辦項目」。

完成後，便可以在終端機分別輸入 iOS 與 Android 的指令執行專案，並查看結果，可以看到在修改完待辦項目後，回到主頁面便會顯示修改後的待辦項目。

圖 7-29　iOS 長按欲修改的待辦事項

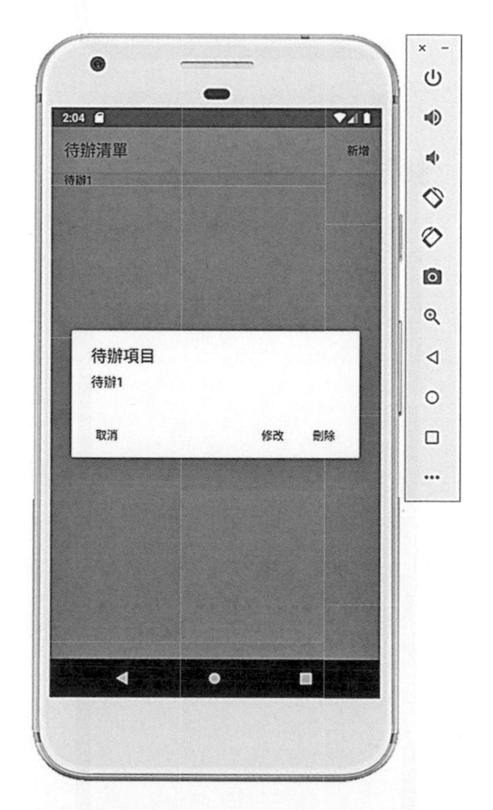

圖 7-30　Android 長按欲修改的待辦事項

圖 7-31　iOS 修改待辦事項

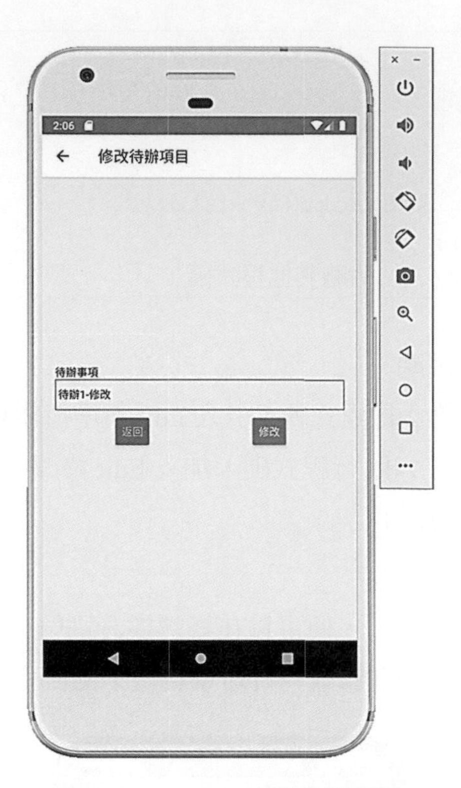

圖 7-32　Android 修改待辦事項

圖 7-33　iOS 修改成功

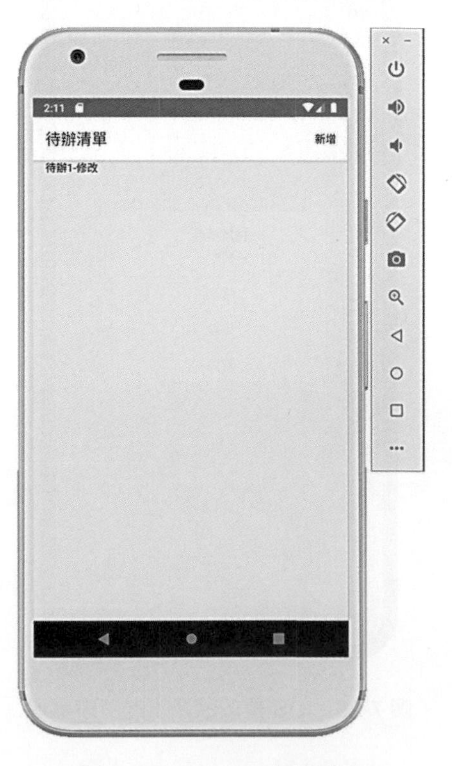

圖 7-34　Android 修改成功

7-3-6　改變待辦項目狀態

接下來我們要讓使用者在點一下待辦項目的時候，可以更改該項目的狀態，所以開啟 Home.js 撰寫改變待辦項目狀態的頁面邏輯，如下所示：

【src/routes/Home.js】

```
1  //... 省略其他程式碼
2  changeStatus = item => {
3    this.props.dispatch({
4      type: 'todolist/CHANGE_status',
5      payload: {
6        key: item.key,
7        status: !item.status,
8      },
9    });
10 };
11
12 status = (status) => {
13   return {backgroundColor: status ? 'gray' : '#a9e2ff'};
14 }
15
16 render() {
17   if (this.props.todolist.length === 0) {
18     //... 省略其他程式碼
19   } else {
20     return (
21       <View style={styles.container}>
22         <FlatList
23           data={this.props.todolist}
24           renderItem={({item}) => (
25             <TouchableOpacity
26               onLongPress={() => this.alert(item)}
27               onPress={() => this.changeStatus(item)}>
28               <View style={this.status(item.status)}>
29                 <Text>{item.value}</Text>
30               </View>
31             </TouchableOpacity>
32           )}
33         />
34       </View>
35     );
36   }
37 }
```

範例說明

1. 第 2-10 行程式碼，設定 changeStatus 方法，表示當使用者點一下待辦項目後，會觸發此方法，而此方法會發送一個 action 至 todolist Model 中的 CHANGE_status 方法，並將要改變項目的 key 與 status 傳入。
2. 第 12-14 行程式碼，當傳入的 status 是 true 時，表示此待辦項目尚未完成，因此將背景顏色設定爲「gray」灰色，若傳入爲 false 時，則表示此待辦清單已完成，將背景顏色設定爲「#a9e2ff」淺藍色。
3. 第 27 行程式碼，在 TouchableOpacity 元件設定 onPress 的屬性，表示當點一下待辦項目時，會調用 changeStatus 方法，並傳入該項目。
4. 第 28 行程式碼，在待辦項目之 View 元件上的樣式中，調用 status 方法，並傳入當前項目的狀態。

完成改變待辦項目狀態的頁面設定後，開啓 listModel.js，在 Effect 中加入 CHANGE_status，如下所示：

【src/models/listModel.js】

```
1  //... 省略其他程式碼
2  effects: {
3    *POST_list({payload, callback}, {put, select}) {
4      //... 省略其他程式碼
5      yield put({
6        type: 'SAVE_list',
7        payload: {
8          key: 't' + _todolist.list.length,
9          value: payload,
10         status: false,
11       },
12     });
13     //... 省略其他程式碼
14   },
15 //... 省略其他程式碼
16   *CHANGE_status({payload}, {put, select}) {
17     const _todolist = yield select(state => state.todolist);
18     yield put({
19       type: 'RESET_list',
20       payload: _todolist.list.map(item => {
21         if (payload.key === item.key) {
```

```
22          return {
23            ...item,
24            status: payload.status,
25          };
26        }
27        return item;
28      }),
29    });
30  },
31 },
```

範例說明

1. 第 10 行程式碼，在 Reducer 的 POST_list 方法中，爲每項待辦項目加入一個 status 狀態，並預設爲 false，表示每個新增的項目一開始都是未完成的狀態。
2. 第 16 行程式碼，設定 CHANGE_status Effect。
3. 第 17 行程式碼，並使用 select 方法取得目前儲存在 todolist Model 中的資料。
4. 第 20-28 行程式碼，透過 _todolist 取得待辦清單 list，並使用 map 方法，一一比對待辦項目 key 值是否與要改變狀態的項目 key 值相同，若相同的話則將新狀態取代舊狀態，若不相同則保留原本的狀態。
5. 第 18-29 行程式碼，透過 put 方法發送一個 action 至 SET_item Reducer，並把新的 todolist 傳入更新 list State。

完成後，便可以在終端機分別輸入 iOS 與 Android 的指令執行專案，並查看結果，可以看到點一下待辦項目後，便會更改該項目的背景顏色。

圖 7-35　iOS 點選已完成的待辦事項

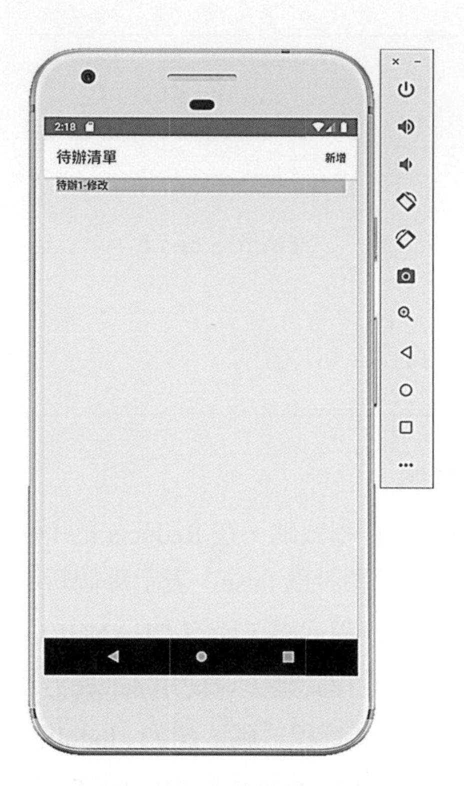

圖 7-36　Android 點選已完成的待辦事項

圖 7-37　iOS 成功完成待辦事項

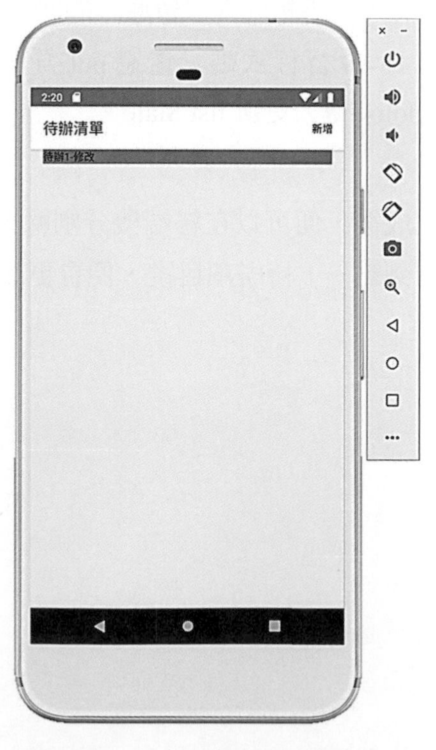

圖 7-38　Android 成功完成待辦事項

Chapter 8

結合 OpenData 之旅遊景點分享 APP

學習目標

- 8-1 建置專案
- 8-2 瀏覽景點地圖
- 8-3 景點介紹

透過第一章到第七章對於 React Native 的講解與介紹，相信讀者們對於 React Native、Dva 與 Redux 框架都有一些基本的了解。本章將要帶領讀者更進一步的了解，一步一步的帶領讀者以上述介紹的框架，結合政府的開放資料，從無到有製作出一個蒐集台灣活動與旅遊景點的 APP，讓讀者學習如何規劃一個完整的 APP。

8-1 建置專案

在開始撰寫 APP 之前，需要先規劃 APP 本身需要哪些內容，並且在建立專案初期就要規劃專案的結構，此舉將有助於後續在開發功能時的速度。

8-1-1 新增專案

首先移動到欲建立專案的目錄底下，建立一個新的專案，以利後續撰寫旅遊景點分享範例，輸入以下指令以建立新專案：

```
npx react-native init ch8
cd ch8
npm install
```

專案建立後目錄如下：

ch8

名稱	修改日期
__tests__	今天 上午11:22
android	今天 上午11:22
App.js	今天 上午11:22
app.json	今天 上午11:22
babel.config.js	今天 上午11:22
index.js	今天 上午11:22
ios	今天 上午11:24
metro.config.js	今天 上午11:22
node_modules	今天 上午11:23
package.json	今天 上午11:23
yarn.lock	今天 上午11:23

圖 8-1　專案目錄

啓動專案前請先啓動 iOS 與 Android 的模擬器，避免出現找不到模擬器所導致啓動失敗的錯誤。開啓模擬器後，在終端機中執行以下指令啓動專案：

iOS：

```
npx react-native run-ios
```

Android：

```
npx react-native run-android
```

啓動後畫面分別如圖 8-2 與圖 8-3：

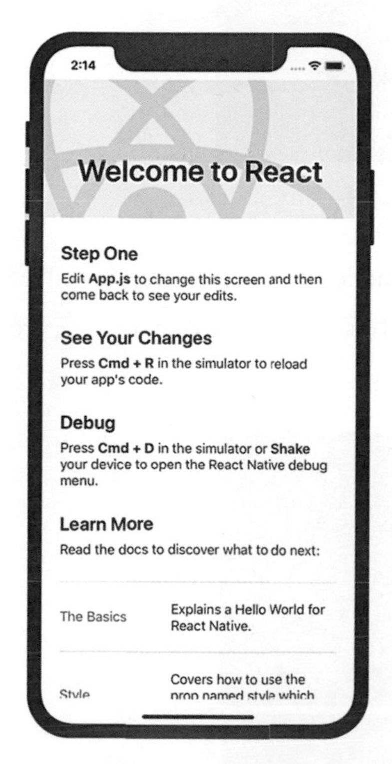

圖 8-2　iOS 啓動畫面

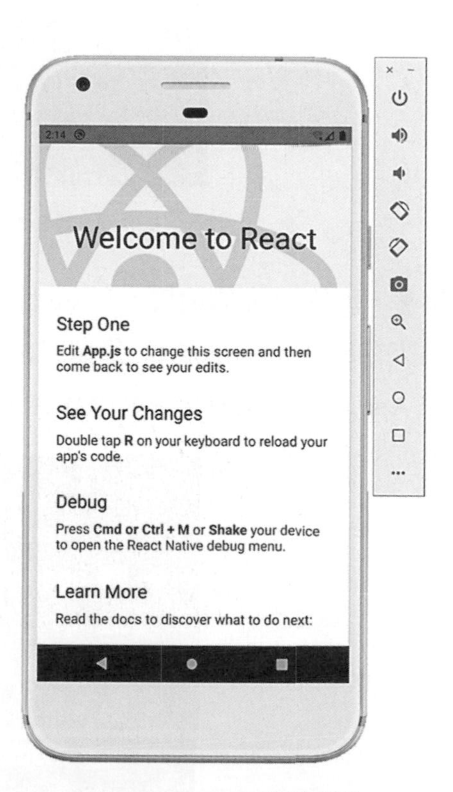

圖 8-3　Android 啓動畫面

8-1-2 專案前置準備

爲了在專案中能夠更方便管理程式碼，因此在根目錄底下建立 src 資料夾，集中管理此專案的所有程式碼，如圖 8-4：

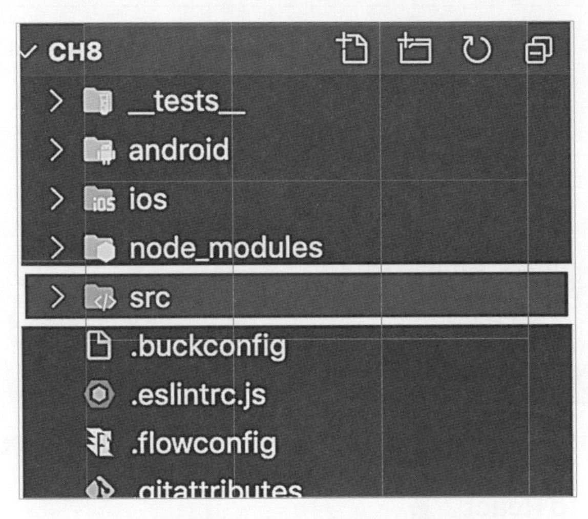

圖 8-4　加入 src 後的目錄

接著，因應 Dva 的環境，在 src 目錄底下加入 models、routes 與 services 的資料夾，分別用來存放 dva 的 model、每個路由的頁面以及串接 API 的 .js 檔，並且在 src 目錄底下新增 App.js，此 App.js 將會作爲新的進入點。

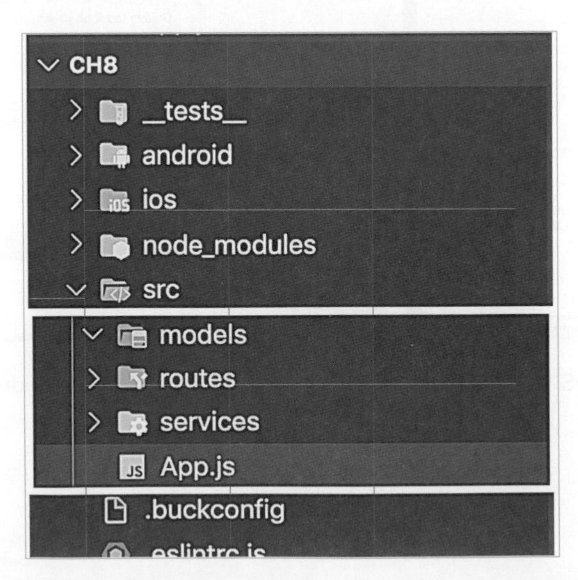

圖 8-5　於 src 目錄中加入 models、routes、services 與 App.js

修改 App.js 如下：

【src/App.js】

```
1  import React, {Component} from 'react';
2  import {StyleSheet, View, Text} from 'react-native';
3
4  export default class App extends Component {
5    render() {
6      return (
7        <View style={styles.container}>
8          <Text>App.js</Text>
9        </View>
10     );
11   }
12 }
13
14 const styles = StyleSheet.create({
15   container: {
16     flex: 1,
17     alignItems: 'center',
18     justifyContent: 'center',
19   },
20 });
```

建立新的 App.js 後，接著要刪除專案根目錄底下原有的 App.js，並在 index.js 中將專案進入點改爲讀取 src 目錄底下的 App.js。

【index.js】

```
1  import {AppRegistry} from 'react-native';
2  import App from './src/App';
3  import {name as appName} from './app.json';
4
5  AppRegistry.registerComponent(appName, () => App);
```

範例說明

1. 第 2 行程式碼，更改 App.js 路徑爲讀取 src 內的 App.js。

一、加入 Dva 環境

接著要在專案中加入 Dva 的環境，因爲此專案會需要使用到 Opendata，因此藉由 Dva 來控制資料流。本專案中輸入以下指令安裝 Dva 環境所需的套件。

```
npm install dva-core --save
npm install react-redux --save
npm install redux --save
```

套件版本說明如表 8-1：

表 8-1　套件版本說明表

套件名稱	使用版本
dva-core	2.0.2
react-redux	7.1.3
redux	4.0.5

安裝所需套件後，將 dva-core 與 react-redux 引入至 App.js，並且在 App.js 的父層上，加入 react-redux 的 Provider，並同時將 Dva 的 store 引入。

【src/App.js】

```
1  //... 省略其他程式碼
2  import {create} from 'dva-core';
3  import {Provider} from 'react-redux';
4
5  const app = create();
6  app.start();
7  const store = app._store;
8
9  export default class App extends Component {
10   render() {
11     return (
12       <Provider store={store}>
13         <View style={styles.container}>
14           <Text>App.js</Text>
15         </View>
16       </Provider>
17     );
```

```
18   }
19 }
20 //... 省略其他程式碼
```

範例說明

1. 第 5-7 行程式碼，建立 Dva 的 store。
2. 第 12 行程式碼，將 Dva 的 store 引入 Provider 成為頁面的父層。

此時啓動專案出現以下畫面，即代表專案環境的前置準備完成。

圖 8-6 iOS 啓動畫面

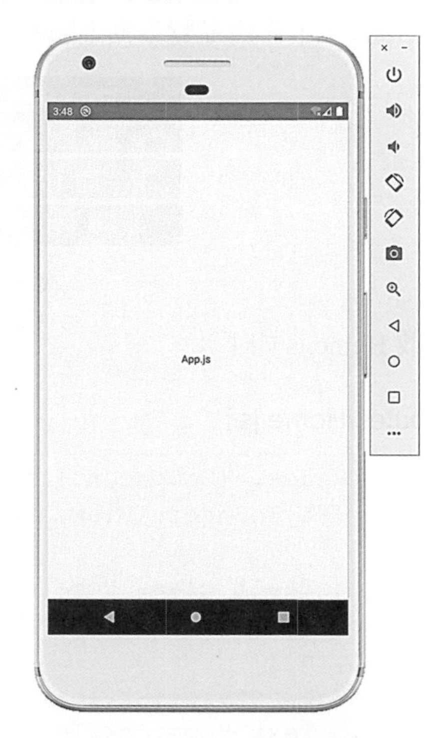

圖 8-7 Android 啓動畫面

8-2　瀏覽景點地圖

本節將會帶領讀者一步一步從套件的安裝到在 App 上顯示地圖，並且根據作業系統的不同（即 Android 與 iOS），分別顯示出 Google Maps 與蘋果地圖，讓讀者學習如何觀看套件安裝的官方文件，以及如何將套件內容鏈結至各平台的原生系統，讓讀者了解選擇與安裝套件的流程。

8-2-1　加入景點地圖頁面

在串接地圖之前，必須先在專案中建立一個負責顯示地圖的頁面，因此在 routes 底下建立 Home.js，作爲瀏覽景點地圖的首頁。

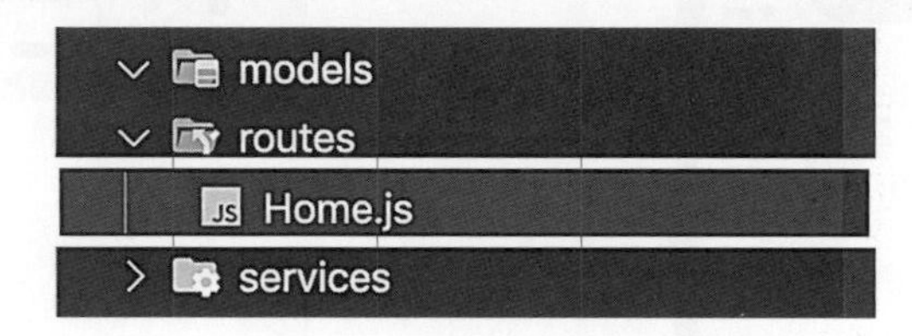

圖 8-8　建立 Home.js

修改 Home.js 如下：

【src/routes/Home.js】

```
1  import React, {Component} from 'react';
2  import {StyleSheet, View, Text} from 'react-native';
3
4  export default class Home extends Component {
5    render() {
6      return (
7        <View style={styles.container}>
8          <Text>Home.js</Text>
9        </View>
10     );
11   }
12 }
13
14 const styles = StyleSheet.create({
15   container: {
16     flex: 1,
17     alignItems: 'center',
18     justifyContent: 'center',
19   },
20 });
```

一、安裝路由所需套件

接著要建立一個路由，才可以將 App 導向至頁面，因此需要安裝切換頁面的頁面導覽器與分頁導覽器。在專案中安裝 react-navigation 以及其他所需套件，此處使用最新更新的 react-navigation 5.X 版。

表 8-2　套件版本說明表

套件名稱	使用版本
@react-navigation/native	5.0.0
@react-navigation/stack	5.0.0
@react-navigation/bottom-tabs	5.0.0
react-native-reanimated	1.7.0
react-native-gesture-handler	1.5.6
react-native-screens	2.0.0-beta.2
react-native-safe-area-context	0.7.2
@react-native-community/masked-view	0.1.6
react-native-vector-icons	6.6.0

安裝上述提及的套件，

```
npm install @react-navigation/native --save
npm install @react-navigation/stack --save
npm install @react-navigation/bottom-tabs --save
npm install react-native-reanimated --save
npm install react-native-gesture-handler --save
npm install react-native-screens --save
npm install react-native-safe-area-context --save
npm install @react-native-community/masked-view --save
npm install react-native-vector-icons --save
```

爲了在 iOS 上完成鏈結，請執行以下指令：

```
cd ios
pod install
```

在 Android 上，須修改 android/app/build.gradle 以完成 react-native-screens 以及 react-native-vector-icons 套件的鏈結。

【android/app/build.gradle】

```
1 //... 省略其他程式碼
2 dependencies {
3   //... 省略其他程式碼
4   implementation 'androidx.appcompat:appcompat:1.1.0-rc01'
5   implementation 'androidx.swiperefreshlayout:swiperefreshlayo
    ut:1.1.0-alpha02'
6 }
7 //... 省略其他程式碼
8 apply from: "../../node_modules/react-native-vector-icons/fonts.gradle"
9 //... 省略其他程式碼
```

範例說明

1. 第 4、5 行程式碼，引入 react-native-screens。
2. 第 8 行程式碼，引入 react-native-vector-icons。

接著修改 MainActivity.java 以完成 react-native-gesture-handler 的鏈結。

【android/app/src/main/java/com/ch8/MainActivity.java】

```
1 //... 省略其他程式碼
2 import com.facebook.react.ReactActivityDelegate;
3 import com.facebook.react.ReactRootView;
4 import com.swmansion.gesturehandler.react.RNGestureHandlerEnabledRootView;
5
6 public class MainActivity extends ReactActivity {
7   //... 省略其他程式碼
8   @Override
9   protected ReactActivityDelegate createReactActivityDelegate() {
10    return new ReactActivityDelegate(this, getMainComponentName()) {
11      @Override
12      protected ReactRootView createRootView() {
13        return new RNGestureHandlerEnabledRootView(MainActivity.this);
14      }
15    };
16  }
17 }
```

二、路由設定

安裝完所需套件後，就可以開始建立專案的路由配置。首先在 src 目錄下新增 router.js。

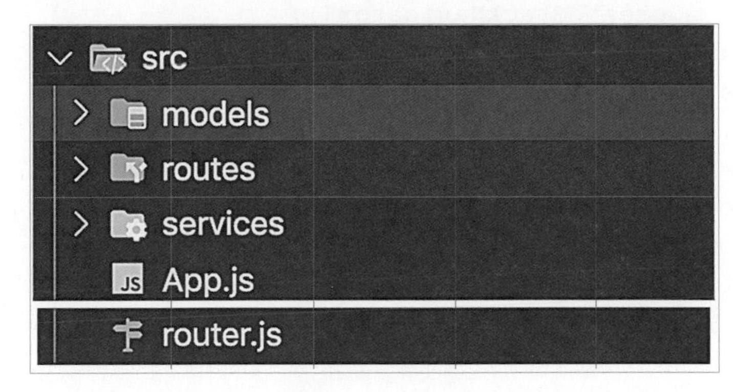

圖 8-9 router.js

並且修改 router.js 如下：

【src/router.js】

```
1  import React, {Component} from 'react';
2  import {NavigationContainer} from '@react-navigation/native';
3  import {createBottomTabNavigator} from '@react-navigation/bottom-tabs';
4  import {createStackNavigator} from '@react-navigation/stack';
5  import MaterialCommunityIconsIcon from 'react-native-vector-icons/
   MaterialCommunityIcons';
6
7  import Home from './routes/Home';
8
9  MaterialCommunityIconsIcon.loadFont();
10
11 const Tabs = createBottomTabNavigator();
12 const TabsNavigator = () => (
13   <Tabs.Navigator initialRouteName="Home">
14     <Tabs.Screen
15       name="Home"
16       component={Home}
17       options={{
18         tabBarLabel: '首頁',
19         tabBarIcon: ({focused, color}) => (
20           <MaterialCommunityIconsIcon color={color} size={24}
   name="home" />
21         ),
22       }}
```

```
23      />
24    </Tabs.Navigator>
25 );
26
27 const Stack = createStackNavigator();
28 const StackNavigator = () => (
29   <Stack.Navigator initialRouteName="Tabs">
30     <Stack.Screen
31       name="Tabs"
32       component={TabsNavigator}
33       options={{
34         title: 'OpenData 旅遊景點分享 APP',
35       }}
36     />
37   </Stack.Navigator>
38 );
39
40 export default class Router extends Component {
41   render() {
42     return (
43       <NavigationContainer>
44         <StackNavigator />
45       </NavigationContainer>
46     );
47   }
48 }
```

範例說明

1. 第 1-5 行程式碼，引入所需套件。
2. 第 7 行程式碼，引入 Home.js。
3. 第 9 行程式碼，載入 react-native-vector-icons 套件中 MaterialCommunityIcons 的字體。
4. 第 11、12 行程式碼，建立一個分頁導覽器，用來做頁面中的 tab 切換。
5. 第 13 行程式碼，設定該分頁導覽器的初始分頁為 Home。
6. 第 14 行程式碼，在分頁導覽器中建立一個分頁。
7. 第 15 行程式碼，設定該分頁名稱為 Home。
8. 第 16 行程式碼，設定該分頁是讀取 Home.js。
9. 第 18 行程式碼，設定該分頁在 tabBar 上顯示的名稱。
10. 第 19 行程式碼，設定該分頁在 tabBar 上顯示的 icon。

11. 第 27、28 行程式碼，建立一個頁面導覽器，用來做頁面切換。
12. 第 29 行程式碼，設定該頁面導覽器的初始分頁為 Tabs。
13. 第 31 行程式碼，設定該頁面的名稱。
14. 第 32 行程式碼，設定該頁面是讀取自上述建立的 TabsNavigator。
15. 第 34 行程式碼，設定該頁面顯示在 Header 上的標題。
16. 第 43 行程式碼，建立一個應用程式容器來包裝導覽器。
17. 第 44 行程式碼，將 StackNavigator 輸出至應用程式容器。

最後，在 App.js 中將建立好的 Router 引用，完成路由設定。

【src/App.js】

```
1  import 'react-native-gesture-handler';
2  //... 省略其他程式碼
3  import Router from './router.js';
4  //... 省略其他程式碼
5  export default class App extends Component {
6    render() {
7      return (
8        <Provider store={store}>
9          <Router />
10       </Provider>
11     );
12   }
13 }
```

範例說明

1. 第 3 行程式碼，將 router.js 引入。
2. 第 9 行程式碼，將 router 放入 Dva 的架構中。

最後啓動專案，就可以順利地看到 Home.js 的畫面，啓動後畫面如下：

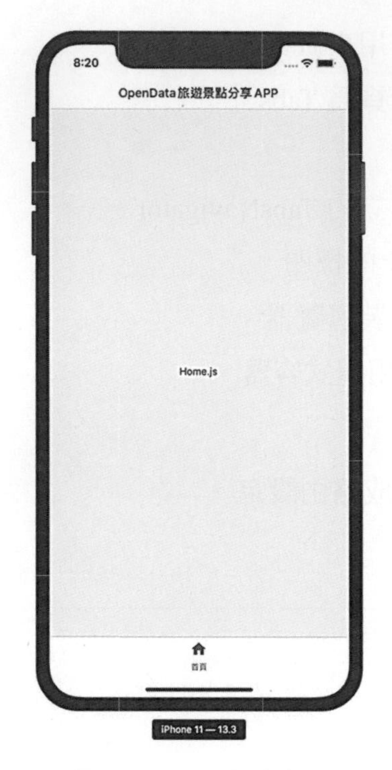

圖 8-10　iOS 啓動畫面

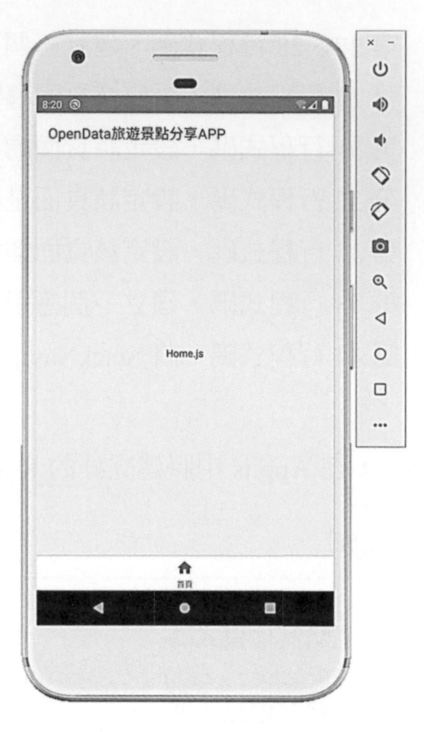

圖 8-11　Android 啓動畫面

8-2-2　串接地圖

本節中，要在首頁上引入 Google 地圖與蘋果地圖，筆者使用 React Native 官方推薦使用的 react-native-maps 套件，安裝流程如下，詳細說明請至 https://github.com/react-native-community/react-native-maps/blob/master/docs/installation.md 查閱。

首先，在專案中安裝地圖套件。

```
npm install react-native-maps --save-exact
```

表 8-3　套件版本說明表

套件名稱	使用版本
react-native-maps	0.26.1

接著將 react-native-maps 鏈結至原生 Libaries。

iOS：

```
cd ios
pod install
```

Android：

【android/gradle.properties】

```
1  //... 省略其他程式碼
2  supportLibVersion=28.0.0
```

接著請去申請 Google Maps 的 API Key，然後在專案中新增 API Key 並且引用 Google Maps 的服務。

【android/app/src/main/AndroidManifest.xml】

```
1  //... 省略其他程式碼
2  <application>
3    //... 省略其他程式碼
4    <meta-data
5      android:name="com.google.android.geo.API_KEY"
6      android:value=" 你的 API_KEY"/>
7  </application>
8  //... 省略其他程式碼
```

接著在 Home.js 當中引入 react-native-maps 將地圖顯示在畫面上，在 iOS 上會顯示原生的蘋果地圖，而 Android 上則是會顯示 Google Maps。

【src/routes/Home.js】

```
1  …
2  import MapView from 'react-native-maps';
3
4  export default class Home extends Component {
5    render() {
6      return (
7        <View style={styles.container}>
8          <MapView
9            style={styles.mapView}
10           initialRegion={{
11             latitude: 24.149706,
12             longitude: 120.683813,
13             latitudeDelta: 8,
14             longitudeDelta: 8,
15           }}
16         />
17       </View>
18     );
```

```
19   }
20 }
21
22 const styles = StyleSheet.create({
23   //... 省略其他程式碼
24   mapView: {
25     width: '100%',
26     height: '100%',
27   },
28 });
```

範例說明

1. 第 8 行程式碼，將 MapView 輸入。
2. 第 9 行程式碼，設定 MapView 的 style，至少要給一組寬度與高度。
3. 第 10 行程式碼，設定 MapView 的初始位置。
4. 第 11、12 行程式碼，設定 MapView 的緯度與經度。
5. 第 13、14 行程式碼，設定 MapView 的縮放大小。

備註：何謂 latitudeDelta 與 longitudeDelta ？

latitudeDelta 與 longitudeDelta 是用來計算地圖預設的縮放比例。首先，地圖會去計算 latitudeDelta / height 以及 longitudeDelta / width，並且比較這兩個值，取出較大的值。

若 latitudeDelta / height 較大，則地圖的縮放比例會以 latitude – latitudeDelta 作爲中心點至底部的距離，latitude + latitudeDelta 作爲中心點至頂部的距離，至於左右距離則自動填補。反之，若 longitudeDelta / width 較大，則地圖的縮放比例會以 longitude – longitudeDelta 作爲中心點至左邊緣的距離，longitude + longitudeDelta 作爲中心點至右邊緣的距離，至於上下距離則自動填補。

在 Home.js 引入地圖後，啓動專案就可以看到地圖已呈現在畫面上。

圖 8-12 蘋果地圖

圖 8-13 Google Maps

8-2-3 串接 Open Data

完成地圖的串接後，接著在本節當中要串接政府資料開放平臺中的旅遊景點 API，並將每一筆資料以標記點的方式戳記在地圖上。

一、選擇資料

本次專案所選用的資料是來自於政府資料開放平臺，由行政院文化部文化資產局所提供的「文資局文化景觀」資料。這份資料是由政府免費提供，會定期更新，瀏覽次數與下載次數都不少，並且有許多的 APP 也是使用這份資料製作而成，是一份值得信賴且引用的資料，其詳細資料可以參考 https://data.gov.tw/dataset/6402。

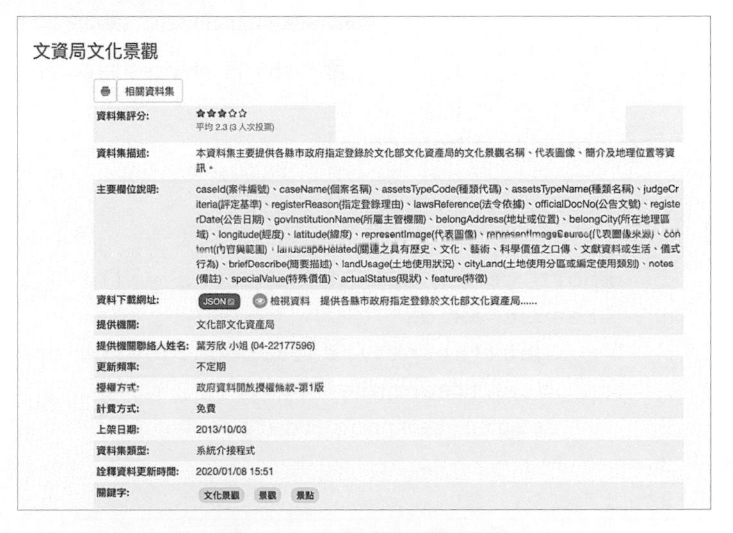

文資局文化景觀

相關資料集

資料集評分:	★★★☆☆ 平均 2.3 (3 人次投票)
資料集描述:	本資料集主要提供各縣市政府指定登錄於文化部文化資產局的文化景觀名稱、代表圖像、簡介及地理位置等資訊。
主要欄位說明:	caseId(案件編號)、caseName(個案名稱)、assetsTypeCode(種類代碼)、assetsTypeName(種類名稱)、judgeCriteria(評定基準)、registerReason(指定登錄理由)、lawsReference(法令依據)、officialDocNo(公告文號)、registerDate(公告日期)、govInstitutionName(所屬主管機關)、belongAddress(地址或位置)、belongCity(所在地理區域)、longitude(經度)、latitude(緯度)、representImage(代表圖像)、representImageSource(代表圖像來源)、content(內容與範圍)、landscapeRelated(關連之具有歷史、文化、藝術、科學價值之口傳、文獻資料或生活、儀式行為)、briefDescribe(簡要描述)、landUsage(土地使用狀況)、cityLand(土地使用分區或編定使用類別)、notes(備註)、specialValue(特殊價值)、actualStatus(現狀)、feature(特徵)
資料下載網址:	JSON 檢視資料 提供各縣市政府指定登錄於文化部文化資產局......
提供機關:	文化部文化資產局
提供機關聯絡人姓名:	葉芳欣 小姐 (04-22177596)
更新頻率:	不定期
授權方式:	政府資料開放授權條款-第1版
計費方式:	免費
上架日期:	2013/10/03
資料集類型:	系統介接程式
詮釋資料更新時間:	2020/01/08 15:51
關鍵字:	文化景觀 景觀 景點

圖 8-14 政府資料開放平臺

二、安裝 axios

呼叫 API 的工具有很多，像是 JavaScript 原生的 XMLHttpRequest，jQuery 提供的 ajax，而 axios 也是 JavaScript 中許多人會使用的非同步工具，甚至是前端三大框架之一的 Vue 在官方文件中推薦使用的工具。axios 的使用非常直覺，用 get、post、push 等 resful 規範來表示取得動作，.then 表示取得資料後的處理動作。詳細資料配置可以參考 https://github.com/axios/axios。

```
npm install axios --save
```

表 8-4　套件版本說明表

套件名稱	使用版本
Axios	0.19.2

三、加入 attractions 的 service

為了讓程式碼達到模組化，減少以後查閱的複雜度，筆者將所有呼叫 API 的 function 撰寫於 services 目錄裡，以便日後管理所有 API。在 services 目錄下加入 attractions.js，用來管理與景點有關的 API。

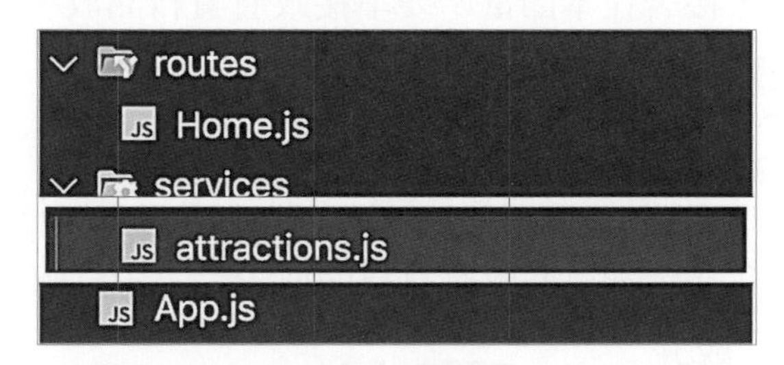

圖 8-15　在 services 目錄加入 attractions.js

【src/services/attrations.js】

```
1  import axios from 'axios';
2
3  export const GET_Attractions = () => {
4    return axios
5      .get('https://data.boch.gov.tw/opendata/assetsCase/3.1.json')
6      .then(response => {
7       return response.data;
8      });
9  };
```

範例說明

1. 第 3 行程式碼，建立一個用來處理取得景點資料的 function。
2. 第 4 行程式碼，使用 axios 來建立連線。
3. 第 5 行程式碼，設定此連線的路由以及是採用 GET 的方式傳送。
4. 第 6-8 行程式碼，回傳此連線回傳的值。

四、加入 attractions 的 model

在可以取得景點資料後，要使用 Dva 來建立呼叫 API 的資料流以及儲存資料的 store。在 models 目錄下建立 attractions.js，建立一個名爲 attractions 的 Model，並分別設定 Reducer 與 Effect 方法。

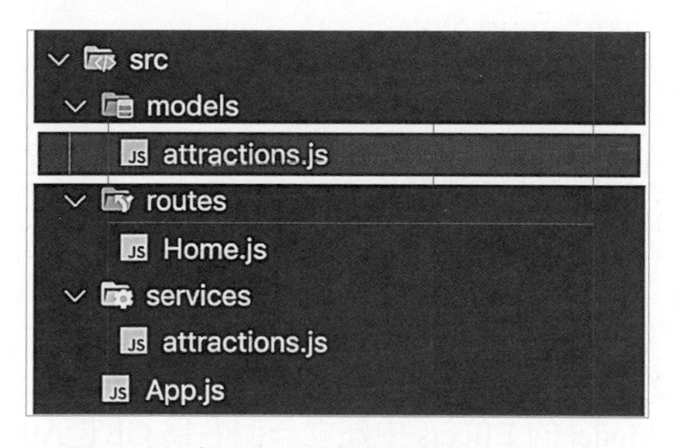

圖 8-16　在 models 目錄加入 attractions.js

【src/models/attrations.js】

```
1  import {Alert} from 'react-native';
2  import {GET_Attractions} from '../services/attractions';
3
4  export default {
5   namespace: 'attractions',
6     state: {},
7     effects: {
8       *GET_Attractions({callback}, {call, put}) {
9         try {
10          const response = yield call(GET_Attractions);
11          yield put({
12            type: 'SAVE_Attractions',
13            payload: response,
14          });
15
16          if (callback) {
```

```
17          callback();
18        }
19      } catch (error) {
20        Alert.alert('錯誤', '取得資料時發生錯誤！', [
21          {text: '確認', onPress: () => console.log('OK')},
22        ]);
23      }
24    },
25  },
26  reducers: {
27    SAVE_Attractions(state, {payload}) {
28      return {
29        ...state,
30        attractions: payload,
31      };
32    },
33  },
34 };
```

範例說明

1. 第 5 行程式碼，設定該 Model 的 namespace 為 attractions。
2. 第 8 行程式碼，在 Model 的 Effects 中建立一個名為 GET_Attractions 的 Effect。
3. 第 10 行程式碼，使用非同步方法呼叫 services 中的 GET_Attractions，並將回傳值宣告為 response。
4. 第 11-14 行程式碼，將 response 透過 Reducer 儲存至 Model 的 State 中。
5. 第 16-18 行程式碼，若有 callback 事件傳入，則執行 callback。
6. 第 19-23 行程式碼，若 Effect 中的程式出錯，會透過 catch 執行例外處理，並會以 Alert 方式提醒使用者取得資料時發生了錯誤。
7. 第 27 行程式碼，建立一個名為 SAVE_Attractions 的 Reducer。
8. 第 28-31 行程式碼，將 State 中的 attractions 更改為傳入值 payload，State 中的其他值則不變。

最後，於 App.js 中將剛建立好的 Model 加入 Dva 架構。

【src/App.js】

```
1 //... 省略其他程式碼
2 import AttractionsModel from './models/attractions';
3 //... 省略其他程式碼
4 const app = create();
5 app.model(AttractionsModel);
6 app.start();
7 //... 省略其他程式碼
```

範例說明

1. 第 5 行程式碼，透過 model 方法，將 AttractionsModel 加入 Dva 架構。

五、於 Home 呼叫 API

建立好 Model 之後，就可以在頁面上撰寫呼叫 Model 中 Effect 的觸發事件，本範例是在載入首頁後就需要呼叫 API，將 API 的回傳值回傳至頁面，並在地圖上將資料中的每個地點標示出來。

修改 Home.js 如下：

【src/routes/Home.js】

```
1 //... 省略其他程式碼
2 import {connect} from 'react-redux';
3 import { Alert, ActivityIndicator } from 'react-native';
4 
5 const mapStateToProps = state => {
6   return {
7     attractions: state.attractions.attractions,
8   };
9 };
10
11 const mapDispatchToProps = dispatch => {
12   return {
13     GET_Attractions(callback) {
14       dispatch({type: 'attractions/GET_Attractions', callback});
15     },
16   };
17 };
18
19 export default connect(
20   mapStateToProps,
21   mapDispatchToProps,
```

```
22 )(
23   class Home extends Component {
24     state = {
25       loading: true,
26     };
27
28     componentDidMount = () => {
29       const callback = () => {
30         this.setState({
31           loading: false,
32         });
33       };
34
35       this.props.GET_Attractions(callback);
36     };
37
38     renderMapMarker = () => {
39       const {attractions} = this.props;
40
41       return attractions.map(marker => {
42         return (
43           <Marker
44             key={marker.caseId}
45             title={marker.caseName}
46             description=" 點擊查看詳細資料 "
47             coordinate={{
48               latitude: marker.latitude,
49               longitude: marker.longitude,
50             }}
51           />
52         );
53       });
54     };
55
56     render() {
57       if (this.state.loading) {
58         return (
59           <View style={styles.container}>
60             <ActivityIndicator />
61           </View>
62         );
63       } else {
```

```
64         return (
65           <View style={styles.container}>
66             <MapView
67               style={styles.mapView}
68               initialRegion={{
69                 latitude: 24.149706,
70                 longitude: 120.683813,
71                 latitudeDelta: 8,
72                 longitudeDelta: 8,
73               }}>
74               {this.renderMapMarker()}
75             </MapView>
76           </View>
77         );
78       }
79     }
80   },
81 );
82
83 const styles = StyleSheet.create({
84   container: {
85     flex: 1,
86     justifyContent: 'center',
87     alignItems: 'center',
88   },
89   mapView: {
90     width: '100%',
91     height: '100%',
92   },
93 });
```

範例說明

1. 第 5-9 行程式碼，建立一個方法將 Model 中的 State 引入，轉爲此 Route 的 Props。
2. 第 11-17 行程式碼，建立一個方法，將此頁面中會用到的 dispatch 事件集中管理，此舉可讓程式碼較爲結構化也比較好管理。
3. 第 24-26 行程式碼，建立這個 Class 的 state，其中宣告一個名爲 loading 的變數，只存放布林值，用來控制當頁面還在載入或等待 API 回傳的時候顯示 loading 的畫面。
4. 第 28-36 行程式碼，當此頁面第一次載入後，呼叫 API 取得景點資料，並且撰寫 callback 事件，待取得資料後，會把 State 中的 loading 設爲 false。

5. 第 38-54 行程式碼，將每個景點的資料，設定為一個一個的標記點並且回傳。
6. 第 57-63 行程式碼，若 State 中 loading 的值為 false，則將 react-native 原生的 ActivityIndicator 回傳，以此作為 loading 中的畫面。
7. 第 72 行程式碼，在原有的 MapView 中執行 renderMapMarker 事件，將所有的標記點放入地圖。

啓動專案後顯示等待 API 回傳值的 Loading 畫面。

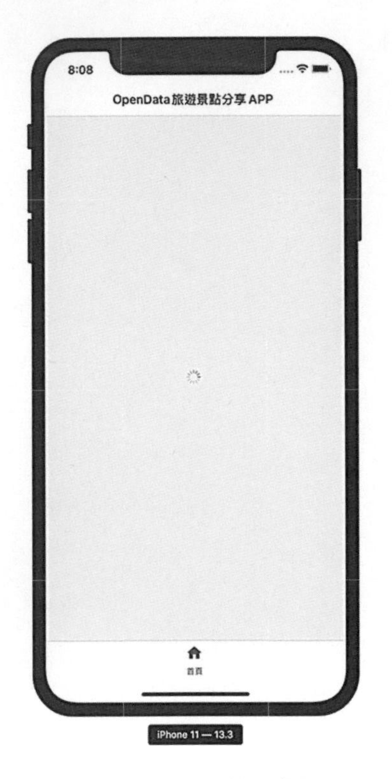

圖 8-17　iOS 載入畫面

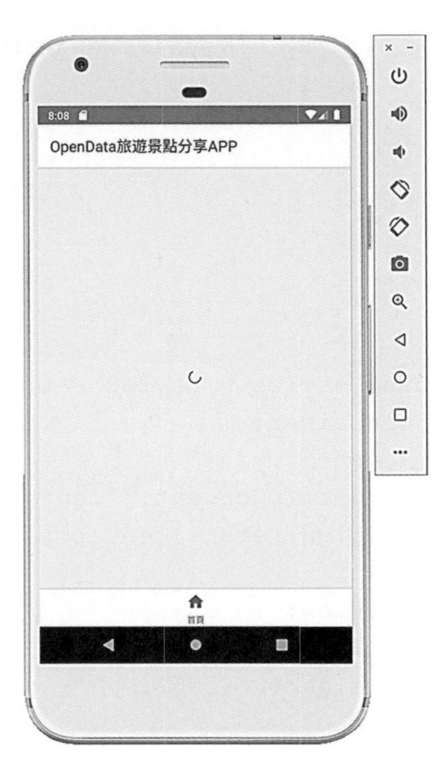

圖 8-18　Android 載入畫面

待接收到 API 回傳值後，將資料轉換為標記點戳記在地圖，形成景點地圖。

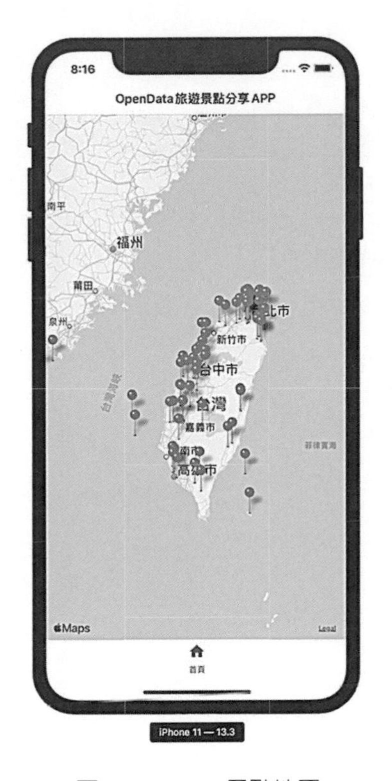

圖 8-19　iOS 景點地圖

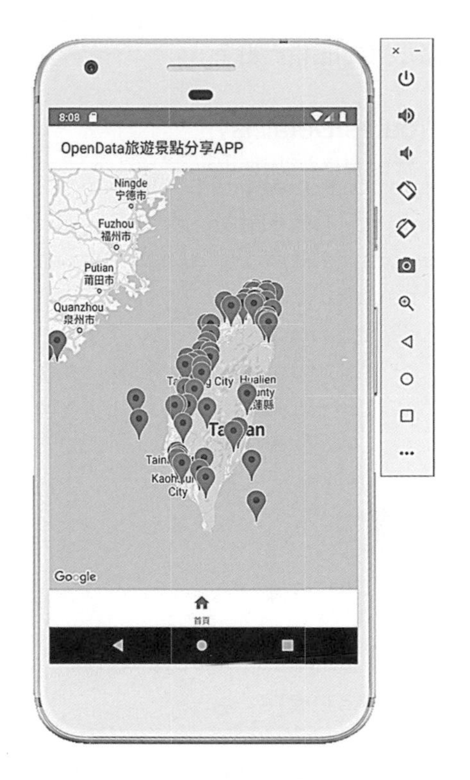

圖 8-20　Android 景點地圖

8-3　景點介紹

建立出地圖上的景點後，必須要建立一個可以觀看景點詳細資訊的頁面，並且使用者可以在此頁面將景點儲存，甚至是可以觸發原生地圖的導航功能。

8-3-1　加入景點詳細資料頁面

建立一個空白頁面，名為 Detail.js，用來顯示每個景點的詳細資料。

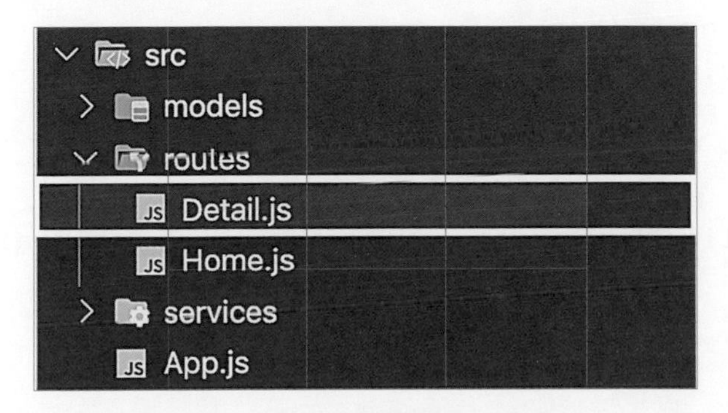

圖 8-21　在 routes 目錄加入 Detail.js

修改 Detail.js 如下：

【src/routes/Detail.js】

```
1  import React, {Component} from 'react';
2  import {StyleSheet, View, Text} from 'react-native';
3  export default class Detail extends Component {
4    render() {
5      return (
6        <View style={styles.container}>
7          <Text>Detail</Text>
8        </View>
9      );
10   }
11 }
12
13
14 const styles = StyleSheet.create({
15   container: {
16     flex: 1,
17     justifyContent: 'center',
18     alignItems: 'center',
19   },
20 });
```

接著在 Home.js 撰寫跳轉到 Detail 頁面的事件。

【src/routes/Home.js】

```
1  //... 省略其他程式碼
2  handleCheckDetail = item => {
3    this.props.navigation.navigate('Detail', {data: item});
4  };
5
6  renderMapMarker = () => {
7    return this.props.attractions.map(marker => {
8      return (
9        <Marker
10         //... 省略其他程式碼
11         onCalloutPress={() => this.handleCheckDetail(marker)}
12       />
13     );
14   });
15 };
16 //... 省略其他程式碼
```

範例說明

1. 第 2-4 行程式碼，建立一個方法，負責將當前路由跳轉至 Detail，並且將傳入值以 params 方式傳送過去。
2. 第 11 行程式碼，在原有的 Marker 組件中建立 onCalloutPress 的事件，當點擊 Callout 時就會觸發上述方法。

頁面建立後，必須於 router 中將頁面加入路由配置。

【src/router.js】

```
1  //... 省略其他程式碼
2  import Detail from './routes/Detail';
3  //... 省略其他程式碼
4  const StackNavigator = () => (
5    <Stack.Navigator initialRouteName="Tab">
6      //... 省略其他程式碼
7      <Stack.Screen
8        name="Detail"
9        component={Detail}
10       options={({route}) => ({
11         headerBackTitle: '返回',
12         title: route.params.data.caseName,
13       })}
14     />
15   </Stack.Navigator>
16 );
17 //... 省略其他程式碼
```

範例說明

1. 第 7 行程式碼，在原有的 StackNavigator 中加入新的頁面。
2. 第 8 行程式碼，設定新頁面名為 Detail。
3. 第 9 行程式碼，設定新頁面是讀取 Detail.js。
4. 第 11 行程式碼，設定該頁面的 Header 左邊會顯示「返回」的 icon 與字樣。
5. 第 12 行程式碼，設定該頁面的 Header 上顯示的標題會來自於傳入該頁面的 Params 中的值。

啓動專案點擊方框處測試是否跳轉成功，且測試標題是否隨著標記點改變。

圖 8-22　iOS 啓動畫面

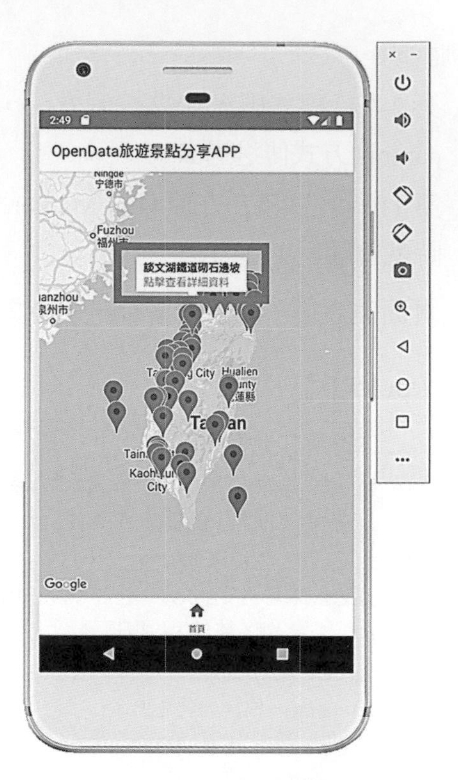

圖 8-23　Android 啓動畫面

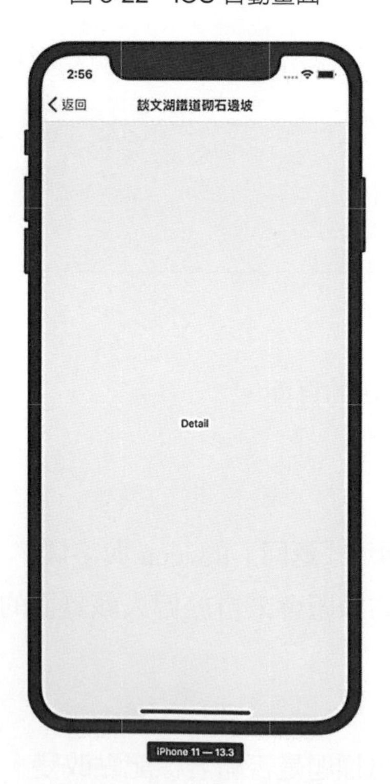

圖 8-24　iOS 跳轉成功畫面

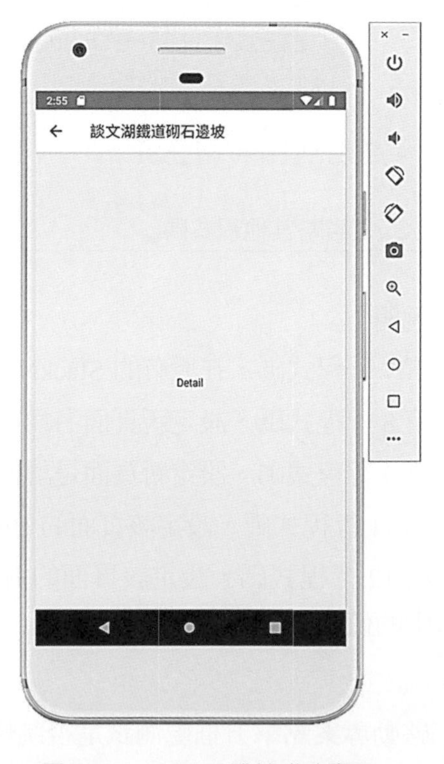

圖 8-25　Android 跳轉成功畫面

8-3-2 顯示詳細資料

確認畫面可以跳轉後，接著要開始將首頁傳過來的詳細資料顯示在畫面上，修改 Detail.js 如下：

【src/routes/Detail.js】

```
1  //... 省略其他程式碼
2  import {StyleSheet, View, Text, ScrollView, Image} from 'react-native';
3  import MaterialCommunityIconsIcon from 'react-native-vector-icons/
   MaterialCommunityIcons';
4
5  export default class Detail extends Component {
6    render() {
7      const locate = this.props.route.params.data;
8
9      return (
10       <View style={styles.container}>
11         <View style={styles.container}>
12           <Image
13             style={styles.container}
14             source={{uri: locate.representImage}}
15           />
16           <View style={styles.content}>
17             <ScrollView>
18               <Text style={styles.title}>{locate.caseName}</Text>
19               <Text style={styles.item}>
20               <MaterialCommunityIconsIcon size={16} name="map-marker" />
21                 位置：{locate.belongAddress}
22               </Text>
23               <Text style={styles.item}>
24               <MaterialCommunityIconsIcon size={16} name="application" />
25                 地點描述： {locate.briefDescribe}
26               </Text>
27               {locate.specialValue === '' ||
28               locate.specialValue === undefined ? null : (
29                 <Text style={styles.item}>
30                 <MaterialCommunityIconsIcon size={16} name="ticket" />
31                   特殊價值：{locate.specialValue}
32                 </Text>
33               )}
34             </ScrollView>
35           </View>
```

```
36          </View>
37        </View>
38      );
39    }
40 }
41
42 const styles = StyleSheet.create({
43   container: {
44     flex: 1,
45   },
46   content: {
47     flex: 1,
48     padding: 12,
49  },
50   title: {
51     marginBottom: 4,
52     lineHeight: 22,
53     fontSize: 18,
54     fontWeight: 'bold',
55   },
56   item: {
57     marginTop: 4,
58     marginBottom: 4,
59     lineHeight: 20,
60     fontSize: 14,
61   },
62 });
63 //... 省略其他程式碼
```

範例說明

1. 第 7 行程式碼，將首頁傳送進來的 params 提取出來，並且重新宣告為 locate。
2. 第 12-15 行程式碼，將資料中附上的圖片顯示，因資料內容為網址，所以使用 uri，若為本機端的圖片則需使用別種方法。
3. 第 17 行程式碼，因資料內容太多，會有超出頁面的可能，因此使用 ScrollView，在資料超出頁面時，可以使用捲軸捲動頁面。
4. 第 18-33 行程式碼，將資料顯示在畫面，讀者可依自身需求與喜好，選擇要將哪些欄位顯示。
5. 第 27-28 行程式碼，因某些景點中的 specialValue 可能為空值或 undefined，此處寫入簡易的選擇結構判斷 specialValue 是否有值，必須有值才顯示在畫面。

啓動畫面如下：

圖 8-26　iOS 啓動畫面

圖 8-27　Android 啓動畫面

8-3-3　景點導航

查看詳細資料後，接著要在詳細資料的下方加入按鈕爲該景點建立連結，直接導向至各平台預設的地圖 APP，並且直接顯示出該景點位置，讓使用者在選擇想去的景點後，可以直接點擊按鈕觸發導航功能。

此處會使用到第三方的 UI Component，React Native 適用的 UI Component 有許多，筆者此處選用 React Native Elements，當然讀者也可以選用自己善用的套件。筆者之所以選用此套件，是因爲 React Native Elements 是一個可定製的跨平臺 UI Component，使用 JavaScript 所建置。其套件作者稱，React Native Elements 的中心思想是架構而不是設計，意味著可以去修改 Component 的設計，這種特性對於不管是新手還是有經驗的開發者都很有吸引力。

```
npm install react-native-elements --save
```

表 8-5　套件版本說明表

套件名稱	使用版本
react-native-elements	1.2.7

安裝完套件後，接著修改 Detail.js 如下：

【src/routes/Detail.js】

```
1  //... 省略其他程式碼
2  import {
3    //... 省略其他程式碼
4    Platform,
5    Linking,
6  } from 'react-native';
7  import {Button} from 'react-native-elements';
8
9  export default class Detail extends Component {
10   handleTriggerNavigate = locate => {
11     const scheme = Platform.select({
12       ios: 'maps:0,0?q=',
13       android: 'geo:0,0?q=',
14     });
15     const latLng = `${locate.latitude},${locate.longitude}`;
16     const label = locate.caseName;
17     const url = Platform.select({
18       ios: `${scheme}${label}@${latLng}`,
19       android: `${scheme}${latLng}(${label})`,
20     });
21
22     Linking.openURL(url);
23   };
24
25   render() {
26     //... 省略其他程式碼
27     return (
28       <View style={styles.container}>
29         //... 省略其他程式碼
30         <View style={styles.action}>
31           <Button
32             title=" 開始導航 "
33             onPress={() => this.handleTriggerNavigate(locate)}
34           />
```

```
35         </View>
36       </View>
37     );
38   }
39 }
40
41 const styles = StyleSheet.create({
42   //... 省略其他程式碼
43   content: {
44     flex: 0.9,
45     //... 省略其他程式碼
46   },
47   action: {
48     flex: 0.1,
49     borderTopColor: '#aaa',
50     borderTopWidth: 1,
51     padding: 12,
52   },
53   //... 省略其他程式碼
54 });
55 //... 省略其他程式碼
```

範例說明

1. 第 10 行程式碼，建立一個導向地圖 APP 的方法。
2. 第 11-14 行程式碼，宣告一組字串，並且根據當前平臺不同設定不一樣的值。
3. 第 15 行程式碼，宣告一組字串，用來存放經度與緯度。
4. 第 16 行程式碼，宣告一組字串，用來設定要顯示在地圖 APP 上的標題。
5. 第 17-20 行程式碼，宣告一組位址，根據不同平臺組合上述字串。
6. 第 22 行程式碼，以連結方式打開上述宣告的位址。
7. 第 30-35 行程式碼，在頁面的底部加上一個按鈕，其顯示名稱爲「開始導航」，按下此按鈕會觸發事件，並且導向至地圖 APP。
8. 第 44 行程式碼，將原本 content 樣式的 flex 更改爲 0.9。

啓動畫面如下，並且點擊方框處觸發導航功能。

圖 8-28　iOS 啓動畫面

圖 8-29　Android 啓動畫面

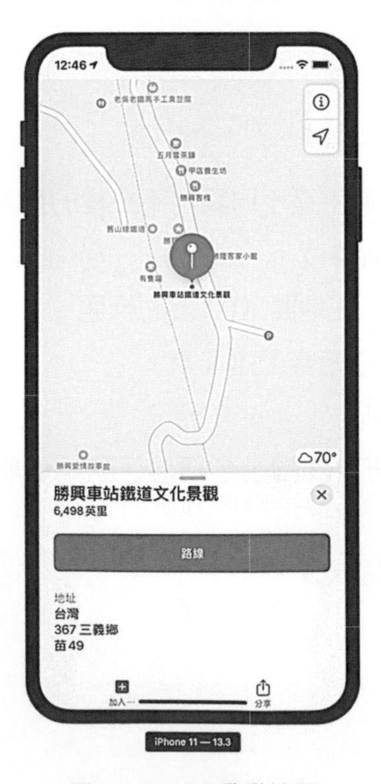

圖 8-30　iOS 啓動地圖

圖 8-31　Android 啓動地圖

8-4　管理我的最愛

本節將會利用 React Native 中的 AsyncStorage，將使用者感興趣的地點儲存至手機的儲存空間。於舊版的 React Native 中，AsyncStorage 是 React Native 內建的組件，但是在新的 React Native，內建 AsyncStorage 已經被禁用了，改為發布成另外一個套件，因此必須先安裝套件，並鏈結套件。

```
npm install @react-native-community/async-storage --save
cd ios
pod install
```

表 8-6　套件版本說明表

套件名稱	使用版本
@react-native-community/async-storage	1.7.1

8-4-1　加入我的最愛

在查看我的最愛之前，要先加入可以將景點儲存至 AsyncStorage 的方法。

【src/models/attractions.js】

```
1  //... 省略其他程式碼
2  import AsyncStorage from '@react-native-community/async-storage';
3
4  export default {
5    //... 省略其他程式碼
6    state: {
7      favorites: [],
8    },
9    effects: {
10     //... 省略其他程式碼
11     *SET_Favorites({payload, callback}, {select, put}) {
12       try {
13         const favorites = yield select(state => state.attractions.
           favorites);
14
15         yield AsyncStorage.setItem(
16           '@favorites',
17           JSON.stringify([...favorites, payload]),
18         );
```

```
19
20          yield put({
21            type: 'SAVE_Favorites',
22            payload: [...favorites, payload],
23          });
24
25          if (callback) {
26            callback();
27          }
28        } catch (error) {
29          Alert.alert('錯誤', '儲存資料時發生錯誤！', [
30            {text: '確認', onPress: () => console.log('OK')},
31          ]);
32        }
33      },
34    },
35    reducers: {
36      //...省略其他程式碼
37      SAVE_Favorites(state, {payload}){
38        return {
39          ...state,
40          favorites: payload,
41        };
42      },
43    },
44 };
45
```

範例說明

1. 第 6-8 行程式碼，在 Model 中的 State 加入 favorites，並且給予空陣列作爲預設值，避免之後儲存資料時出現找不到此變數的錯誤。
2. 第 11 行程式碼，建立一個名爲 SET_Favorites 的 Effect，用來處理儲存我的最愛的方法。
3. 第 13 行程式碼，宣告一個名爲 favorties 的變數，其值來自於 State 中的 favorites 的值。
4. 第 15-18 行程式碼，將傳入的 payload 與原有的 favorites 做合併，然後儲存至 AsyncStorage，並命名爲 @favorites。
5. 第 20-23 行程式碼，將傳入的 payload 與原有的 favorites 做合併，並且透過 Reducer 更新 Model 中的 State。

6. 第 28-32 行程式碼，若上述儲存資料的過程中發生錯誤，則通知使用者發生錯誤。
7. 第 37-42 行程式碼，建立名為 SAVE_Favorites 的 Reducer，負責將傳入值儲存至 State 中的 favorites。

儲存的方法完成後，接著在景點詳細資料頁面中加入「加入我的最愛」按鈕，並且設定其觸發事件是儲存資料至 AsyncStorage，修改 Detail.js 如下：

【src/routes/Detail.js】

```
1  //... 省略其他程式碼
2  import {
3    //... 省略其他程式碼
4    Alert,
5  } from 'react-native';
6  //... 省略其他程式碼
7  import {connect} from 'react-redux';
8
9  const mapDispatchToProps = dispatch => {
10   return {
11     SET_Favorites(payload, callback) {
12       dispatch({
13         type: 'attractions/SET_Favorites',
14         payload,
15         callback,
16       });
17     },
18   };
19 };
20
21 export default connect(
22   null,
23   mapDispatchToProps,
24 )(
25   class Detail extends Component {
26     //... 省略其他程式碼
27     handleAddToMyFavorite = marker => {
28       const callback = () => {
29         Alert.alert('成功', '景點已加入我的最愛', [
30           {text: '確認', onPress: () => console.log('OK')},
31         ]);
32       };
33       this.props.SET_Favorites(marker, callback);
```

```
34 };
35
36    render() {
37      //... 省略其他程式碼
38      return (
39        <View style={styles.container}>
40          //... 省略其他程式碼
41          <View style={styles.action}>
42            <View style={styles.container}>
43              <Button
44                buttonStyle={styles.addBtn}
45                title=" 加入我的最愛 "
46                onPress={() => this.handleAddToMyFavorite(locate)}
47              />
48            </View>
49            <View style={styles.container}>
50              <Button
51                buttonStyle={styles.navigateBtn}
52                title=" 開始導航 "
53                onPress={() => this.handleTriggerNavigate(locate)}
54              />
55            </View>
56          </View>
57        </View>
58      );
59    }
60  },
61 );
62
63 const styles = StyleSheet.create({
64   //... 省略其他程式碼
65   action: {
66     //... 省略其他程式碼
67     flexDirection: 'row',
68   },
69   addBtn: {
70     marginRight: 6,
71     backgroundColor: '#FFB700',
72   },
73   navigateBtn: {
74     marginLeft: 6,
75     backgroundColor: '#50AF52',
76   },
77 });
```

程式說明

1. 第 11-17 行程式碼，建立一個方法，使用 dispatch 事件呼叫 Model 的 Effect。
2. 第 27-34 行程式碼，在 Detail 的 Class 中建立方法，負責呼叫執行 dispatch 的方法，並且將傳入值傳給上述建立的 Prop 方法，並且給予 callback 事件，在景點成功加入我的最愛後通知使用者。
3. 第 43-47 行程式碼，加入一個按鈕，按下按鈕時，呼叫上述方法，並且將景點資料傳入。

8-4-2 查看我的最愛

成功將景點加入我的最愛之後，就可以開始撰寫我的最愛列表的頁面，將所有已被加入的景點列出來，因此先在 Model 中加入取得我的最愛的 Effect。

【src/models/attractions.js】

```
1  //... 省略其他程式碼
2  export default {
3    //... 省略其他程式碼
4    effects: {
5      //... 省略其他程式碼
6      *GET_Favorites({callback}, {put}) {
7        try {
8          const response = yield AsyncStorage.getItem('@favorites');
9
10         yield put({
11           type: 'SAVE_Favorites',
12           payload: JSON.parse(response),
13         });
14
15         if (callback) {
16           callback();
17         }
18       } catch (error) {
19         Alert.alert('錯誤', '取得資料時發生錯誤！', [
20           {text: '確認', onPress: () => console.log('OK')},
21         ]);
22       }
23     },
24   },
25   //... 省略其他程式碼
26 };
```

範例說明

1. 第 6 行程式碼，建立一個 Effect，負責抓取我的最愛。
2. 第 8 行程式碼，於 AsyncStorage 取得名爲 @favorites 的資料，並於 Effect 中宣告新變數 response。
3. 第 10-13 行程式碼，將取得的資料更新至 Model 中的 State，但因從 AsyncStorage 抓取回來的資料會是字串，因此將其轉換爲 JSON 格式。
4. 第 18-22 行程式碼，若抓取過程中發生錯誤，則通知使用者取得資料時發生錯誤。

一、建立我的最愛列表

Effect 建立後，接著要在頁面中呼叫 Effect 以抓取資料，於 routes 建立 Favorites.js 作爲我的最愛列表頁面。

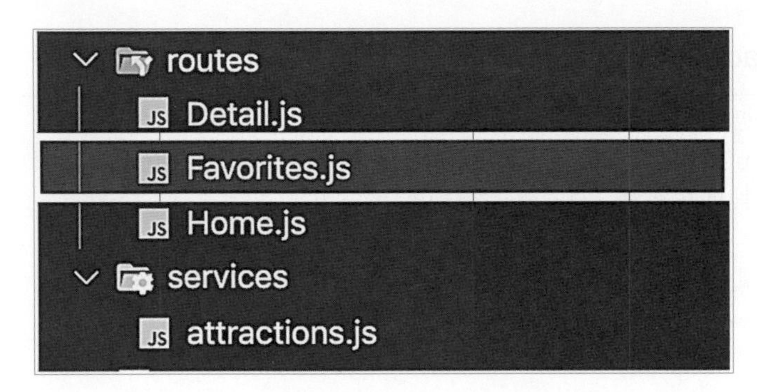

圖 8-32　加入 Favorites.js

接著修改 Favorites.js 如下：

【src/routes/Favorites.js】

```
1  import React, {Component} from 'react';
2  import {View, ScrollView, StyleSheet, Text} from 'react-native';
3  import {connect} from 'react-redux';
4  import {ListItem, Avatar} from 'react-native-elements';
5  import MaterialCommunityIconsIcon from 'react-native-vector-
   icons/6MaterialCommunityIcons';
6
7  const mapStateToProps = state => {
8    return {
9      favorites: state.attractions.favorites,
10   };
11 };
12
```

```
13 const mapDispatchToProps = dispatch => {
14   return {
15     GET_Favorites(callback, loading) {
16       dispatch({
17         type: 'attractions/GET_Favorites',
18         callback,
19         loading,
20       });
21     },
22   };
23 };
24
25 export default connect(
26   mapStateToProps,
27   mapDispatchToProps,
28 )(
29   class Favorites extends Component {
30     componentDidMount = () => {
31       this.props.GET_Favorites();
32     };
33
34     handlePressItem = item => {
35       this.props.navigation.navigate('Detail', {data: item});
36     };
37
38     renderFavoritesList = () => {
39       return this.props.favorites.map(item => (
40         <ListItem
41           key={item.caseId}
42           leftAvatar={<Avatar rounded source={{uri: item.
    representImage}} />}
43           title={item.caseName}
44           subtitle={item.belongCity}
45           onPress={() => this.handlePressItem(item)}
46           rightTitle={
47             <MaterialCommunityIconsIcon
48               size={32}
49               color="#666"
50               name="chevron-right"
51             />
52           }
53           bottomDivider
```

```
54          />
55        ));
56      };
57
58      render() {
59        if (this.props.favorites === null || this.props.favorites.
   length === 0) {
60          return (
61            <View style={styles.notFoundContainer}>
62              <Text>查無資料</Text>
63            </View>
64          );
65        } else {
66          return (
67            <View style={styles.container}>
68              <ScrollView>{this.renderFavoritesList()}</ScrollView>
69            </View>
70          );
71        }
72      }
73    },
74 );
75
76 const styles = StyleSheet.create({
77   notFoundContainer: {
78     flex: 1,
79     justifyContent: 'center',
80     alignItems: 'center',
81   },
82   container: {
83     flex: 1,
84   },
85 });
```

程式說明

1. 第 7-11 行程式碼，取得 Model 中的 State 值，並且以 Props 方式讀取。
2. 第 13-23 行程式碼，使用 dispatch 呼叫 GET_Favorites，並建立成 Props 的 function。
3. 第 30-32 行程式碼，在此 Class 載入後，呼叫 GET_Favorites，以取得我的最愛的資料。
4. 第 38-56 行程式碼，將陣列中的每一項資料，以 List 方式回傳至畫面上。

5. 第 59-71 行程式碼，若陣列爲 Null 值或陣列長度等於 0 時，則顯示查無資料，否則就將 List 回傳至畫面。

接著在 router 將建立好的「我的最愛」頁面加入路由配置中。

【src/router.js】

```
1  //... 省略其他程式碼
2  import Favorites from "./routes/Favorites";
3  //... 省略其他程式碼
4  const TabsNavigator = () => (
5    <Tabs.Navigator initialRouteName="Home">
6      //... 省略其他程式碼
7      <Tabs.Screen
8        name="Favorites"
9        component={Favorites}
10       options={{
11         tabBarLabel: " 我的最愛 ",
12         tabBarIcon: ({focused, color}) => (
13           <MaterialCommunityIconsIcon color={color} size={24}
   name="star" />
14         ),
15       }}
16     />
17   </Tabs.Navigator>
18 );
19 //... 省略其他程式碼
```

程式說明

1. 第 7 行程式碼，在原有的 TabsNavigator 中加入新的頁面。
2. 第 8 行程式碼，設定新頁面名爲 Favorites。
3. 第 9 行程式碼，設定新頁面是讀取 Favorites.js。
4. 第 11 行程式碼，設定 Tab 上顯示的標題。
5. 第 12 行程式碼，設定 Tab 上顯示的 Icon。

啓動畫面後點擊景點詳細頁面下方的「加入我的最愛」按鈕，此景點就會在列表中出現：

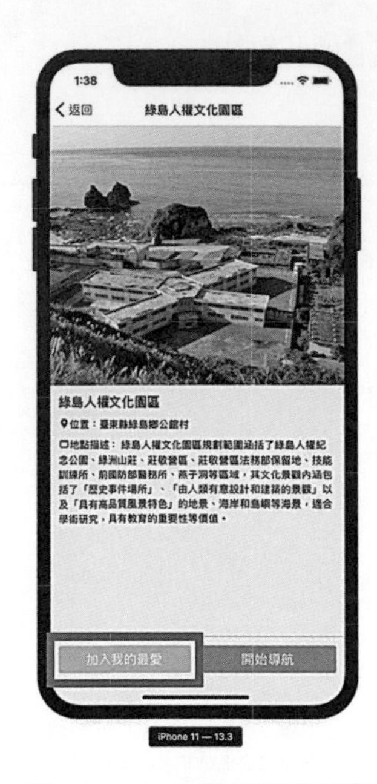

圖 8-33　iOS 點擊下方按鈕

圖 8-34　Android 點擊下方按鈕

圖 8-35　iOS 我的最愛列表

圖 8-36　Android 我的最愛列表

8-4-3 移除我的最愛

將景點加入我的最愛後，接著要加入從我的最愛中移除景點的功能，並且爲了避免景點被重複加入我的最愛，因此要在景點詳細資料頁面中判斷，若此景點已被加入我的最愛，則按鈕就會變成從我的最愛中移除。

首先在 Model 加入移除景點的 Effect，修改 attractions.js 如下：

【src/routes/attractions.js】

```
1 //... 省略其他程式碼
2 export default {
3   //... 省略其他程式碼
4   effects: {
5     //... 省略其他程式碼
6     *REMOVE_Favorites({payload, callback}, {select, put}) {
7       try {
8         const favorites = yield select(state => state.attractions.
      favorites);
9         const data = favorites.filter(item => item.caseId !==
      payload);
10
11        yield AsyncStorage.setItem('@favorites', JSON.
      stringify(data));
12
13        yield put({
14          type: 'SAVE_Favorites',
15          payload: data,
16        });
17
18        if (callback) {
19          callback();
20        }
21      } catch (error) {
22        Alert.alert('錯誤', '移除資料時發生錯誤！', [
23          {text: '確認', onPress: () => console.log('OK')},
24        ]);
25      }
26    },
27  },
28  //... 省略其他程式碼
29 };
```

範例說明

1. 第 6 行程式碼，建立一個負責將景點移除的 Effect。
2. 第 8 行程式碼，宣告一個名爲 favorties 的變數，其值來自於 State 中的 favorites 的值。
3. 第 9 行程式碼，將傳入的 Id 值與 favorties 陣列比較，篩選出與傳入 Id 不同的資料，只保留除了傳入 Id 的其他景點資料。
4. 第 11 行程式碼，將篩選後的資料存回 AsyncStorage。
5. 第 13-16 行程式碼，將篩選後的資料存回 Model 中的 State。
6. 第 21-25 行程式碼，若移除過程中發生錯誤，則通知使用者移除景點時發生錯誤。

移除景點的 Effect 建立完後，接著在 Detail 頁面中串接 Effect，並且撰寫觸發事件，修改 Detail 如下：

【src/routes/Detail.js】

```
1  //... 省略其他程式碼
2  const mapStateToProps = state => {
3    return {
4      favorites: state.attractions.favorites,
5    };
6  };
7
8  const mapDispatchToProps = dispatch => {
9    return {
10     //... 省略其他程式碼
11     REMOVE_Favorites(payload, callback) {
12       dispatch({
13         type: 'attractions/REMOVE_Favorites',
14         payload,
15         callback,
16       });
17     },
18   };
19 };
20
21 export default connect(
22   mapStateToProps,
23   mapDispatchToProps,
24 )(
25   class Detail extends Component {
```

```
26     //... 省略其他程式碼
27     handleRemoveFromMyFavorite = id => {
28       const callback = () => {
29         Alert.alert('成功', '此景點已從我的最愛中移除', [
30           {text: '確認', onPress: () => console.log('OK')},
31         ]);
32       };
33 
34       Alert.alert(
35         '警告',
36         '確定要移除嗎？',
37         [
38           {
39             text: '取消',
40             onPress: () => console.log('Cancel Pressed'),
41             style: 'cancel',
42           },
43           {
44             text: '確定',
45            onPress: () => this.props.REMOVE_Favorites(id,
  callback),
46           },
47         ],
48         {cancelable: true},
49       );
50     };
51 
52     handleGetElementById = id => {
53       return this.props.favorites.filter(item => item.caseId ===
  id).length > 0;
54     };
55 
56     render() {
57       //... 省略其他程式碼
58       return (
59         <View style={styles.container}>
60           //... 省略其他程式碼
61           <View style={styles.action}>
62             <View style={styles.container}>
63               {this.handleGetElementById(locate.caseId) ? (
64                 <Button
65                   buttonStyle={styles.removeBtn}
```

```
66                    title=" 從我的最愛中移除 "
67                    onPress={() => this.
  handleRemoveFromMyFavorite(locate.caseId)}
68                  />
69                ) : (
70                  <Button
71                    buttonStyle={styles.addBtn}
72                    title=" 加入我的最愛 "
73                   onPress={() => this.handleAddToMyFavorite(locate)}
74                  />
75                )}
76              </View>
77              //... 省略其他程式碼
78            </View>
79          </View>
80        );
81      }
82    },
83 );
84
85 const styles = StyleSheet.create({
86   //... 省略其他程式碼
87   removeBtn: {
88     marginRight: 6,
89     backgroundColor: '#FF4D4F',
90   },
91 });
```

範例說明

1. 第 2-6 行程式碼，取得 Model 中的 State 值，並且以 Props 方式讀取。
2. 第 8-19 行程式碼，使用 dispatch 呼叫 REMOVE_Favorites，並建立成 Props 的 function。
3. 第 27 行程式碼，建立一個方法，負責處理刪除景點的事件。
4. 第 28-32 行程式碼，建立 callback 事件，若刪除景點成功則通知使用者。
5. 第 34-50 行程式碼，在畫面上顯示 Alert，要求使用者雙重確認要從我的最愛中刪除此景點，若使用者按下確定，就呼叫 REMOVE_Favorites 方法，並將景點 Id 傳入。
6. 第 52-54 行程式碼，建立一個方法，判斷此景點是否已存在我的最愛中，使用 filter 方法篩選出 Id 相同的景點，篩選後結果是陣列，若陣列的長度大於 0，則代表已有相同 Id 的景點存在，就回傳 true。

7. 第 63-75 行程式碼，判斷此 Id 的景點是否已存在我的最愛中，若存在則顯示「從我的最愛中移除」按鈕，點擊會呼叫上述建立的刪除景點方法。

啓動畫面如下：

圖 8-37　iOS 啓動畫面

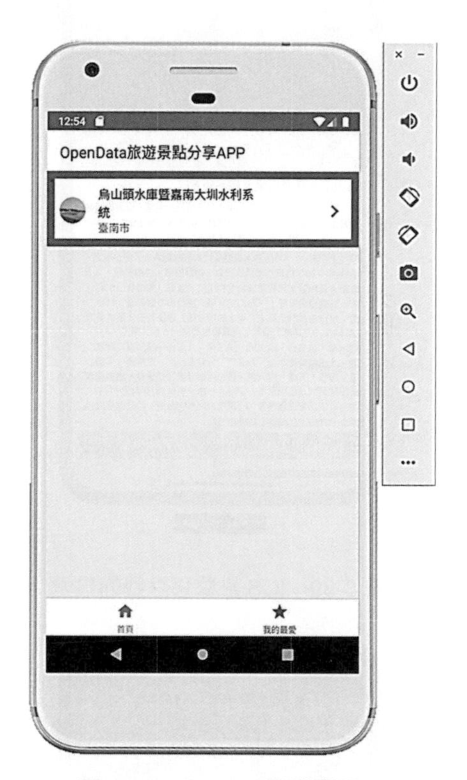

圖 8-38　Android 啓動畫面

圖 8-39　iOS 點擊移除我的最愛

圖 8-40　Android 點擊移除我的最愛

圖 8-41　iOS 確定移除我的最愛

圖 8-42　Android 確定移除我的最愛

圖 8-43　iOS 移除後結果

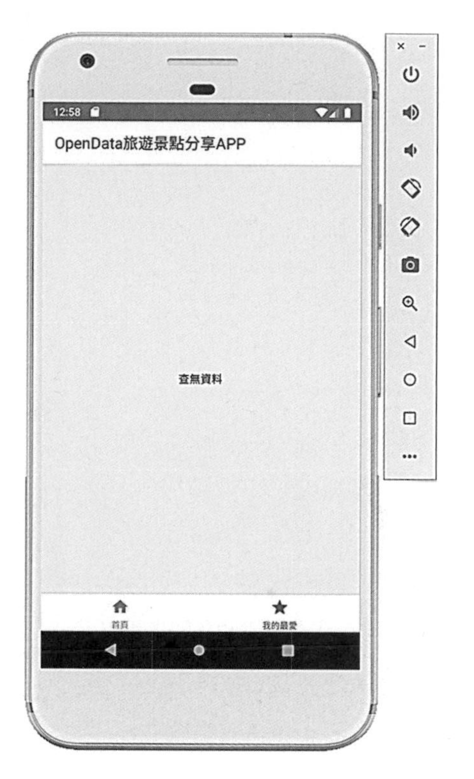

圖 8-44　Android 移除後結果

NOTE

Chapter

實戰演練—購物商城

本章內容

- 9-1 建置專案
- 9-2 側拉欄與分頁導覽器
- 9-3 會員管理
- 9-4 商品列表
- 9-5 購物車
- 9-6 首頁
- 9-7 多國語系

因應現代人流行網路購物與手機使用較為普及與方便，造就購物類型的手機軟體已成為現在主流的應用程式類型。而一款成功的購物商城軟體當中，必定含有良好的視覺化介面設計，以及容易且方便的操作流程進行加值，以提供最好的使用者體驗。

此外，現在的購物商城也因應網路時代的發達，已經可以很輕鬆地買到全世界不同國家的商品，通路市場已不侷限在單一國家，因此軟體也必須提供不同的語系來讓使用者使用。

本章主要目的著重在良好的視覺化呈現與操作，以及如何建立多國語系，並實作開發一款購物商城 APP，讓讀者可以了解購物平台開發流程與架構。此外，為了讓讀者較容易閱讀以及學習，本章將功能拆分為不同小節，讓讀者可以循序漸進地學習，並且在實作中搭配過去章節的知識，讓讀者藉由實作來培養完整的系統開發能力。

9-1 建置專案

在開始撰寫 APP 之前，需要先規劃 APP 本身需要哪些內容，並且在建立專案初期就要規劃專案的結構，此舉將有助於後續再開發功能時的速度。

9-1-1 新增專案

首先移動到欲建立專案的目錄底下，建立一個新的專案，以利後續撰寫購物商城範例，輸入以下指令以建立新專案：

```
npx react-native init ch9
cd ch9
npm install
```

專案建立後目錄如下：

圖 9-1　專案目錄

啓動專案前請先啓動 iOS 與 Android 的模擬器，避免出現找不到模擬器所導致啓動失敗的錯誤。開啓模擬器後，在終端機中執行以下指令啓動專案：

iOS：

```
npx react-native run-ios
```

Android：

```
npx react-native run-android
```

啓動後手機畫面分別如圖 9-2 與圖 9-3：

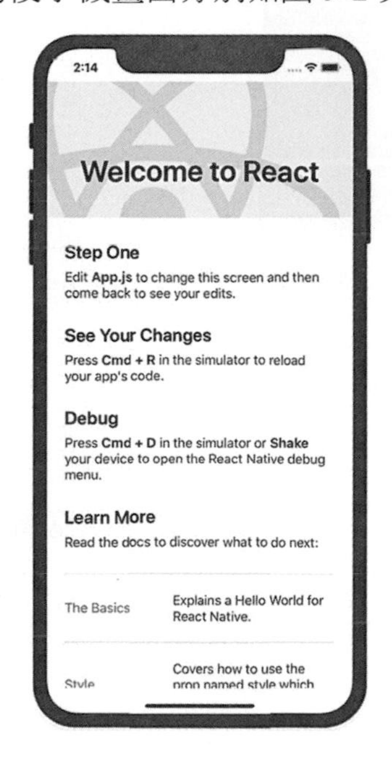

圖 9-2 iOS 啓動畫面

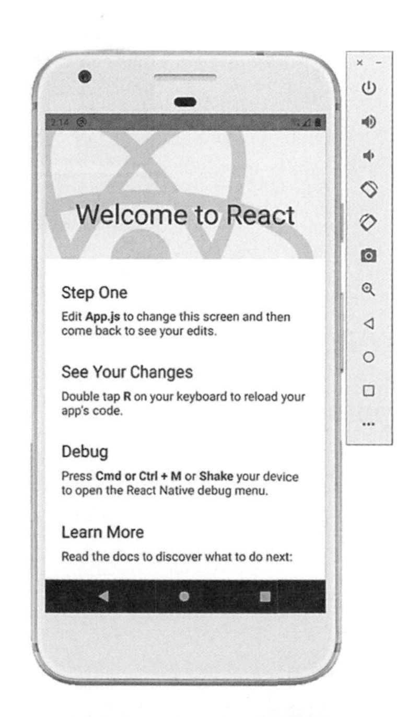

圖 9-3 Android 啓動畫面

9-1-2 專案前置準備

爲了在專案中能夠更方便管理程式碼，因此在根目錄底下建立 src 資料夾，集中管理此專案的所有程式碼，如圖 9-4：

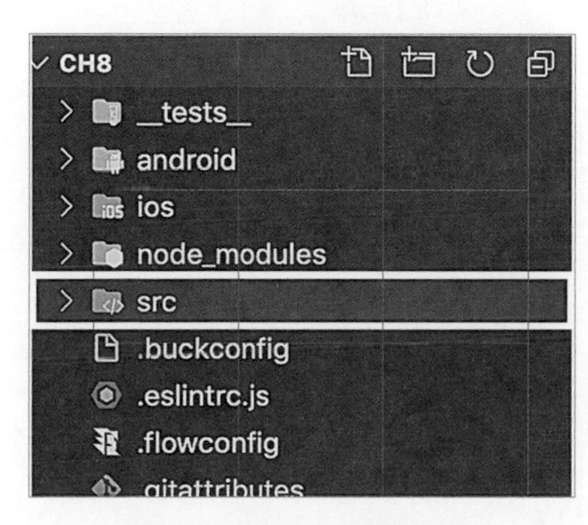

圖 9-4 加入 src 後的目錄

接著，因應 Dva 的環境，在 src 目錄底下加入 models、routes 與 services 的資料夾，分別用來存放 dva 的 model、每個路由的頁面，以及串接 API 的 .js 檔，並且在 src 目錄底下新增 App.js，此 App.js 將會作爲新的進入點。

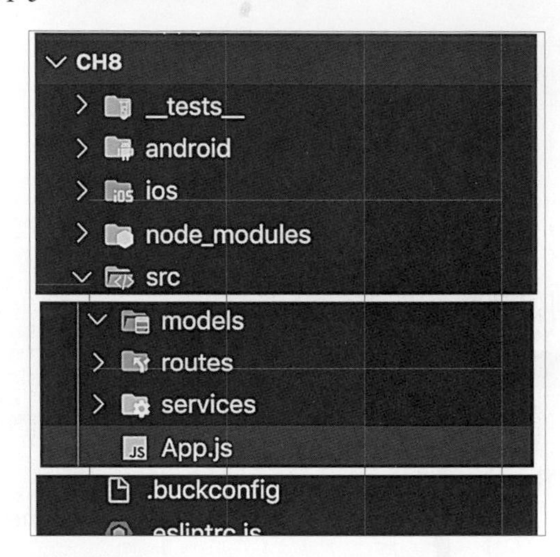

圖 9-5　於 src 目錄中加入 models、routes、services 與 App.js

修改 App.js 如下：

【src / App.js】

```
1  import React, {Component} from 'react';
2  import {StyleSheet, View, Text} from 'react-native';
3
4  export default class App extends Component {
5    render() {
6      return (
7        <View style={styles.container}>
8          <Text>App.js</Text>
9        </View>
10     );
11   }
12 }
13
14 const styles = StyleSheet.create({
15   container: {
16     flex: 1,
17     alignItems: 'center',
18     justifyContent: 'center',
19   },
20 });
```

建立新的 App.js 後，接著要刪除專案根目錄底下原有的 App.js，並在 index.js 中將專案進入點改為讀取 src 目錄底下的 App.js。

【index.js】

```
1 import {AppRegistry} from 'react-native';
2 import App from './src/App';
3 import {name as appName} from './app.json';
4
5 AppRegistry.registerComponent(appName, () => App);
```

一、加入 Dva 環境

接著要在專案中加入 Dva 的環境，因為此專案會需要使用到 Opendata，因此藉由 Dva 來控制資料流。本專案中輸入以下指令安裝 Dva 環境所需的套件。

```
npm install dva-core --save
npm install react-redux --save
npm install redux --save
```

套件版本說明如表 9-1：

表 9-1 套件版本說明表

套件名稱	使用版本
dva-core	2.0.2
react-redux	7.1.3
Redux	4.0.5

安裝所需套件後，將 dva-core 與 react-redux 引入至 App.js，並且在 App.js 的父層上，加入 react-redux 的 Provider，並同時將 Dva 的 store 引入。

【src / App.js】

```
1 //... 省略其他程式碼
2 import {create} from 'dva-core';
3 import {Provider} from 'react-redux';
4
5 const app = create();
6 app.start();
7 const store = app._store;
```

```
8
9 export default class App extends Component {
10   render() {
11     return (
12       <Provider store={store}>
13         <View style={styles.container}>
14           <Text>App.js</Text>
15         </View>
16       </Provider>
17     );
18   }
19 }
20 //... 省略其他程式碼
```

範例說明

1. 第 5-7 行程式碼，建立 Dva 的 store。
2. 第 12 行程式碼，將 Dva 的 store 引入 Provider 成爲頁面的父層。

此時啓動專案出現如圖 9-6 與圖 9-7 畫面，即代表專案環境的前置準備完成。

圖 9-6　iOS 啓動畫面

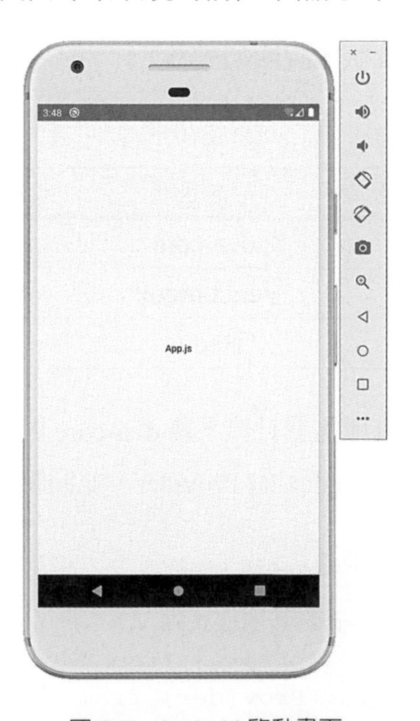

圖 9-7　Android 啓動畫面

二、安裝路由所需套件

接著要建立路由，才可以規劃每個畫面切換的順序，因此需要安裝切換頁面的頁面導覽器與分頁導覽器。在專案中安裝 react-navigation 以及其他所需套件，此處使用最新更新的 react-navigation 5.X 版。

表 9-2　套件版本說明表

套件名稱	使用版本
@react-navigation/native	5.0.0
@react-navigation/stack	5.0.0
@react-navigation/bottom-tabs	5.0.0
@react-navigation/drawer	5.0.0
react-native-reanimated	1.7.0
react-native-gesture-handler	1.5.6
react-native-screens	2.0.0-beta.2
react-native-safe-area-context	0.7.2
@react-native-community/masked-view	0.1.6
react-native-vector-icons	6.6.0

安裝上述提及的套件，

```
npm install @react-navigation/native --save
npm install @react-navigation/stack --save
npm install @react-navigation/bottom-tabs --save
npm install @react-navigation/drawer --save
npm install react-native-reanimated --save
npm install react-native-gesture-handler --save
npm install react-native-screens --save
npm install react-native-safe-area-context --save
npm install @react-native-community/masked-view --save
npm install react-native-vector-icons --save
```

爲了在 iOS 上完成鏈結，請執行以下指令：

```
cd ios
pod install
```

在 Android 上，須修改 android/app/build.gradle 以完成 react-native-screens 以及 react-native-vector-icons 套件的鏈結。

【android / app / build.gradle】

```
1  //... 省略其他程式碼
2  dependencies {
3    //... 省略其他程式碼
4    implementation 'androidx.appcompat:appcompat:1.1.0-rc01'
5    implementation 'androidx.swiperefreshlayout:swiperefreshlayo
     ut:1.1.0-alpha02'
6  }
7  //... 省略其他程式碼
8  apply from: "../../node_modules/react-native-vector-icons/fonts.gradle"
9  //... 省略其他程式碼
```

範例說明

1. 第 4、5 行程式碼，引入 react-native-screens。
2. 第 8 行程式碼，引入 react-native-vector-icons。

接著修改 MainActivity.java 以完成 react-native-gesture-handler 的鏈結。

【android / app / src / main / java / com / ch9 / MainActivity.java】

```
1  //... 省略其他程式碼
2  import com.facebook.react.ReactActivityDelegate;
3  import com.facebook.react.ReactRootView;
4  import com.swmansion.gesturehandler.react.RNGestureHandlerEnabledRootView;
5
6  public class MainActivity extends ReactActivity {
7    //... 省略其他程式碼
8    @Override
9    protected ReactActivityDelegate createReactActivityDelegate() {
10     return new ReactActivityDelegate(this, getMainComponentName()) {
11       @Override
12       protected ReactRootView createRootView() {
13         return new RNGestureHandlerEnabledRootView(MainActivity.this);
14       }
15     };
16   }
17 }
```

三、下載範例資料

因本範例有使用商品、會員以及輪播圖的資料，爲了讓讀者更加輕鬆，因此請到網站下載本書的範例檔案。並且在 src 目錄底下新建 data 資料夾，將檔案放入該資料夾中。

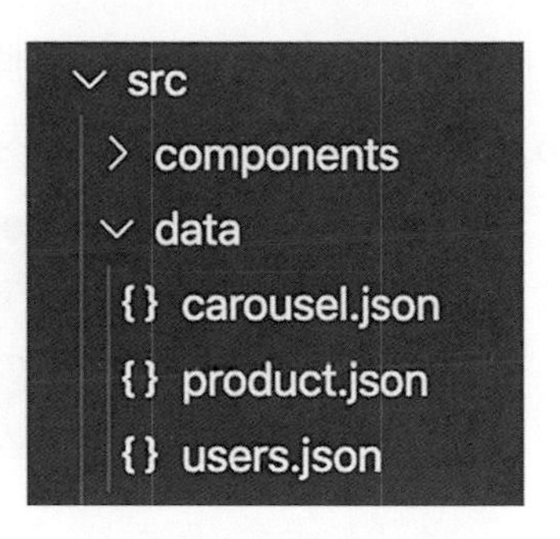

圖 9-8　範例檔案放置的資料夾

9-2　側拉欄與分頁導覽器

9-2-1　側拉欄

在專案資料夾底下建立 Router.js，用以配置專案畫面的路徑檔案，並且修改 App.js 檔案來讀取所建立的檔案。

圖 9-9　路由配置檔的檔案目錄

將剛剛所建立的檔案引入至 App.js 檔案中，並且使用 @react-navigation/native 套件中的 NavigationContainer 將路徑組件進行封裝，並將上述所建立的 class 內容取代爲 5~10 行的 class 內容，即可完成路徑初步設置。

【src / App.js】

```
1  //... 省略其他程式碼
2  import { NavigationContainer } from '@react-navigation/native';
3  import Router from './Router';
4  //... 省略其他程式碼
5  export default class extends Component {
6    render() {
7      return (
8        <Provider store={store}>
9          <NavigationContainer>
10           <Router />
11         </NavigationContainer>
12       </Provider>
13     );
14   };
15 }
```

接下來開始設計 Drawer 側拉欄，首先在 src/routes 資料夾中新增購物商城畫面檔 Shop.js，並放入 Shop 資料夾內方便管理，如圖 9-10 所示。

圖 9-10　購物商城畫面檔目錄

【src / routes / Shop / Shop.js】

```
1  import React, { Component } from 'react';
2  import { View, Text, StyleSheet } from 'react-native';
3
4  class Shop extends Component {
5    state = {};
6
7    render() {
8      return (
9        <View style={styles.container}>
10         <Text>Shop</Text>
11       </View>
12     )
13   }
14 }
15
16 export default Shop;
17
18 const styles = StyleSheet.create({
19   container: {
20     flex: 1,
21     justifyContent: 'center',
22     alignItems: 'center'
23   }
24 });
```

接著到路由檔中透過 @react-navigation/drawer 套件產生一個新的 DrawerNavigator，並將購物商城畫面設置完成。不過，Drawer 側拉欄套件會需要用到 icon 圖示，因此在上方透過以下程式碼引入 material 樣式的圖示。

【src / Router.js】

```
1  import React, { Component } from 'react';
2  import Icon from 'react-native-vector-icons/MaterialIcons';
3  Icon.loadFont();
4  import {
5    createDrawerNavigator,
6    DrawerItemList,
7    DrawerContentScrollView,
8  } from '@react-navigation/drawer';
9  import Shop from './routes/Shop/Shop';
10 class Router extends Component {
11   render() {
12     const Drawer = createDrawerNavigator();
13
14     // 左側折疊選單內文
15     const CustomDrawerComponent = (props) => (
16       <DrawerContentScrollView {...props}>
17         <DrawerItemList {...props} />
18       </DrawerContentScrollView>
19     )
20
21     // 左側折疊選單
22     const DrawerNavigator = () => (
23       <Drawer.Navigator
24         drawerPosition="left"
25         drawerContent={(props) => <CustomDrawerComponent {...props} />}
26         drawerContentOptions={{
27           activeTintColor: 'white',
28           activeBackgroundColor: 'tomato',
29         }}>
30         <Drawer.Screen
31           name="Shop"
32           component={Shop}
33           options={{
34             drawerLabel: '購物商城',
35             drawerIcon: ({ tintColor }) => <Icon name="store" size={20} />,
36           }} />
37       </Drawer.Navigator >
38     );
39
40     return (
41       <DrawerNavigator />
```

```
42     );
43   }
44 }
45
46 export default Router;
```

範例說明

1. 第 15-19 行主要是用以設置 DrawerNavigator 內文的樣式。
2. 使用 DrawerNavigator 的 createDrawerNavigator 方法創建出左側側拉選單，並配置 Drawer 的畫面以及相關樣式設定。

側拉欄畫面設置好後，必須要透過 StackNavigator 將其封裝起來，封裝好後即可讓應用程式包含有不同的畫面配置。

【src / Router.js】

```
1  //... 省略其他程式碼
2  import { createStackNavigator } from '@react-navigation/stack';
3  //... 省略其他程式碼
4      const Stack = createStackNavigator();
5
6      const StackNavigator = () => (
7        <Stack.Navigator>
8          <Stack.Screen
9            name="Shop"
10           component={DrawerNavigator}
11         />
12       </Stack.Navigator>
13     );
14
15     return (
16       <StackNavigator />
17     );
18 //... 省略其他程式碼
```

接下來設定購物商城畫面的標題列，此處選用第三方套件 React Native Elements 來設計標題列樣式，透過以下指令安裝所需的標題列套件並引入，套件版本說明如表 9-3。

```
npm install react-native-elements --save
```

表 9-3　畫面路徑套件說明

套件名稱	套件版本
react-native-elements	1.2.7

爲了在 iOS 上完成鏈結，請執行以下指令：

```
cd ios
pod install
```

【src / Router.js】

```
1  //... 省略其他程式碼
2  import { DrawerActions } from '@react-navigation/routers';
3  import { Header } from 'react-native-elements';
4  //... 省略其他程式碼
5      const StackNavigator = () => (
6        <Stack.Navigator>
7          <Stack.Screen
8            name="Shop"
9            component={DrawerNavigator}
10           options={{
11             header: ({ navigation }) => (
12               /**
13                * 標題列
14                */
15               <Header
16                 statusBarProps={{ translucent: true }}
17                 placement="center"
18                 leftComponent={{
19                   icon: 'menu',
20                   color: '#fff',
21                   onPress: () => navigation.
                     dispatch(DrawerActions.toggleDrawer())
22                 }}
23                 centerComponent={{
24                   text: '購物商城',
25                   style: {
26                     fontSize: 24,
27                     color: '#fff'
28                   },
29                 }}
```

```
30                  containerStyle={{
31                    backgroundColor: '#F84930',
32                  }}
33                />
34              )
35            }}
36          />
37        </Stack.Navigator>
38      );
39 //... 省略其他程式碼
```

範例說明

1. 第 11-34 行設定該畫面的標題列內容。
2. 第 21 行透過 DrawerActions.toggleDrawer() 來開啓側拉欄。

圖 9-11　iOS 執行成功

圖 9-12　Android 執行成功

當按下左上角圖示後可開啓左側側拉欄，如圖所示。

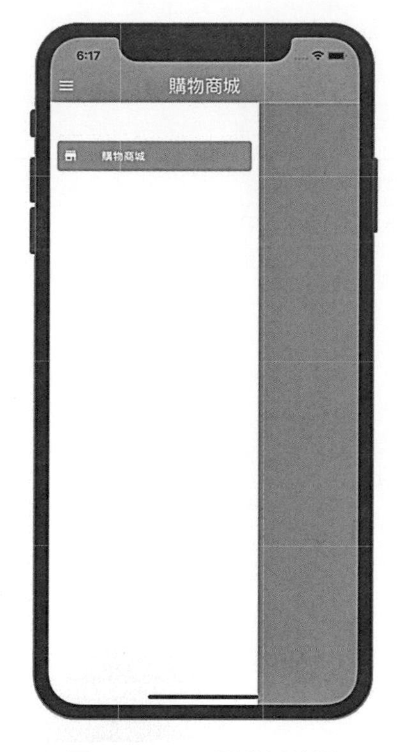

圖 9-13 iOS 開啟側拉欄

圖 9-14 Android 開啟側拉欄

9-2-2 分頁導覽器

購物商城畫面的內容主要會分為「首頁」、「商品列表」、「購物車」、「會員中心」共四個畫面，因此在本節將會在商城畫面底下設計一個分頁導覽列，用來切換四個畫面。

首先先將購物商城的四個畫面建立完成。先前已經建立過「首頁」的畫面，接下來將「商品列表」、「購物車」、「會員中心」也建立完成。

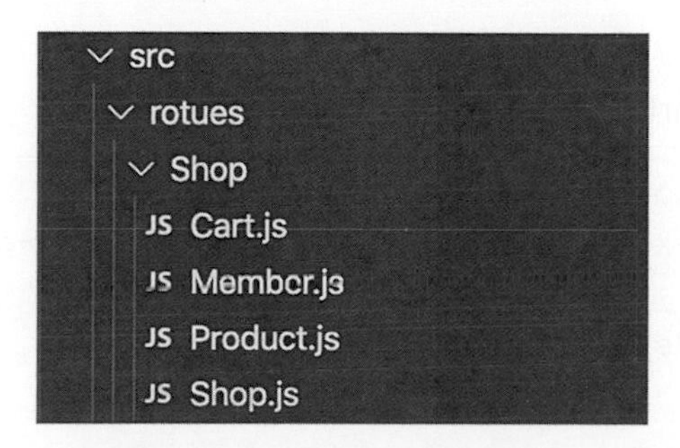

圖 9-15 建立畫面之檔案目錄

一、商品列表

【src / routes / Shop / Product.js】

```
1  import React, { Component } from 'react';
2  import { View, Text, StyleSheet } from 'react-native';
3
4  class Product extends Component {
5      state = {};
6
7      render() {
8          return (
9              <View style={styles.container}>
10                 <Text>Product</Text>
11             </View>
12         )
13     }
14 }
15
16 export default Product;
17
18 const styles = StyleSheet.create({
19     container: {
20         flex: 1,
21         justifyContent: 'center',
22         alignItems: 'center'
23     }
24 });
```

二、購物車

【src / routes / Shop / Cart.js】

```
1  import React, { Component } from 'react';
2  import { View, Text, StyleSheet } from 'react-native';
3
4  class Cart extends Component {
5      state = {};
6
7      render() {
8          return (
9              <View style={styles.container}>
10                 <Text>Cart</Text>
```

```
11                </View>
12            )
13        }
14 }
15
16 export default Cart;
17
18 const styles = StyleSheet.create({
19     container: {
20         flex: 1,
21         justifyContent: 'center',
22         alignItems: 'center'
23     }
24 });
```

三、會員中心

【src / routes / Shop / Member.js】

```
1  import React, { Component } from 'react';
2  import { View, Text, StyleSheet } from 'react-native';
3
4  class Member extends Component {
5      state = {};
6
7      render() {
8          return (
9              <View style={styles.container}>
10                 <Text> Member </Text>
11             </View>
12         )
13     }
14 }
15
16 export default Member;
17
18 const styles = StyleSheet.create({
19     container: {
20         flex: 1,
21         justifyContent: 'center',
22         alignItems: 'center'
23     }
24 });
```

打開 src/Router.js 路由配置檔案開始設計分頁導覽，採用分頁套件@ react-navigation/bottom-tabs 將建立好的四種畫面「首頁」、「商品列表」、「購物車」、「會員中心」設定完成。

【src / Router.js】

```
1  //... 省略其他程式碼
2  import { createBottomTabNavigator } from '@react-navigation/
   bottom-tabs';
3  import Product from './routes/Shop/Product';
4  import Cart from './routes/Shop/Cart';
5  import Member from './routes/Shop/Member';
6  //... 省略其他程式碼
7      const Tab = createBottomTabNavigator();
8      // 商城下方分頁
9      const TabNavigator = () => (
10       <Tab.Navigator
11         initialRouteName="Shop"
12         tabBarOptions={{
13           activeTintColor: "#F84930",
14           labelStyle: {
15             fontSize: 11,
16             textAlign: 'center'
17           },
18           style: {
19             backgroundColor: '#f7f7f7',
20             position: 'relative'
21           },
22         }}>
23         <Tab.Screen
24           name="Shop"
25           component={Shop}
26           options={{
27             tabBarLabel: ' 首頁 ',
28             tabBarIcon: ({ focused, color }) => (
29               <Icon name="home" style={{
30                 color: focused ? '#F84930' : 'black'
31               }} size={20} />),
32           }} />
33         <Tab.Screen
34           name="Product"
35           component={Product}
36           options={{
```

```
37              tabBarLabel: '商品列表',
38              tabBarIcon: ({ focused, color }) => (
39                <Icon name="list" style={{
40                  color: focused ? '#F84930' : 'black'
41                }} size={20} />),
42            }}
43          />
44          <Tab.Screen
45          name="Cart"
46          component={Cart}
47          options={{
48            tabBarLabel: '購物車',
49            tabBarIcon: ({ focused, color }) => (
50              <Icon name="shopping-cart" style={{
51                color: focused ? '#F84930' : 'black'
52              }} size={20} />),
53          }} />
54          <Tab.Screen
55          name="Member"
56          component={Member}
57          options={{
58            tabBarLabel: '會員中心',
59            tabBarIcon: ({ focused, color }) => (
60              <Icon name="account-circle" style={{
61                color: focused ? '#F84930' : 'black'
62              }} size={20} />),
63          }} />
64        </Tab.Navigator>
65      )
66
67      const Drawer = createDrawerNavigator();
68
69      // 左側折疊選單內文
70      const CustomDrawerComponent = (props) => (
71        <DrawerContentScrollView {...props}>
72          <DrawerItemList {...props} />
73        </DrawerContentScrollView>
74      )
75
76      // 左側折疊選單
77      const DrawerNavigator = () => (
78        <Drawer.Navigator
79          drawerPosition="left"
```

```
80          drawerContent={(props) => <CustomDrawerComponent {...props} />}
81          drawerContentOptions={{
82            activeTintColor: 'white',
83            activeBackgroundColor: 'tomato',
84          }}>
85          <Drawer.Screen
86            name="Shop"
87            component={TabNavigator}
88            options={{
89              drawerLabel: '購物商城',
90              drawerIcon: ({ tintColor }) => <Icon name="store"
                size={20} color="white" />,
91            }} />
92        </Drawer.Navigator >
93      );
94 //... 省略其他程式碼
```

範例說明

1. 透過 createBottomTabNavigator 將四個分頁畫面「首頁」、「商品列表」、「購物車」、「會員中心」建立出來，分別命名為 Shop、Product、Cart、Member，並且在每個分頁畫面中設定內容。
2. 第 87 行將 Drawer 的 Shop 畫面替換為剛設定的分頁導覽器 TabNavigator。

圖 9-16　iOS 分頁導覽器

圖 9-17　Android 分頁導覽器

9-3 會員管理

9-3-1 會員登入

一般的購物商城都會具備會員功能，方便儲存與管理每個會員的個人資料以及購物車的商品，因此本節將帶領讀者一步步將會員中心建置出來。首先建立用以儲存會員資料的 model，並命名爲 member。該 model 儲存的所有事件都會與會員有關，例如：會員登入、註冊、取得會員資料、修改會員資料等等。範例資料中有預設一筆管理員帳號，後續測試可以直接使用。

【src / models / member.js】

```
1 import userJSONData from '../data/users.json';
2 export default {
3   namespace: 'member',
4   state: {
5     users: userJSONData,
6     user: {},
7   },
8   effects: {},
9   reducers: {},
10 };
```

範例說明

1. 第 5 行的 users 變數用以儲存購物商城中所有使用者的資料，這裡將範例資料輸入。
2. 第 6 行的 user 變數用以儲存登入後的使用者個人資料。

會員資料的 model 建立完成後，到專案入口 src/App.js 處啓用。

【src / App.js】

```
1 //... 省略其他程式碼
2 import member from './models/member';
3 //... 省略其他程式碼
4 const app = create();
5 app.model(member);
6 app.start();
```

接著設計登入用的事件，到會員資料的 model 中新增一個 effect 事件來進行登入驗證。當帳號與密碼傳入該事件後，會從 model 中的 users 變數查詢是否有該帳號的會員，並進行密碼驗證看看是否輸入正確。

【src / models / member.js】

```
1  import userJSONData from '../data/users.json';
2  export default {
3    namespace: 'member',
4    state: {
5      users: userJSONData,
6      user: {},
7    },
8    effects: {
9      *POST_login({ payload, callback }, { put, select }) {
10       const { username, password } = payload;
11       const userData = yield select((state) => state.member.users);
12       let findUser = -1;
13       for (let i = 0; i < userData.length; i++) {
14         if (userData[i].username === username) {
15           findUser = userData[i];
16         }
17       }
18       if (findUser === -1) {
19         // 登入失敗，查無該用戶
20         if (callback) callback(404);
21         return;
22       }
23       if (findUser.password !== password) {
24         // 登入失敗，密碼錯誤
25         if (callback) callback(400);
26         return;
27       }
28       // 登入成功，儲存該用戶資訊
29       yield put({
30         type: 'member/SAVE_user',
31         payload: {
32           user: findUser,
33         },
34       });
35       if (callback) callback(200);
36     },
```

```
37    },
38    reducers: {
39      SAVE_user(state, { payload }) {
40          return {
41              ...state,
42              user: payload.user,
43          };
44      },
45    },
46 };
```

範例說明

1. 第 11 行透過 select 即可取得 store 裡面的資料，本行將 member model 中的 users 取出。
2. 第 12-17 行透過帳號逐筆查詢 users 變數的資料，以確認該會員是否存在。
3. 第 20 行若該會員不存在，則透過 callback 方法回傳 404 狀態。
4. 第 25 行若該會員密碼輸入錯誤，則透過 callback 方法回傳 400 狀態。
5. 第 35 行若該會員登入成功，則透過 callback 方法回傳 200 狀態。

接下來設計登入畫面，首先到 routes/Shop 資料夾底下，建立一個 Screen 資料夾，用來放置新設計的畫面，並且在 Screen 資料夾中建立 Login.js，建立完成後再到路由配置檔 src/Router.js 中啟用 Login 登入畫面，並設定 initialRouteName 讓應用程式的起始畫面路徑位置設定成 Login，當會員剛進入應用程式時，便會導向登入畫面，要求先進行登入。

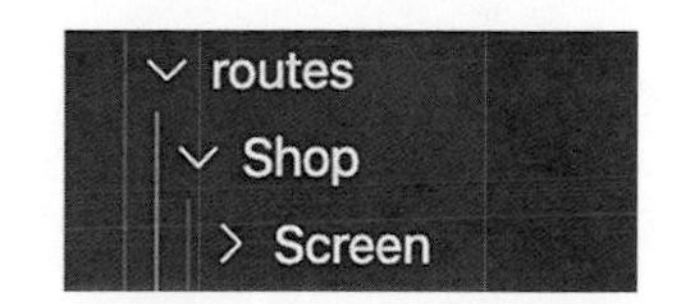

圖 9-18　Screen 資料夾的檔案目錄

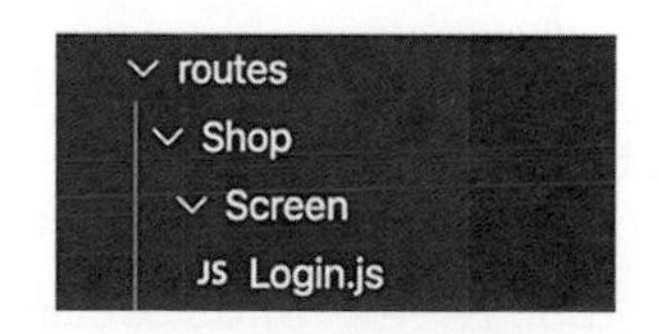

圖 9-19　登入畫面的檔案目錄

【src / Router.js】

```
1  //... 省略其他程式碼
2  import Login from './routes/Shop/Screen/Login';
3  //... 省略其他程式碼
4      const StackNavigator = () => (
5        <Stack.Navigator
6          initialRouteName="Login">
```

```
7          //... 省略其他程式碼
8          <Stack.Screen
9            name="Login"
10           component={Login}
11           options={{
12             headerShown: false
13           }}
14         />
15       </Stack.Navigator>
16     );
```

範例說明

1. 第 6 行設定畫面初始的路徑爲登入。
2. 第 12 行透過 headerShown 的設定來將登入畫面的標題列移除。

接著開始設計會員登入的畫面內容。先定義一個 handleLoginButton 方法來呼叫 model 的登入 effect 事件，並宣告一個 callback 方法來顯示登入的訊息，登入成功後會導向購物商城的首頁。

【src / routes / Shop / Screen / Login.js】

```
1  import React, { Component } from 'react';
2  import { View, Text, SafeAreaView,StyleSheet, Alert } from 'react-
   native';
3  import { Button, Input } from 'react-native-elements';
4  import { connect } from 'react-redux';
5
6  class Login extends Component {
7    state = {
8      username: '',
9      password: '',
10   };
11
12   handleLoginButton = () => {
13     const { username, password } = this.state;
14     const { POST_login, navigation } = this.props;
15     if (username === '' || password === '') {
16       Alert.alert('請輸入帳號與密碼');
17       return;
```

```
18      }
19
20      const callback = (status) => {
21        switch (status) {
22          case 200:
23            navigation.navigate('Shop');
24            return;
25          case 400:
26            Alert.alert('密碼錯誤');
27            return;
28          case 404:
29            Alert.alert('查無此用戶');
30            return;
31          default:
32            Alert.alert('系統錯誤');
33        }
34      }
35
36      // 登入確認
37      POST_login({ username, password }, callback);
38    }
39
40    render() {
41      const { username, password } = this.state;
42      const { navigation } = this.props;
43      return (
44        <SafeAreaView
45          style={styles.container}>
46          <Text style={styles.title}>購物商城</Text>
47          <View style={styles.content}>
48            <Text style={styles.username}>帳號</Text>
49            <Input
50              defaultValue={username}
51              placeholder="請輸入帳號"
52              onChangeText={(text) => this.setState({ username: text })}
53            />
54            <Text style={styles.password}>密碼</Text>
55            <Input
56              secureTextEntry={true}
57              defaultValue={password}
58              placeholder="請輸入密碼"
59              onChangeText={(text) => this.setState({ password: text })}
```

```
60            />
61            <Button
62              buttonStyle={styles.btn}
63              title="登入"
64              titleStyle={{
65                color: "#F84930"
66              }}
67              onPress={() => this.handleLoginButton()}
68            />
69            <Button
70              buttonStyle={styles.btn}
71              title="註冊會員"
72              titleStyle={{
73                color: "#F84930"
74              }}
75              onPress={() => console.log('register')}
76            />
77          </View>
78        </SafeAreaView>
79      )
80    }
81 }
82
83 const styles = StyleSheet.create({
84   container: {
85     flex: 1,
86     backgroundColor: '#F84930',
87     justifyContent: 'center',
88     alignItems: 'center'
89   },
90   title: {
91     fontSize: 40,
92     marginBottom: 80,
93     color: 'white',
94     fontWeight: 'bold'
95   },
96   content: {
97     width: 250,
98     justifyContent: 'space-evenly'
99   },
100     btn: {
101       marginTop: 20,
```

```
102       backgroundColor: 'white',
103     },
104     username: {
105       color: 'white',
106       fontWeight: 'bold',
107       fontSize: 20
108     },
109     password: {
110       marginTop: 20,
111       color: 'white',
112       fontWeight: 'bold',
113       fontSize: 20
114     },
115   });
116
117   const mapDispatchToProps = dispatch => {
118     return {
119       POST_login(payload, callback) {
120         dispatch({ type: 'member/POST_login', payload, callback });
121       },
122     }
123   }
124
125   export default connect(null, mapDispatchToProps)(Login);
```

範例說明

1. 第 15-18 行用來判斷帳號與密碼是否有被輸入。
2. 第 44 行透過 SafeAreaView 可讓內容能夠確保在一個較安全的區域內渲染，因爲目前市場上的手機設備中，有部分設備會具有「瀏海」，爲了避免內容渲染到「瀏海」範圍內，造成畫面跑版，因此使用 SafeAreaView 來避免該問題發生。
3. 第 69-76 行新增一個「註冊會員」按鈕，當按下時，則導到註冊會員的畫面，該畫面將在後面小節進行開發。

完成會員登入的畫面如下。

圖 9-20　iOS 會員登入

圖 9-21　Android 會員登入

9-3-2　會員註冊

設計會員註冊可以讓新的使用者能成爲本系統的會員。一開始，先設計註冊會員時需要用到的事件，在會員資料 model 中新增一個註冊 effect 事件，該事件會將新使用者的帳號、密碼、姓名、信箱等資料存到 users 變數中。

【src / models / member.js】

```
1  import userJSONData from '../data/users.json';
2  export default {
3    namespace: 'member',
4    state: {
5      users: userJSONData,
6      user: {},
7    },
8    effects: {
9      //... 省略其他程式碼
10     *POST_user({ payload, callback }, { put, select }) {
11       const { username, password, email, name } = payload;
12       let userData = yield select((state) => state.member.users);
```

```
13        let findUser = -1;
14        for (let i = 0; i < userData.length; i++) {
15          if (userData[i].username === username) {
16            findUser = userData[i];
17          }
18        }
19        if (findUser !== -1) {
20          // 該帳號用戶已存在
21          if (callback) callback(400);
22          return;
23        }
24        // 註冊用戶帳密到 model 中
25        userData.push({
26          id: userData.length + 1,
27          username,
28          password,
29          email,
30          name,
31        });
32        yield put({
33          type: 'member/SAVE_users',
34          payload: {
35            users: userData,
36          },
37        });
38        // 註冊成功
39        if (callback) callback(200);
40      },
41    },
42    reducers: {
43      SAVE_user(state, { payload }) {
44        return {
45          ...state,
46          user: payload.user,
47        };
48      },
49      SAVE_users(state, { payload }) {
50        return {
51          ...state,
```

```
52          users: payload.users,
53        };
54      },
55    },
56 };
```

範例說明

1. 不能有重複的帳號出現在本系統，因此第 13-18 行用來查詢新使用者註冊的帳號是否已存在。
2. 若該使用者帳號已存在，則會透過第 21 行的 callback 方法回傳 400 狀態。
3. 第 39 行若註冊成功，則透過 callback 方法回傳 200 狀態。

接下來設計註冊畫面，到 routes / Screen 資料夾中建立 Register.js，建立完成後再到路由配置檔 src/Router.js 中啟用 Register 註冊畫面。

圖 9-22　註冊畫面的檔案路徑

【src / Router.js】

```
1  //... 省略其他程式碼
2  import Register from './routes/Shop/Screen/Register';
3  //... 省略其他程式碼
4      const StackNavigator = () => (
5        <Stack.Navigator
6          initialRouteName="Login">
7          //... 省略其他程式碼
8          <Stack.Screen
9            name="Register"
10           component={Register}
11           options={{
12             headerShown: false
13           }}
14         />
15       </Stack.Navigator>
16     );
```

範例說明

1. 第 12 行透過 headerShown 的設定來將註冊畫面的標題列移除。

然後開始設計購物商城的註冊畫面。先定義一個 handleRegisterButton 方法來呼叫 model 的註冊事件，並宣告一個 callback 方法來顯示註冊是否成功的訊息，成功後則導向登入畫面。為了怕使用者的密碼不小心輸入錯誤，因此在這裡設定一個確認密碼的欄位，來驗證兩次的輸入值是否一致，若不一致則顯示錯誤訊息。

【src / routes / Shop / Screen / Register.js】

```
1  import React, { Component } from 'react';
2  import { SafeAreaView, StyleSheet, View, Text, Alert } from 'react-native';
3  import { Button, Input } from 'react-native-elements';
4  import { connect } from 'react-redux';
5
6  class Register extends Component {
7    state = {
8      username: '',
9      password: '',
10     password_check: '',
11     name: '',
12     email: '',
13   };
14
15   handleRegisterButton() {
16     const { username, password, password_check, email, name } = this.
       state;
17     const { POST_user, navigation } = this.props;
18     if (username === '' || password === '' || password_check === ''
       || email === '' || name === '') {
19       Alert.alert('輸入資料不完整');
20       return;
21     }
22
23     if (password !== password_check) {
24       Alert.alert('兩次密碼輸入不一致');
25       return;
26     }
27     const callback = (status) => {
28       switch (status) {
29         case 200:
30           navigation.navigate('Login');
31           return;
32         case 400:
33           Alert.alert('該帳號用戶已存在');
```

```
34              return;
35            default:
36              Alert.alert('系統錯誤');
37          }
38        }
39
40        // 註冊確認
41        POST_user({ username, password, email, name }, callback);
42      }
43
44      render = () => {
45        const { username, password, password_check, email, name } = this.state;
46        const { navigation } = this.props;
47
48        return (
49          <SafeAreaView style={styles.container}>
50            <Text style={styles.register_text}>註冊會員</Text>
51            <View style={styles.content}>
52              <Text style={styles.username}>帳號</Text>
53              <Input
54                defaultValue={username}
55                placeholder="請輸入帳號"
56                onChangeText={(text) => this.setState({ username: text })}
57              />
58              <Text style={styles.text}>密碼</Text>
59              <Input
60                defaultValue={password}
61                placeholder="請輸入密碼"
62                onChangeText={(text) => this.setState({ password: text })}
63              />
64              <Text style={styles.text}>確認密碼</Text>
65              <Input
66                defaultValue={password_check}
67                placeholder="請再輸入一次密碼"
68                onChangeText={(text) => this.setState({ password_check: text })}
69              />
70              <Text style={styles.text}>姓名</Text>
71              <Input
72                defaultValue={name}
73                placeholder="請輸入姓名"
74                onChangeText={(text) => this.setState({ name: text })}
75              />
```

```
76            <Text style={styles.text}>電子信箱</Text>
77            <Input
78              defaultValue={email}
79              placeholder="請輸入電子信箱"
80              onChangeText={(text) => this.setState({ email: text })}
81            />
82            <Button
83              buttonStyle={styles.btn}
84              title="送出"
85              titleStyle={{
86                color: "#F84930"
87              }}
88              onPress={() => this.handleRegisterButton()}
89            />
90            <Button
91              buttonStyle={styles.btn}
92              title="返回登入"
93              titleStyle={{
94                color: "#F84930"
95              }}
96              onPress={() => navigation.navigate('Login')}
97            />
98          </View>
99        </SafeAreaView>
100       )
101     }
102   }
103
104   const styles = StyleSheet.create({
105     container: {
106       flex: 1,
107       backgroundColor: '#F84930',
108       justifyContent: 'center',
109       alignItems: 'center'
110     },
111     register_text: {
112       fontSize: 25,
113       marginBottom: 20,
114       color: 'white',
115       fontWeight: 'bold'
116     },
117     content: {
```

```
118       width: 250,
119       justifyContent: 'space-between'
120     },
121     username: {
122       color: 'white',
123       fontWeight: 'bold',
124       fontSize: 20
125     },
126     text: {
127       marginTop: 20,
128       color: 'white',
129       fontWeight: 'bold',
130       fontSize: 20
131     },
132     btn: {
133       marginTop: 20,
134       backgroundColor: 'white',
135      }
136   });
137
138   const mapDispatchToProps = dispatch => {
139     return {
140       POST_user(payload, callback) {
141         dispatch({ type: 'member/POST_user', payload, callback });
142       },
143     }
144   }
145
146   export default connect(null, mapDispatchToProps)(Register);
```

範例說明

1. 第 18-21 行用來判斷輸入的資料是否完整。
2. 第 23-26 行用來驗證使用者輸入的兩次密碼是否錯誤。
3. 第 90-97 行為「返回登入」按鈕，當按下後即可放棄註冊，回到登入畫面。

回到登入畫面 Login.js，把註冊會員的按鈕設定為當按下時導向註冊 Register.js 畫面。

【src / routes / Shop / Screen / Login.js】

```
1  //... 省略其他程式碼
2            <Button
3              buttonStyle={styles.btn}
4              title=" 註冊會員 "
5              titleStyle={{
6                color: "#F84930"
7              }}
8              onPress={() => navigation.navigate('Register')}
9            />
10 //... 省略其他程式碼
```

完成會員註冊的畫面如下。

圖 9-23　iOS 會員註冊

圖 9-24　Android 會員註冊

9-3-3　會員中心

先前介紹的內容主要爲會員尚未登入時的相關功能；接下來要開始設計會員已登入後的畫面內容。首先，在進入會員中心畫面時，需先透過 mapStateToProps 取出登入會員的基本資料，如姓名以及電子郵件，顯示到先前所建立的會員中心畫面 src/routes/Shop/ Member.js 中，並且設計一個選單列表，裡面內容包含「修改會員資料」、「修改會員密碼」以及「登出」共三個選項。

【src / routes / Shop / Member.js】

```
1  import React, { Component } from 'react';
2  import { StyleSheet, SafeAreaView, View, Text, FlatList } from
   'react-native';
3  import { Avatar, ListItem } from 'react-native-elements';
4  import Icon from 'react-native-vector-icons/FontAwesome';
5  Icon.loadFont();
6  import { connect } from 'react-redux';
7
8  class Member extends Component {
9    state = {};
10   render() {
11     const { user, navigation } = this.props;
12     const column = [
13       {
14         key: 'userinfo',
15         title: '修改會員資訊',
16         onPress: () => navigation.navigate('UserInfo'),
17       },
18       {
19         key: 'passwordreset',
20         title: '修改會員密碼',
21         onPress: () => navigation.navigate('PasswordReset'),
22       },
23       {
24         key: 'logout',
25         title: '登出',
26         onPress: () => console.log('Logout'),
27       }
28     ];
29
30     return (
31       <SafeAreaView>
32         <View style={styles.container}>
33           <Avatar
34             size="large"
35             rounded
36             icon={{name: 'user', type: 'font-awesome'}}
37             activeOpacity={0.7}
38           />
39           <Text style={styles.avatar_text}>{user.name}</Text>
40           <Text style={styles.email_text}>{user.email}</Text>
41         </View>
42         <FlatList
43           keyExtractor={(item, index) => index.toString()}
```

```
44           data={column}
45           renderItem={({ item }) => (
46             <ListItem
47               title={item.title}
48               bottomDivider
49               chevron
50               onPress={() -> item.onPress()}
51             />
52           )}
53         />
54       </SafeAreaView>
55     )
56   }
57 }
58
59 const styles = StyleSheet.create({
60   container: {
61     width: '100%',
62     height: 200,
63     color: 'white',
64     backgroundColor: '#F84930',
65     justifyContent: 'center',
66     alignItems: 'center'
67   },
68   avatar_text: {
69     marginTop: 10,
70     fontSize: 24,
71     fontWeight: 'bold',
72     color: 'white'
73   },
74   email_text: {
75     marginTop: 10,
76     fontSize: 16,
77     fontWeight: 'bold',
78     color: 'white'
79   }
80 });
81
82 const mapStateToProps = state => {
83   return {
84     user: state.member.user,
85   }
86 }
87
88 export default connect(mapStateToProps, null)(Member);
```

範例說明

1. 因爲在設定 Avatar 組件以及 ListItem 組件的 chevron 時會用到圖示，所以在第 3-4 行引入 Ionicons 樣式的圖示套件。
2. 第 12-28 行宣告一個陣列，該陣列用以儲存要用來顯示列表的內容，並且每個選項都設計一個 onPress 方法來設定當按下選項時要執行什麼動作。修改會員資料以及修改會員密碼會開啓新的畫面，而登出則不開啓因此略過。
3. 第 39-40 行顯示該會員的姓名與電子信箱。
4. 第 50 行設定當點擊 ListItem 時，觸發陣列中定義的 onPress 方法。

點擊下方分頁導覽器的會員中心即可進入，完成的會員中心畫面如下：

圖 9-25　iOS 會員中心

圖 9-26　Android 會員中心

9-3-4　修改會員資料

開始設計「修改會員資料」畫面的內容。首先先新增「修改會員資料」檔案到 routes/Shop/Screen 目錄底下，命名爲 UserInfo.js。

接著配置選項的路徑。到路由配置檔 src/Router.js 中，新增「修改會員資料」Stack 畫面，命名爲 UserInfo。

圖 9-27　修改會員資料的檔案目錄

【src / Router.js】

```
1  //... 省略其他程式碼
2  import UserInfo from './routes/Shop/Screen/UserInfo';
3  //... 省略其他程式碼
4      const StackNavigator = () => (
5        <Stack.Navigator
6          initialRouteName="Login">
7          //... 省略其他程式碼
8          <Stack.Screen
9            name="UserInfo"
10           component={UserInfo}
11           options={{
12             title: '修改會員資料',
13             headerBackTitle: '返回',
14           }}
15         />
16       </Stack.Navigator>
17     );
```

接著開發用來修改會員資料的事件。到會員資料的 model 中新增一個 effect 事件，並且該事件可以修改會員的信箱以及姓名。

【src / models / member.js】

```
1  import userJSONData from '../data/users.json';
2  export default {
3    namespace: 'member',
4    state: {
5      users: userJSONData,
6      user: {},
7    },
8    effects: {
9      //... 省略其他程式碼
10     *PUT_user({ payload, callback }, { put, select }) {
11       const { username, name, email } = payload;
12       let userData = yield select((state) => state.member.users);
13       let findUser = -1;
14       for (let i = 0; i < userData.length; i++) {
15         if (userData[i].username === username) {
16           findUser = i;
17         }
18       }
```

```
19       if (findUser === -1) {
20         // 登入失敗，查無該用戶
21         if (callback) callback(404);
22         return;
23       }
24       userData[findUser].name = name;
25       userData[findUser].email = email;
26       // 更新會員陣列
27       yield put({
28         type: 'member/SAVE_users',
29         payload: {
30           users: userData,
31         },
32       });
33       // 更新個人的會員資料
34       yield put({
35         type: 'member/SAVE_user',
36         payload: {
37           user: Object.assign({}, userData[findUser]),
38         },
39       });
40       // 修改成功
41       if (callback) callback(200);
42     },
43   },
44   reducers: {
45     SAVE_user(state, { payload }) {
46       return {
47         ...state,
48         user: payload.user,
49       };
50     },
51     SAVE_users(state, { payload }) {
52       return {
53         ...state,
54         users: payload.users,
55       };
56     },
57   },
58 };
```

範例說明

1. 第 24 行及第 25 行用來將原始的會員資料更新。
2. 第 27-32 行更新用來儲存所有會員的 users 資料。
3. 第 34-39 行用來更新個人的會員資料。
4. 第 37 行使用 Object.assign 來做深拷貝，以防止當 store 中資料更新時，畫面的內容不會重新渲染的問題。

備註：JS 的淺拷貝與深拷貝

若單純將 JSON 格式的資料透過以下方式（圖 9-28）來修改，只會在同一個記憶體中修改，新舊物件會在同一塊記憶體上，這種修改方式稱爲淺拷貝。而若是修改資料時有更新記憶體位置則稱爲深拷貝（圖 9-29）。

正常來說，redux 內的資料若進行修改時，有使用該資料的子組件會自動重新渲染，不過這種渲染的方法不支援淺拷貝，因此必須採用深拷貝的方法來設定資料。

```
> let data = {
    score: 100,
  }

  let data2 = data;

  data.score = 200;

  console.log('data=' + JSON.stringify(data));
  console.log('data2=' + JSON.stringify(data2));
  data={"score":200}
  data2={"score":200}
```

圖 9-28　為淺拷貝

```
> let data = {
    score: 100,
  }

  let data2 = Object.assign({}, data);

  data.score = 200;

  console.log('data=' + JSON.stringify(data));
  console.log('data2=' + JSON.stringify(data2));
  data={"score":200}
  data2={"score":100}
```

圖 9-29　深拷貝

打開 src/routes/Shop/Screen/UserInfo.js 檔案來設計畫面，在上方使用 constructor 來設定初始的會員姓名以及電子信箱到 state 中。並設定一個方法來呼叫修改個人資料的事件，修改完成後會回到會員中心畫面。

【src / routes / Shop / Screen / UserInfo.js】

```
1  import React, { Component } from 'react';
2  import { SafeAreaView, StyleSheet, View, Text, Alert } from 'react-native';
3  import { Input, Button } from 'react-native-elements';
4  import { connect } from 'react-redux';
5
6  class UserInfo extends Component {
7    constructor(props) {
8      super(props);
9      this.state = {
```

```
10        name: props.user.name,
11        email: props.user.email,
12      };
13    }
14
15    handleSubmit() {
16      const { PUT_user, navigation, user } = this.props;
17      const { name, email } = this.state;
18      if (name === '' || email === '') {
19        Alert.alert('輸入資料不完整');
20        return;
21      }
22
23      const callback = (status) => {
24        switch (status) {
25          case 200:
26            Alert.alert('修改成功');
27            navigation.navigate('Member');
28            return;
29          case 404:
30            Alert.alert('查無此用戶');
31            return;
32          default:
33            Alert.alert('系統錯誤');
34        }
35      }
36
37      // 修改資料
38      PUT_user({ username: user.username, name, email }, callback);
39    }
40
41    render() {
42      const { name, email } = this.state;
43      return (
44        <SafeAreaView>
45          <View style={styles.container}>
46            <Text>姓名</Text>
47            <Input
48              defaultValue={name}
49              placeholder="請輸入姓名"
50              onChangeText={(text) => this.setState({ name: text })}
51            />
52            <Text>電子信箱</Text>
```

```
53            <Input
54              defaultValue={email}
55              placeholder="請輸入電子信箱"
56              onChangeText={(text) => this.setState({ email: text })}
57            />
58            <Button
59              buttonStyle={styles.btn}
60              title="送出"
61              titleStyle={{
62                color: "white"
63              }}
64              onPress={() => this.handleSubmit()}
65            />
66          </View>
67        </SafeAreaView>
68      )
69    }
70 }
71
72 const styles = StyleSheet.create({
73   container: {
74     justifyContent: 'space-between',
75     height: 200,
76     margin: 10,
77   },
78   btn: {
79     marginTop: 20,
80     backgroundColor: '#F84930',
81   }
82 });
83
84 const mapStateToProps = state => {
85   return {
86     user: state.member.user,
87   }
88 }
89
90 const mapDispatchToProps = dispatch => {
91   return {
92     PUT_user(payload, callback) {
93       dispatch({ type: 'member/PUT_user', payload, callback });
94     },
```

```
95    }
96 }
97
98 export default connect(mapStateToProps, mapDispatchToProps)
   (UserInfo);
```

範例說明

1. 第 10-11 行因爲已經在 mapStateToProps 中將會員 model 中的 user 資料取出，因此在這裡可以使用 constructor 來初始化姓名以及電子信箱的輸入框。
2. 第 27 行，當修改成功會回到會員中心畫面。

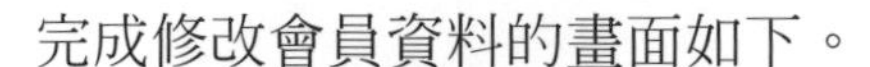
完成修改會員資料的畫面如下。

圖 9-30　iOS 修改會員資料

圖 9-31　Android 修改會員資料

9-3-5　修改會員密碼

開始設計「修改會員密碼」畫面的內容。首先先新增「修改會員密碼」檔案到 routes/Shop/Screen 目錄底下，命名爲 PasswordReset.js。

圖 9-32　修改會員資料的檔案目錄

接著配置選項的路徑。到路由配置檔 src/Router.js 中，新增「修改會員密碼」Stack 畫面，命名為 PasswordReset。

【src / Router.js】

```
18 //... 省略其他程式碼
19 import PasswordReset from './routes/Shop/Screen/PasswordReset';
20 //... 省略其他程式碼
21     const StackNavigator = () => (
22       <Stack.Navigator
23         initialRouteName="Login">
24         //... 省略其他程式碼
25         <Stack.Screen
26           name="PasswordReset"
27           component={PasswordReset}
28           options={{
29             title: '修改會員密碼',
30             headerBackTitle: '返回',
31           }}
32         />
33       </Stack.Navigator>
34     );
```

設定一個修改密碼的 effect 事件來讓會員可以更改自己的密碼。為了防止會員的新密碼輸入錯誤，因此多設定一個 password_check 參數，讓會員輸入兩次密碼，以驗證是否輸入有誤。

【src / models / member.js】

```
1  import userJSONData from '../data/users.json';
2  export default {
3    namespace: 'member',
4    state: {
5      users: userJSONData,
6      user: {},
7    },
8    effects: {
9      //... 省略其他程式碼
10     *PUT_user_password({ payload, callback }, { put, select }) {
11      const { username, old_password, password, password_check } = payload;
12       if (password !== password_check) {
13         // 登入失敗，新密碼兩次輸入不一致
14         if (callback) callback(400);
```

```
15        return;
16      }
17      let userData = yield select((state) => state.member.users);
18      let findUser = -1;
19      for (let i = 0; i < userData.length; i++) {
20        if (userData[i].username === username) {
21          findUser = i;
22        }
23      }
24      if (findUser === -1) {
25        // 登入失敗，查無該用戶
26        if (callback) callback(404);
27        return;
28      }
29      if (old_password !== userData[findUser].password) {
30        // 登入失敗，舊密碼輸入錯誤
31        if (callback) callback(401);
32        return;
33      }
34      userData[findUser].password = password;
35      // 更新會員陣列
36      yield put({
37        type: 'member/SAVE_users',
38        payload: {
39          users: userData,
40        },
41      });
42      // 更新個人的會員資料
43      yield put({
44        type: 'member/SAVE_user',
45        payload: {
46          user: Object.assign({}, userData[findUser]),
47        },
48      });
49      // 修改成功
50      if (callback) callback(200);
51    },
52  },
53  reducers: {
54    SAVE_user(state, { payload }) {
55      return {
56        ...state,
```

```
57          user: payload.user,
58        };
59      },
60      SAVE_users(state, { payload }) {
61        return {
62          ...state,
63          users: payload.users,
64        };
65      },
66    },
67 };
```

範例說明

1. 第 12-16 行用來判斷會員兩次輸入的新密碼是否有誤。
2. 第 29-33 行用來驗證會員的舊密碼。
3. 第 34 行將陣列中的舊密碼更新。
4. 第 46 行防止淺拷貝造成畫面渲染問題，因此使用 Object.assign 來修改資料。

接著來設計修改會員密碼的畫面。

【src / routes / Shop / Screen / PasswordReset.js】

```
1  import React, { Component } from 'react';
2  import { SafeAreaView, StyleSheet, View, Text, Alert } from 'react-
   native';
3  import { Input, Button } from 'react-native-elements';
4  import { connect } from 'react-redux';
5
6  class PasswordReset extends Component {
7    state = {
8      old_assword: '',
9      password: '',
10     password_check: '',
11   };
12
13   handleSubmit() {
14     const { PUT_user_password, navigation, user } = this.props;
15     const { old_password, password, password_check } = this.state;
16     if (old_password === '' || password === '' || password_check === '') {
17       Alert.alert('輸入資料不完整');
```

```
18          return;
19        }
20
21        const callback = (status) => {
22          switch (status) {
23            case 200:
24              Alert.alert('修改成功');
25              navigation.navigate('Member');
26              return;
27            case 400:
28              Alert.alert('兩次密碼輸入不一致');
29              return;
30            case 401:
31              Alert.alert('舊密碼輸入錯誤');
32              return;
33            case 404:
34              Alert.alert('查無此用戶');
35              return;
36            default:
37              Alert.alert('系統錯誤');
38          }
39        }
40
41        // 修改密碼
42        PUT_user_password({ username: user.username, old_password,
    password, password_check }, callback);
43      }
44
45      render() {
46        const { old_password, password, password_check } = this.state;
47        return (
48          <SafeAreaView>
49            <View style={styles.container}>
50              <Text>舊密碼</Text>
51              <Input
52                secureTextEntry={true}
53                defaultValue={old_password}
54                placeholder="請輸入舊密碼"
55               onChangeText={(text) => this.setState({ old_password: text })}
56              />
57              <Text>新密碼</Text>
58              <Input
```

```
59              secureTextEntry={true}
60              defaultValue={password}
61              placeholder="請輸入新密碼"
62             onChangeText={(text) => this.setState({ password: text })}
63            />
64            <Text>再輸入一次新密碼</Text>
65            <Input
66              secureTextEntry={true}
67              defaultValue={password_check}
68              placeholder="請再輸入一次新密碼"
69            onChangeText={(text) => this.setState({ password_check: text })}
70            />
71            <Button
72              buttonStyle={styles.btn}
73              title="送出"
74              titleStyle={{
75                color: "white"
76              }}
77              onPress={() => this.handleSubmit()}
78            />
79          </View>
80        </SafeAreaView>
81      )
82    }
83 }
84
85 const styles = StyleSheet.create({
86   container: {
87     justifyContent: 'space-between',
88     height: 250,
89     margin: 10,
90   },
91   btn: {
92     marginTop: 20,
93     backgroundColor: '#F84930',
94   }
95 });
96
97 const mapStateToProps = state => {
98   return {
```

```
99      user: state.member.user,
100     }
101   }
102
103   const mapDispatchToProps = dispatch => {
104     return {
105       PUT_user_password(payload, callback) {
106         dispatch({ type: 'member/PUT_user_password', payload,
    callback });
107       },
108     }
109   }
110
111   export default connect(mapStateToProps, mapDispatchToProps)
      (PasswordReset);
```

範例說明

1. 第 25 行，密碼修改成功後回到會員中心畫面。

完成修改會員密碼畫面如下圖。

圖 9-33　iOS 修改會員密碼

圖 9-34　Android 修改會員密碼

9-3-6 登出

若會員想登出系統，則可以到會員中心中點擊登出的選項。為了防止登出後會有資料殘留在 model 中，影響下一個登入的會員，因此設計一個清空事件來呼叫 model 的 reducers 將資料清空。

【src / models / member.js】

```
1  import userJSONData from '../data/users.json';
2  export default {
3    namespace: 'member',
4    state: {
5      users: userJSONData,
6      user: {},
7    },
8    effects: {
9      //... 省略其他程式碼
10     *LOGOUT_user({ callback }, { put }) {
11       // 清空個人的會員資料
12       yield put({
13         type: 'member/SAVE_user',
14         payload: {
15           user: {},
16         },
17       });
18       // 清空完成
19       if (callback) callback();
20     }
21   },
22   reducers: {
23     SAVE_user(state, { payload }) {
24       return {
25         ...state,
26         user: payload.user,
27       };
28     },
29     SAVE_users(state, { payload }) {
30       return {
31         ...state,
32         users: payload.users,
33       };
34     },
35   },
36 };
```

最後設定當按下登出選項時觸發清空事件，並導向登入畫面。

【src / routes / Shop / Member.js】

```
1 //... 省略其他程式碼
2 class Member extends Component {
3   state = {};
4   render() {
5     const { user, navigation, LOGOUT_user } = this.props;
6     const column = [
7       {
8         key: 'userinfo',
9         title: '修改會員資訊',
10        onPress: () => {
11          navigation.navigate('UserInfo')
12        }
13      },
14      {
15        key: 'passwordreset',
16        title: '修改會員密碼',
17        onPress: () => {
18          navigation.navigate('PasswordReset')
19        }
20      },
21      {
22        key: 'logout',
23        title: '登出',
24        onPress: () => {
25          const callback = () => {
26            navigation.navigate('Login');
27          }
28          LOGOUT_user(callback);
29        }
30      }
31    ];
32 //... 省略其他程式碼
33
34 const mapStateToProps = state => {
35   return {
36     user: state.member.user,
37   }
38 }
39
```

```
40 const mapDispatchToProps = dispatch => {
41   return {
42     LOGOUT_user(callback) {
43       dispatch({ type: 'member/LOGOUT_user', callback });
44     },
45   }
46 }
47
48 export default connect(mapStateToProps, mapDispatchToProps)
   (Member);
```

9-4 商品列表

9-4-1 商品類別

購物商城需要顯示不同商品來吸引會員購買，因此必須建立一個用來呈現商品的畫面；而一個購物商城將會有大量的商品。在本章中使用商品類別來將商品分類，讓會員可以快速找到需要的商品。在開發畫面前必須產生一個商品的 models 檔，用以存放商品的資料。到 models 資料夾中建立 product.js 檔案，並將範例資料預設的商品類別資料儲存至 prodcut_type 變數。

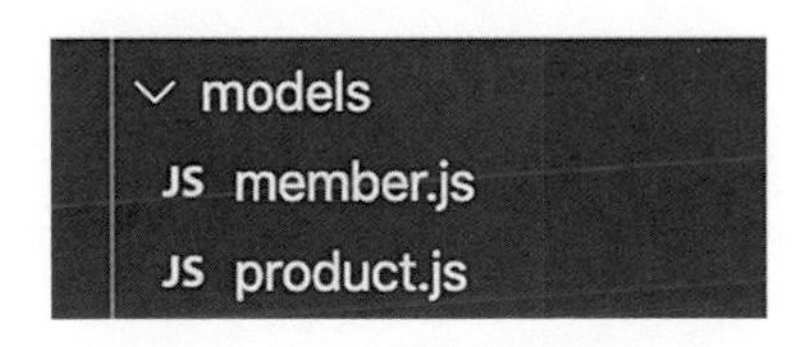

圖 9-35　Category.js 的檔案位置

【src / models / product.js】

```
1  import productJSONData from '../data/product.json';
2  export default {
3    namespace: 'product',
4    state: {
5      product_type: productJSONData.product_type,
6    },
7    effects: {},
8    reducers: {},
9  };
```

修改專案入口檔 src/App.js，將剛剛所建立的 model 啟用。

【src / App.js】

```
1  //... 省略其他程式碼
2  import product from './models/product';
3  //... 省略其他程式碼
4  const app = create();
5  app.model(member);
6  app.model(product);
7  app.start();
8  //... 省略其他程式碼
```

設計畫面時會需要用到商品類別，因此要透過 mapStateToProps 方法，從商品的 models 中將商品類別取出。接著透過 FlatList 與 ListItem 組件來將類別以列表方式呈現，並且使用 ScrollView 防止類別過多，造成畫面被截斷的問題。

【src / routes / Shop / Product.js】

```
1  //... 省略其他程式碼
2  import { SafeAreaView, FlatList, ScrollView } from 'react-native';
3  import { ListItem } from 'react-native-elements';
4  import { connect } from 'react-redux';
5  import Icon from 'react-native-vector-icons/Ionicons';
6  Icon.loadFont();
7
8  class Product extends Component {
9    state = {};
10
11   render() {
12     const { product_type } = this.props;
13     return (
14       <SafeAreaView>
15         <ScrollView
16           showsHorizontalScrollIndicator={false}>
17           {
18             <FlatList
19               keyExtractor={(item, index) => index.toString()}
20               data={product_type}
21               renderItem={({ item }) => (
22                 <ListItem
23                   title={item.name}
24                   subtitle={item.subtitle}
```

```
25                     subtitleStyle={{ color: 'gray' }}
26                     bottomDivider
27                     chevron />
28                 )} />
29             }
30           </ScrollView>
31         </SafeAreaView>
32       )
33     }
34 }
35
36 const mapStateToProps = state => {
37   return {
38     product_type: state.product.product_type,
39   }
40 }
41
42 export default connect(mapStateToProps, null)(Product);
```

範例說明

1. 第 19 行設定列表的索引值，防止系統顯示錯誤訊息。
2. 第 21-28 行設定列表中每一列的畫面。

完成後的商品類別畫面如下圖。

圖 9-36　iOS 商品類別

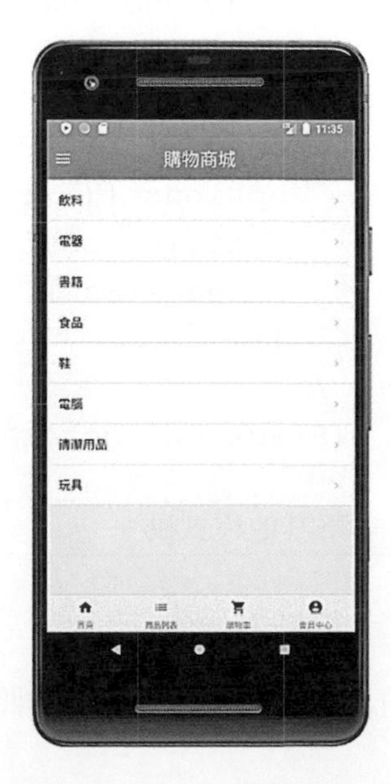

圖 9-37　Android 商品類別

9-4-2 商品內容

當會員點擊商品類別時，會跳出商品內容來顯示該類別所有的商品資料，讓會員可以瀏覽商品。首先先建立畫面，到 Screen 資料夾中新增一個用來設計商品內容畫面的檔案 ProductDetail.js。

圖 9-38　ProductDetail.js 的檔案目錄

到配置路徑檔案 src/Router.js 中，將商品內容畫面啟用。

【src / Router.js】

```
1  //... 省略其他程式碼
2  import ProductDetail from './routes/Shop/Screen/ProductDetail';
3  //... 省略其他程式碼
4      const StackNavigator = () => (
5        <Stack.Navigator
6          initialRouteName="Login">
7        //... 省略其他程式碼
8          <Stack.Screen
9            name="ProductDetail"
10           component= {ProductDetail}
11           options={({ route }) => ({
12             title: route.params.item.name,
13             headerBackTitle: '返回',
14           })}
15         />
16       </Stack.Navigator>
17     )
18 //... 省略其他程式碼
```

程式說明

1. 第 10-14 行，從 route 路由中將傳入之類別的名稱取出，並顯示在 title 中。

在商品的 models 中新增 product 變數，用來存放商品資料，並將範例預設資料輸入。

【src / models / product.js】

```
1  import productJSONData from '../data/product.json';
2  export default {
3      namespace: 'product',
4      state: {
5          //... 省略其他程式碼
6          products: productJSONData.product,
7      },
8  //... 省略其他程式碼
```

在進入商品內容畫面前，必須先瞭解會員是選擇哪個類別的商品，並顯示對應的商品資料。因此，先至商品類別畫面 src/routes/Shop/Product.js 中設定當按下類別時跳轉畫面到商品內容，並且將該類別的資料傳送過去。

【src / routes / Shop / Product.js】

```
1  //... 省略其他程式碼
2                <FlatList
3                  keyExtractor={(item, index) => index.toString()}
4                  data={product_type}
5                  renderItem={({ item }) => (
6                    <ListItem
7                      title={item.name}
8                      subtitle={item.subtitle}
9                      subtitleStyle={{ color: 'gray' }}
10                     bottomDivider
11                     chevron
12                     onPress={() => this.props.navigation.
   navigate('ProductDetail', { item })} />
13                 )} />
14 //... 省略其他程式碼
```

範例說明

1. 第 12 行設定按下類別時，透過 navigation 的 navigate 方法跳轉畫面到商品內容，並且在第二參數放入該類別的資料，就會在跳轉時帶到商品內容畫面中。

進入到商品內容後，會需要使用到傳入的類別來查詢商品資料，因此必須到商品的 models 中設計一個查詢事件，查詢類別內的所有商品。

【src / models / product.js】

```
1  import productJSONData from '../data/product.json';
2  export default {
3    namespace: 'product',
4    state: {
5      //... 省略其他程式碼
6      product_detail: [],
7    },
8    effects: {
9      *GET_product_detail({ payload, loading }, { put, select }) {
10       // 讀取中
11       if (loading) loading(true);
12       // 取出產品
13       let productData = yield select((state) => state.product.products);
14       // 將該類別的產品篩選出來
15       const result = [];
16       productData.map((item) => {
17         if (item.type_id === payload.id) {
18           result.push(item);
19         }
20       });
21       yield put({
22         type: 'SAVE_product_detail',
23         payload: {
24           productData: result,
25         },
26       });
27       // 讀取結束
28       if (loading) loading(false);
29     },
30   },
31   reducers: {
32     SAVE_product_detail(state, { payload }) {
33       return {
34         ...state,
35         product_detail: payload.productData,
36       };
37     },
38   },
39 };
```

範例說明

1. 第 16-20 行，透過 map 逐筆查詢商品並篩選出來。

接著開始設計畫面。首先進入畫面第一步要先使用傳入的類別資料進行商品查詢，再從商品的 model 中將查詢結果 prorduct_detail 取出，並顯示在畫面上。

【src / routes / Screen / ProductDetail.js】

```
1  import React, { Component } from 'react';
2  import { View, Text, SafeAreaView, FlatList, ActivityIndicator,
   StyleSheet } from 'react-native';
3  import { Avatar, ListItem, Button } from 'react-native-elements';
4  import { connect } from 'react-redux';
5  import { ScrollView } from 'react-native-gesture-handler';
6  import Icon from 'react-native-vector-icons/MaterialIcons';
7  Icon.loadFont();
8
9  class ProudctDetail extends Component {
10   state = {
11     loading: true,
12   };
13
14   componentDidMount() {
15     const { route, GET_product_detail } = this.props;
16     const { item } = route.params;
17     GET_product_detail(item, (loading) => this.setState({ loading }))
18   }
19
20   render() {
21     const { loading } = this.state;
22     const { product_detail, navigation } = this.props;
23     return (
24       <SafeAreaView>
25         <ScrollView>
26           {
27             loading ? <ActivityIndicator size="large" /> :
28               product_detail.length === 0 ?
29                 <View style={styles.notfound}>
30                  <Text style={styles.notfound_text}>該類別尚無商品</Text>
31                   <Button
32                     buttonStyle={styles.notfound_btn}
```

```
33                    title=" 選擇其他類別 "
34                    color="white"
35                    onPress={() => navigation.navigate('Product')}
36                  />
37                </View> :
38                <View>
39                  <FlatList
40                   keyExtractor={(item, index) => index.toString()}
41                    data={product_detail}
42                    renderItem={({ item }) => (
43                      <ListItem
44                        title={
45                          <View>
46                            <Text style={styles.item_name}>{item.
   name}</Text>
47                            <Text style={styles.item_
   describe}>{item.describe}</Text>
48                            <Text style={styles.item_
price}>${item.          price}</Text>
49                          </View>
50                        }
51                        leftElement={
52                          <Avatar
53                            large
54                            icon={{ name: 'shopping-basket', type:
   'material' }}
55                            size={100}/>
56                        }
57                        rightElement={
58                          <Icon
59                            name="shopping-cart"
60                            style={styles.item_icon} size={30} />
61                        }
62                        bottomDivider
63                      />
64                    )}
65                  />
66                </View>
67            }
68          </ScrollView>
69        </SafeAreaView>
70      )
```

```
71   }
72 }
73
74 const mapStateToProps = state => {
75   return {
76     product_detail: state.product.product_detail,
77   }
78 }
79
80 const mapDispatchToProps = dispatch => {
81   return {
82     GET_product_detail(payload, loading) {
83       dispatch({ type: 'product/GET_product_detail', payload, loading });
84     }
85   }
86 }
87
88 export default connect(mapStateToProps, mapDispatchToProps)
   (ProudctDetail);
89
90 const styles = StyleSheet.create({
91   notfound: {
92     height: 150,
93     justifyContent: 'center',
94     alignItems: 'center',
95   },
96   notfound_text: {
97     fontSize: 24,
98   },
99   notfound_btn: {
100       marginTop: 20,
101       backgroundColor: '#F84930',
102     },
103     item_name: {
104       fontSize: 18,
105     },
106     item_describe: {
107       fontSize: 16,
108       color: 'gray',
109       marginTop: 10,
110     },
111     item_price: {
```

```
112         fontSize: 20,
113         color: 'red',
114         marginTop: 10,
115       },
116       item_icon: {
117         color: 'gray',
118       }
119     });
120
```

範例說明

1. 第 16 行從 route 的 params 中，把跳轉路由時傳送的商品類別資料取出。
2. 第 28-36 行，表示當正在查詢類別時顯示讀取畫面，而查詢完後資料只有 0 筆時，顯示「該類別尚無商品」的畫面。
3. 第 51-56 行爲商品內容列表的左側欄內容，另有使用 Avatar 組件放置商品圖片，這裡先用圖示代替。
4. 第 57-61 行爲商品內容列表的右側欄內容，另有使用 Icon 組件放置購物車圖示。

完成後的商品內容畫面如下圖。

圖 9-39　iOS 商品內容

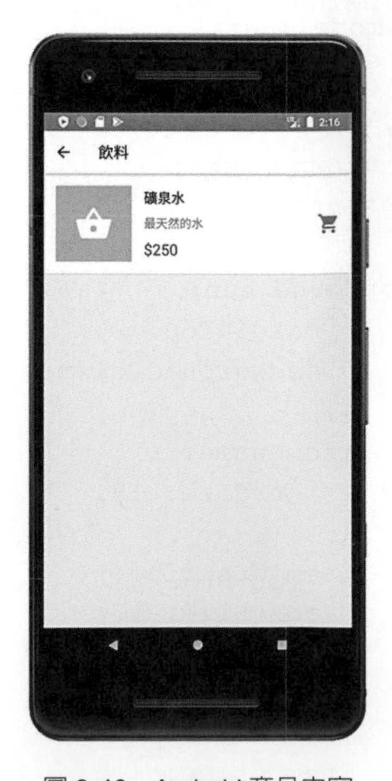

圖 9-40　Android 商品內容

9-5 購物車

9-5-1 取出購物車商品

購物車的設計用來方便會員可以將想要購買的商品進行儲存，並且可以透過購物車來計算欲消費的金額。因此，本節將帶領讀者設計購物車。首先為了要能記錄存入的商品以及數量，因此必須新增一個購物車的 model，到 models 資料夾中建立 cart.js 檔案，來存取購物車的資料。

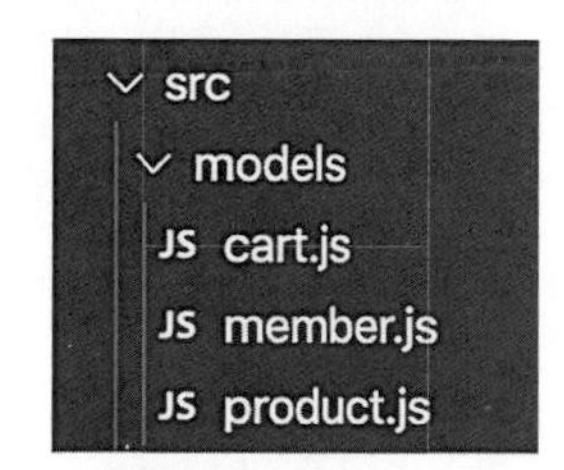

圖 9-41　購物車 model 的檔案目錄

並且到專案入口檔 src/App.js 中，將剛才建立的購物車 model 啓用。

【src / App.js】

```
1  //... 省略其他程式碼
2  import cart from './models/cart';
3  //... 省略其他程式碼
4  const app = create();
5  app.model(member);
6  app.model(product);
7  app.model(cart);
8  app.start();
9  //... 省略其他程式碼
```

再進入購物車畫面時必須先將購物車內的資料取出，因此在購物車的 model 中設計一個取出事件。

【src / models / cart.js】

```
1  import productJSONData from '../data/product.json';
2  export default {
3    namespace: 'cart',
4    state: {
5      cart: [],
6      cart_personal: [],
7    },
8    effects: {
9      *GET_cart({ loading }, { put, select }) {
10       // 讀取中
11       if (loading) loading(true);
```

```
12      // 取出商品用以查詢商品內容
13      const productData = yield select((state) => state.product.
products);
14      // 取出購物車資料
15      const cartData = yield select((state) => state.cart.cart);
16      // 取得個人資料
17      const userData = yield select((state) => state.member.user);
18      // 查詢購物車商品的內容
19      const result = [];
20      cartData.map((item) => {
21        // 若購物車不屬於該會員資料，跳過
22        if (item.user_id !== userData.id) return;
23        productData.map((item2) => {
24          if (item2.id === item.product_id) {
25            result.push({
26              ...item,
27              ...item2,
28            })
29          }
30        })
31      });
32      yield put({
33        type: 'SAVE_cart_personal',
34        payload: {
35          cart_personal: result,
36        },
37      });
38      // 讀取結束
39      if (loading) loading(false);
40    },
41  },
42  reducers: {
43  SAVE_cart(state, { payload }) {
44    return {
45      ...state,
46     cart: payload.cart,
47    };
48  },
49  save_cart_personal(state, {payload})
50    return {
51      ...state,
52     cart_personal: payload.cart_personal,
53    };
54  },
55 },
56 };
```

範例說明

1. 第 5-6 行建立兩個變數，用於儲存所有購物車資料以及個人購物車資料。
2. 第 13 行，為了要能夠取得商品的內容，先將商品資料從商品 model 取出。
3. 第 15 行，將購物車資料取出。
4. 第 20-31 行，用來查詢購物車中所有的商品內容，因為目前在購物車中只有商品的 id，因此必須從取出的商品資料中把其他訊息也取出。

開啓購物車畫面 Cart.js 來修改畫面內容，在顯示前必須使用剛剛在購物車 model 中設計好的取出事件來把資料取出，並且設置在進入畫面時就執行此動作。購物車顯示方式也是以列表方式呈現，因此在這裡同樣採用 FlatList 與 ListItem 組件來顯示商品內容。

【src / routes / Shop / Cart.js】

```
1  //... 省略其他程式碼
2  import { SafeAreaView, ScrollView, View, Text, FlatList,
   ActivityIndicator, StyleSheet } from 'react-native';
3  import { ListItem, Avatar, Button } from 'react-native-elements';
4  import { connect } from 'react-redux';
5
6  class Cart extends Component {
7    state = {
8      loading: true,
9    };
10
11   componentDidMount() {
12     const { GET_cart } = this.props;
13     GET_cart((loading) => this.setState({ loading }));
14   }
15
16   render() {
17     const { navigation, cart } = this.props;
18     const { loading } = this.state;
19     return (
20       <SafeAreaView>
21         <ScrollView
22           showsVerticalScrollIndicator={false}>
23           {
24             loading ? <ActivityIndicator size="large" /> :
25               cart.length === 0 ?
```

```
26                <View style={styles.notfound_container}>
27                 <Text style={styles.notfound_text}>購物車尚無商品</
   Text>
28                  <Button
29                    buttonStyle={styles.notfound_btn}
30                    title="去選購商品"
31                    color="white"
32                    onPress={() => navigation.navigate('Product')}
33                  />
34                </View> :
35                <FlatList
36                  keyExtractor={(item, index) => index.toString()}
37                  data={cart}
38                  renderItem={({ item }) => (
39                    <ListItem
40                      bottomDivider
41                      title={item.name}
42                      subtitle={
43                        <View>
44                          <Text style={{ color: 'gray' }}>{'售價：
                             ${item.price}'}</Text>
45                        </View>
46                      }
47 leftElement={<Avatar
48                       large
49                       style={{ backgroundColor: 'gray' }}
50                       icon={{ name: 'shopping-basket', type:
                         'material' }}
51                       size={100}
52                       height={150}
53                       width={150} />
54 }
55                      rightElement={<Text style={styles.item_
   price}>{item.price * item.count}</Text>}
56                    />
57                  )}
58                />
59            }
60          </ScrollView>
61        </SafeAreaView>
62      )
63    }
64 }
65
```

```
66
67 const styles = StyleSheet.create({
68   notfound_container: {
69     height: 150,
70     justifyContent: 'center',
71     alignItems: 'center',
72   },
73   notfound_text: {
74     fontSize: 18,
75   },
76   notfound_btn: {
77     marginTop: 20,
78     backgroundColor: '#F84930',
79   },
80   item_price: {
81     color: 'red',
82     fontSize: 24,
83   },
84   number_container: {
85     height: 40,
86     width: 120,
87     marginTop: 10,
88     flexDirection: 'row',
89     justifyContent: 'center',
90     alignItems: 'center'
91   },
92   number_btn: {
93     width: '25%',
94   },
95   number_input_container: {
96     width: '50%',
97     paddingLeft: 10,
98     paddingRight: 10
99   },
100     number_input: {
101       height: '100%',
102       borderColor: 'gray',
103       borderWidth: 1,
104       textAlign: 'center',
105     },
106   });
107
108   const mapStateToProps = state => {
109     return {
```

```
110        cart: state.cart.cart_personal,
111      }
112    }
113
114    const mapDispatchToProps = dispatch => {
115      return {
116        GET_cart(loading) {
117          dispatch({ type: 'cart/GET_cart', loading });
118        },
119      }
120    }
121
122    export default connect(mapStateToProps, mapDispatchToProps)(Cart);
```

範例說明

1. 第 11-14 行，當進入畫面時，執行取出購物車事件，並設置 loading 的 state 狀態。
2. 第 25-33 行判斷當購物車無商品時，顯示尚無商品畫面。
3. 第 42-46 行設定副標題樣式以及內容爲售價。

購物車查無商品時的畫面如下。

圖 9-42　iOS 無商品的購物車

圖 9-43　Android 無商品的購物車

若要測試購物車中有商品時的畫面，可以到model中新增一筆資料到cart的state中。

【src / models / cart.js】

```
1  export default {
2    namespace: 'cart',
3    state: {
4      cart: [
5        {
6          user_id: 1,
7          product_id: 1,
8          count: 10,
9        }
10     ],
11     cart_personal: [],
12   },
13   //... 省略其他程式碼
```

購物車中有商品時的畫面如下。

圖 9-44　iOS 有商品的購物車

圖 9-45　Android 有商品的購物車

9-5-2 存入 / 修改購物車商品

爲了要能將商品可以透過商品內容中的加入購物車按鈕存入購物車中，以及可以修改存入購物車的商品數量，因此要新增一個存入 / 修改事件來儲存商品。

【src/models/cart.js】

```
1  export default {
2    namespace: 'cart',
3    state: {
4      cart: [
5        {
6           user_id: 1,
7           product_id: 1,
8           count: 10,
9        },
10     ],
11     cart_personal: [],
12   },
13   effects: {
14     //... 省略其他程式碼
15     *POST_cart({ payload }, { put, select }) {
16       // 當數量少於 1 時不更新
17       if (payload.count <= 0) return;
18       // 取出購物車資料
19       let cartData = yield select((state) => state.cart.cart);
20       // 取得個人資料
21       const userData = yield select((state) => state.member.user);
22       // 確認是不是購物車已經有該商品
23       let cartCheck = false;
24       let cartIndex = 0;
25       cartData.map((item, index) => {
26         // 若購物車不屬於該會員資料，跳過
27         if (item.user_id !== userData.id) return;
28         if (item.product_id === payload.product_id) {
29           cartCheck = true;
30           cartIndex = index;
31         }
32       });
33       if (!cartCheck) {
34         cartData.push({
35           ...payload,
36           user_id: userData.id,
37         });
```

```
38        } else {
39          cartData[cartIndex].count += payload.count;
40        }
41        yield put({
42          type: 'SAVE_cart',
43          payload: {
44            cart: cartData,
45          },
46        });
47        //  因為購物車變動了，因此重新取出購物車
48        yield put({ type: 'cart/GET_cart' });
49      },
50    },
51    reducers: {
52      SAVE_cart(state, { payload }) {
53        return {
54          ...state,
55          cart: payload.cart,
56        };
57      },
58 // ... 省略程式碼
59    },
60 };
```

範例說明

1. 第 25-32 行，用以檢查欲存入的商品是否已存在購物車，若有則記錄索引位置，以利後續修改商品數量。
2. 第 33-40 行，當該商品已存在購物車，則修改該購物車陣列中此商品的商品數量；反之則新增商品到購物車陣列中。
3. 第 48 行，因為購物車陣列在先前有被變動，因此重新呼叫取出的事件來更新資料。

接下來要讓會員可以很方便地在購物車中調整所需的商品數量，在購物車畫面 Cart.js 中的 ListItem 組件設計用以增加與減少商品數量的按鈕，並設定當按下按鈕時，觸發購物車 model 中的 effect 事件來更新商品數量。

【src / routes / Shop / Cart.js】

```
1 //... 省略其他程式碼
2 import { SafeAreaView, ScrollView, View, Text, StyleSheet,
  ActivityIndicator, FlatList, TextInput } from 'react-native';
3 //... 省略其他程式碼
4   handleAddSubButton(item, type) {
5     const { POST_cart } = this.props;
6     POST_cart({
7       product_id: item.id,
8       count: type === '+' ? parseInt(item.count) + 1 :
        parseInt(item.count) - 1,
9     });
10  }
11
12  render() {
13    const { navigation, cart } = this.props;
14    const { loading } = this.state;
15    return (
16      <SafeAreaView
17        style={{
18          flex: 1
19        }}>
20        <ScrollView
21          showsVerticalScrollIndicator={false}>
22          {
23              //... 省略其他程式碼
24                <FlatList
25                  keyExtractor={(item, index) => index.toString()}
26                  data={cart}
27                  renderItem={({ item }) => (
28                    <ListItem
29                      bottomDivider
30                      title={item.name}
31                      subtitle={
32                        <View>
33                          <View
34                            style={styles.number_container}>
35                            <View
36                              style={styles.number_btn}>
37                              <Button
38                                title="-"
39                                color="white"
40                                buttonStyle={{
41                                  backgroundColor: '#F84930'
42                                }}
```

```
43                                 onPress={() => this.
  handleAddSubButton(item, '-')}
44                               />
45                             </View>
46                             <View
47                              style={styles.number_input_container}>
48                               <TextInput
49                                 style={styles.number_input}
50                                 editable={false}
51                                 value={item.count.toString()}
52                                 keyboardType={'numeric'}
53                               />
54                             </View>
55                             <View
56                               style={styles.number_btn}>
57                               <Button
58                                 title="+"
59                                 color="white"
60                                 buttonStyle={{
61                                   backgroundColor: '#F84930'
62                                 }}
63                                 onPress={() => this.
  handleAddSubButton(item, '+')}
64                               />
65                             </View>
66                           </View>
67                           <Text style={{ color: 'gray' }}>{`售價：
    ${item.price}`}</Text>
68                         </View>
69                       }
70                       leftElement={
71                          <Avatar
72                             large
73                             style={{ backgroundColor:'gray' }}
74                            icon={{ name: 'shopping-basket', type:
    'material' }}
75                             size={100}
76                             height={150}
77                             width={150} />
78                       }
79                       rightElement={<Text style={styles.item_
  price}>{item.price * item.count}</Text>}
80                     />
81                   )}
82                 />
83             }
84         </ScrollView>
```

```
85       </SafeAreaView>
86     )
87   }
88 //... 省略其他程式碼
89 const mapStateToProps = state => {
90   return {
91     cart: state.cart.cart_personal,
92   }
93 }
94
95 const mapDispatchToProps = dispatch => {
96   return {
97     GET_cart(loading) {
98       dispatch({ type: 'cart/GET_cart', loading });
99     },
100      POST_cart(payload) {
101        dispatch({ type: 'cart/POST_cart', payload });
102      },
103    }
104  }
105
106  export default connect(mapStateToProps, mapDispatchToProps)(Cart);
```

範例說明

1. 第 8 行，判斷當傳入爲+時，將商品數量加一；反之則減一。
2. 第 43 與 63 行分別設定按鈕按下觸發修改數量方法。

圖 9-46　iOS 商品修改數量

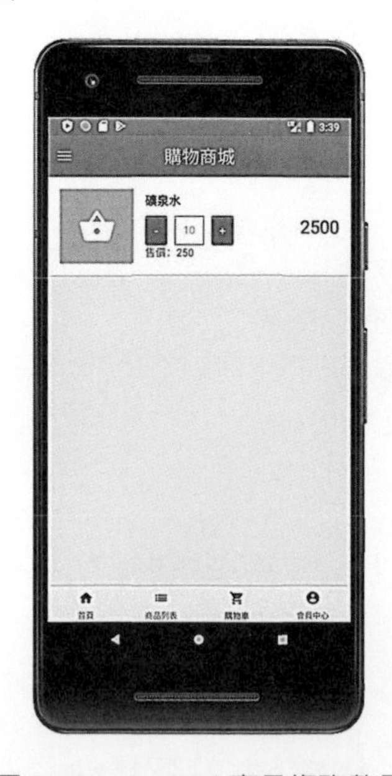

圖 9-47　Android 商品修改數量

回到商品內容畫面 src/routes/Shop/Screen/ProductDetail.js 中，將商品的加入購物車按鈕完成。首先設計一個加入購物車的彈跳視窗，讓會員可以選擇所需的商品數量，並在上方設定一個 handleSubmit 方法，讓會員按下按鈕時觸發先前在購物車 model 設計的存入事件來儲存商品，以及設定 handleAddSubButton 方法來儲存會員在選擇商品時所設定的數量。

【src / routes / Shop / Screen / ProductDetail.js】

```
1  //... 省略其他程式碼
2  import { View, Text, SafeAreaView, FlatList, ActivityIndicator,
   StyleSheet, Modal, TouchableOpacity, TextInput, Alert } from
   'react-native';
3  class ProudctDetail extends Component {
4    state = {
5      loading: true,
6      modal: false,
7      selectProduct: {},
8      count: 1,
9    };
10   //... 省略其他程式碼
11   handleSubmit() {
12     const { POST_cart } = this.props;
13     const { selectProduct, count } = this.state;
14     POST_cart({
15       product_id: selectProduct.id,
16       count: parseInt(count),
17     });
18   }
19
20   handleAddSubButton(type) {
21     const { count } = this.state;
22     if (type === '+') {
23       this.setState({ count: count + 1 });
24       return;
25     }
26     this.setState({ count: count - 1 });
27   }
28
29   render() {
30     const { loading, modal, selectProduct, count } = this.state;
31     const { product_detail, navigation } = this.props;
32     return (
```

```
33    <SafeAreaView>
34      <ScrollView
35        showsHorizontalScrollIndicator={false}>
36        {
37          loading ? <ActivityIndicator size="large" /> :
38            product_detail.length === 0 ?
39              <View style={styles.notfound}>
40               <Text style={styles.notfound_text}>該類別尚無商品</
  Text>
41                <Button
42                  buttonStyle={styles.notfound_btn}
43                  title="選擇其他類別"
44                  color="white"
45                  onPress={() => navigation.navigate('Product')}
46                />
47              </View> :
48              <View>
49                <FlatList
50                  //... 省略其他程式碼
51                      onPress={() => this.setState({
  selectProduct: item, modal: true, count: 1 })}
52                    />
53                  )}
54                />
55                <Modal
56                  animationType={'slide'}
57                  transparent={true}
58                  visible={modal}
59                >
60                  <TouchableOpacity
61                   onPress={() => this.setState({ modal: false })}
62                    style={styles.modal_container}>
63                    <View style={styles.modal}>
64                      <Text style={styles.modal_
  text}>{selectProduct.name}</Text>
65                      <View
66                        style={styles.number_container}>
67                        <View
68                          style={styles.number_btn}>
69                          <Button
70                            title="-"
71                            color="white"
```

```
72                                  buttonStyle={{
73                                    backgroundColor: '#F84930'
74                                  }}
75                                  onPress={() => this.
   handleAddSubButton('-')}
76                                />
77                              </View>
78                              <View
79                                style={styles.number_input_container}>
80                                <TextInput
81                                  style={styles.number_input}
82                                  editable={false}
83                                  value={count.toString()}
84                                  keyboardType={'numeric'}
85                                />
86                              </View>
87                              <View
88                                style={styles.number_btn}>
89                                <Button
90                                  title="+"
91                                  color="white"
92                                  buttonStyle={{
93                                    backgroundColor: '#F84930'
94                                  }}
95                                  onPress={() => this.
   handleAddSubButton('+')}
96                                />
97                              </View>
98                            </View>
99                            <Button
100                               buttonStyle={styles.modal_btn}
101                               title="加入購物車"
102                               color="white"
103                               onPress={() => this.handleSubmit()}
104                             />
105                           </View>
106                         </TouchableOpacity>
107                       </Modal>
108                     </View>
109                 }
110             </ScrollView>
```

```
111         </SafeAreaView>
112       )
113     }
114   }
115   //... 省略其他程式碼
116   const mapStateToProps = state => {
117     return {
118       product_detail: state.product.product_detail,
119     }
120   }
121
122   const mapDispatchToProps = dispatch => {
123     return {
124       GET_product_detail(payload, loading) {
125        dispatch({ type: 'product/GET_product_detail', payload, loading });
126       },
127       POST_cart(payload) {
128         dispatch({ type: 'cart/POST_cart', payload});
129       },
130     }
131   }
132
133   export default connect(mapStateToProps, mapDispatchToProps)
      (ProudctDetail);
134
135   const styles = StyleSheet.create({
136     notfound: {
137       height: 150,
138       justifyContent: 'center',
139       alignItems: 'center',
140     },
141     notfound_text: {
142       fontSize: 24,
143     },
144     notfound_btn: {
145       marginTop: 20,
146       backgroundColor: '#F84930',
147     },
148     item_name: {
149       fontSize: 18,
150     },
151     item_describe: {
```

```
152         fontSize: 16,
153         color: 'gray',
154         marginTop: 10,
155       },
156       item_price: {
157         fontSize: 20,
158         color: 'red',
159         marginTop: 10,
160       },
161       item_icon: {
162         color: 'gray',
163       },
164       modal_container: {
165         flex: 1,
166         justifyContent: 'center',
167         alignItems: 'center'
168       },
169       modal: {
170         position: 'absolute',
171         bottom: 0,
172         width: 500,
173         height: 180,
174         backgroundColor: 'white',
175         alignItems: 'center'
176       },
177       modal_text: {
178         fontSize: 30,
179         marginTop: 20,
180       },
181       modal_btn: {
182         marginTop: 20,
183         backgroundColor: '#F84930',
184       },
185       number_container: {
186         height: 40,
187         width: 120,
188         marginTop: 10,
189         flexDirection: 'row',
190         justifyContent: 'center',
191         alignItems: 'center'
192       },
193       number_btn: {
```

```
194       width: '25%',
195     },
196     number_input_container: {
197       width: '50%',
198       paddingLeft: 10,
199       paddingRight: 10
200     },
201     number_input: {
202       height: '100%',
203       borderColor: 'gray',
204       borderWidth: 1,
205       textAlign: 'center',
206     }
207   });
```

範例說明

1. 第 6-8 行分別定義 modal 是否顯示、儲存目前選擇的商品資料，以及目前設定的商品數量。
2. 第 11-18 行定義一個 handleSubmit 方法給加入購物車按鈕進行儲存。
3. 第 20-27 行定義一個 handleAddSubButton 方法將商品數量儲存到該組件的 state 中。
4. 第 51 行設定當按下商品時，跳出加入購物車的 modal 畫面。
5. 第 55-107 行設定一個 Modal 視窗，用來顯示點擊商品時彈出的畫面，並且讓會員可以修改商品數量。
6. 第 60-61 行，為了在開啓彈出畫面後，可以讓會員隨機點擊畫面任何位置都能關閉 modal，因此使用 TouchableOpacity 來封裝畫面內容。
7. 第 103 行設定當按下按鈕時，觸發 handleSubmit 方法儲存到購物車中。

不過，當會員按下加入購物車後，必須要將 modal 關閉，因此將加入購物車的 effect 事件進行改寫，透過 callback 來關閉 modal 以及顯示加入成功訊息。

【src / models / cart.js】

```
1 //... 省略其他程式碼
2     *POST_cart({ payload, callback }, { put, select }) {
3       //... 省略其他程式碼
4       // 若有 callback 則回傳
5       if (callback) callback();
6     },
7 //... 省略其他程式碼
```

【src / routes / Shop / Screen / ProductDetail.js】

```
1 //... 省略其他程式碼
2   handleSubmit() {
3     const { POST_cart } = this.props;
4     const { selectProduct, count } = this.state;
5     const callback = () => {
6       this.setState({
7         modal: false,
8       });
9       Alert.alert('商品新增完成');
10    }
11    POST_cart({
12      product_id: selectProduct.id,
13      count: parseInt(count),
14    }, callback);
15  }
16 //... 省略其他程式碼
17 const mapDispatchToProps = dispatch => {
18   return {
19     GET_product_detail(payload, loading) {
20       dispatch({ type: 'product/GET_product_detail', payload, loading });
21     },
22     POST_cart(payload, callback) {
23       dispatch({ type: 'cart/POST_cart', payload, callback });
24     },
25   }
26 }
27
28 export default connect(mapStateToProps, mapDispatchToProps)
   (ProductDetail);
29 //... 省略其他程式碼
```

完成加入購物車的畫面如下。

圖 9-48　iOS 加入購物車

圖 9-49　Android 加入購物車

9-5-3　刪除購物車商品

會員可能會因爲反悔或其他原因要把購物車內的商品移除，因此在購物車 model 中定義一個刪除商品的 effect 事件。

【src / models / cart.js】

```
1  export default {
2    namespace: 'cart',
3    state: {
4     cart: [
5     {
6            user_id: 1,
7            product_id: 1,
8            count: 10,
9     },
10 ],
11     cart_personal: [],
12   },
13   effects: {
14     //... 省略其他程式碼
15     *DELETE_cart({ payload }, { put, select }) {
16       // 取出購物車資料
17       let cartData = yield select((state) => state.cart.cart);
```

```
18        for (let i = 0; i < cartData.length; i++) {
19          if (cartData[i].product_id === payload) {
20            cartData.splice(i, 1);
21          }
22        }
23        yield put({
24          type: 'SAVE_cart',
25          payload: {
26            cart: cartData,
27          },
28        });
29        // 因爲購物車變動了，因此重新取出購物車
30        yield put({ type: 'cart/GET_cart' });
31      },
32    },
33    reducers: {
34      SAVE_cart(state, { payload }) {
35        return {
36          ...state,
37          cart: payload.cart,
38        };
39      },
40 // ... 省略程式碼
41    },
42 };
```

範例說明

1. 第 18-22 行用以查詢購物車陣列商品，並將它透過 splice 方法刪除。

接下來到購物車畫面中的 Cart.js，在每個商品內容下方設計一個按鈕，讓會員可以用來刪除商品。

【src / routes / Shop / Cart.js】

```
1    //... 省略其他程式碼
2    handleDeleteButton(item) {
3      const { DELETE_cart } = this.props;
4      DELETE_cart(item.id);
5    }
6    //... 省略其他程式碼
7    render() {
```

```
8     const { navigation, cart } = this.props;
9     const { loading } = this.state;
10    return (
11      <SafeAreaView
12        style={{
13          flex: 1
14        }}>
15        //... 省略其他程式碼
16                <FlatList
17                  keyExtractor={(item, index) => index.toString()}
18                  data={cart}
19                  renderItem={({ item }) => (
20                    <ListItem
21                      bottomDivider
22                      title={item.name}
23                      subtitle={
24                        <View>
25                          //... 省略其他程式碼
26                          <Text style={{ color: 'gray' }}>{`售價：
   ${item.price}`}</Text>
27                          <Text
28                            style={styles.delete_btn}
29                            onPress={() => this.
   handleDeleteButton(item)}>
30                            刪除商品
31                          </Text>
32                        </View>
33                      }
34                      leftElement=<Avatar
35                        large
36                        style={{ backgroundColor:'gray' }}
37                        icon={{ name: 'shopping-basket', type:
     'material' }}
38                        size={100}
39                        height={150}
40                        width={150} />
41                      rightElement={
42                        <View style={{
43                          height: '100%',
44                          justifyContent: 'center'
45                        }}>
```

```
46                              <Text style={styles.item_price}>{item.
   price * item.count}</Text>
47                            </View>
48                          }
49                        />
50                      )}
51                    />
52            }
53          </ScrollView>
54        </SafeAreaView>
55      )
56    }
57 }
58 //... 省略其他程式碼
59 const mapDispatchToProps = dispatch => {
60   return {
61     //... 省略其他程式碼
62     DELETE_cart(payload) {
63       dispatch({ type: 'cart/DELETE_cart', payload });
64     },
65   }
66 }
67
68 const styles = StyleSheet.create({
69   //... 省略其他程式碼
70   delete_btn: {
71     color: '#F84930',
72     marginTop: 5
73   },
74 });
75
76 export default connect(mapStateToProps, mapDispatchToProps)(Cart);
```

範例說明

1. 第 2-5 行定義一個刪除商品方法，呼叫購物車 model 中的刪除商品事件。
2. 第 27-31 行新增一個刪除商品按鈕，當按下時即刪除購物車的商品。

完成刪除商品的畫面如下。

圖 9-50　iOS 購物車刪除商品

圖 9-51　Android 購物車刪除商品

9-5-4　合計金額

接下來在購物車下方顯示目前購物車內所有商品的加總金額，讓會員可以即時了解購物車內所有欲購買的商品需花費多少金額。

【src / routes / Shop / Cart.js】

```
1  //... 省略其他程式碼
2  sumPrice() {
3      const { cart } = this.props;
4      let total = 0;
5      cart.map((item) => {
6        total += item.price * item.count;
7      });
8      return total;
9    }
10
11   render() {
12     const { navigation, cart } = this.props;
13     const { loading } = this.state;
14     return (
15       <SafeAreaView
```

```
16         style={{
17           flex: 1
18         }}>
19         <ScrollView
20           showsVerticalScrollIndicator={false}>
21             //... 省略其他程式碼
22         </ScrollView>
23         <View
24           style={styles.total}>
25          <Text style={styles.total_text}>合計：{this.sumPrice()}</Text>
26         </View>
27       </SafeAreaView>
28     )
29   }
30 //... 省略其他程式碼
31 const styles = StyleSheet.create({
32   //... 省略其他程式碼
33   total: {
34     width: '100%',
35     height: 50,
36     justifyContent: 'center',
37     alignItems: 'flex-end',
38     backgroundColor: 'orangered',
39     position: 'absolute',
40     bottom: 0,
41     paddingRight: 10,
42   },
43   total_text: {
44     fontSize: 20,
45     color: 'white',
46   },
47 });
48 //... 省略其他程式碼
```

範例說明

1. 第 5 行使用 map 將購物車商品價格與數量相乘並加總。
2. 第 25 行呼叫 sumPrice 方法來總計購物車內商品的金額。

圖 9-52　iOS 購物車合計

圖 9-53　Android 購物車合計

9-6　首頁

9-6-1　輪播圖

本節將帶領讀者把購物商城的首頁完成，首頁必須設計會吸引會員購買慾望的相關訊息。本節將在畫面上方設計一個輪播圖來播放活動資訊，並使用 React Native 原生組件 ScrollView 來模擬開發輪播圖功能。首先到 model 中建立出輪播圖 models 來儲存輪播圖圖片內容，並命名為 carousel。這邊的輪播圖 JSON 資料本範例採用顏色來代替輪播圖的圖片。

【src / models / carousel.js】

```
1  import carouselJSONData from '../data/carousel.json';
2  export default {
3    namespace: 'carousel',
4    state: {
5      images: carouselJSONData
6    },
7    effects: {},
8    reducers: {},
9  };
```

修改專案入口檔 src/App.js，將剛剛所建立的 model 啓用。

【src / App.js】

```
1  //... 省略其他程式碼
2  import carousel from './models/carousel';
3  //... 省略其他程式碼
4  const app = create();
5  app.model(member);
6  app.model(product);
7  app.model(cart);
8  app.model(carousel);
9  app.start();
10 //... 省略其他程式碼
```

並在 src/components 檔案目錄中新增 Carousel.js 檔案，以放置輪播圖的程式碼，並將輪播圖開發爲組件做使用。

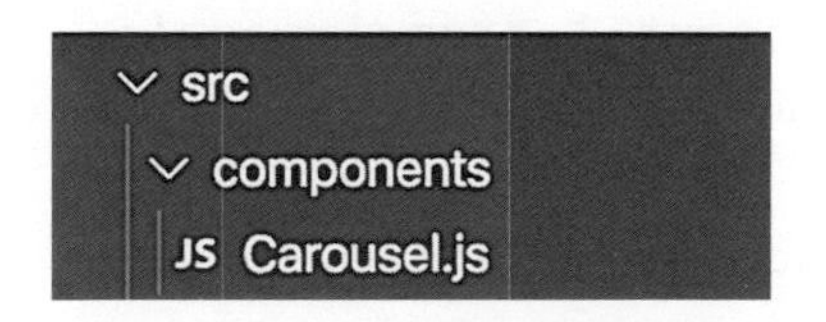

圖 9-54 輪播圖的檔案目錄

一般正常的開發模式不會在組件 Components 中取用 model 中的資料，因此回到購物商城首頁畫面 Shop.js 中，把 model 的輪播圖資料取出，並注入輪播圖組件中。

【src / routes / Shop / Shop.js】

```
1  import React, { Component } from 'react';
2  import { SafeAreaView } from 'react-native';
3  import { connect } from 'react-redux';
4  import Carousel from '../../components/Carousel';
5
6  class Shop extends Component {
7    state = {};
8
9    render() {
10     const { images } = this.props;
11     return (
12       <SafeAreaView>
13         <Carousel images={images} />
14       </SafeAreaView>
```

```
15     )
16   }
17 }
18
19 const mapStateToProps = state => {
20   return {
21     images: state.carousel.images,
22   }
23 }
24
25 export default connect(mapStateToProps, null)(Shop);
```

開始撰寫輪播圖組件 src/components/Carousel.js，將輪播圖圖片使用 Image 顯示，並透過 ScrollView 組件讓圖片可以進行左右滾動，最後透過 StyleSheet 設定圖片樣式。

【src / components / Carousel.js】

```
1  import React, { Component } from 'react';
2  import { View, StyleSheet, Dimensions, ScrollView } from 'react-native';
3
4  class Carousel extends Component {
5    state = {};
6
7    render() {
8      const { images } = this.props;
9      return (
10       <View>
11         <ScrollView
12           showsVerticalScrollIndicator={false}
13           horizontal
14           pagingEnabled>
15           {
16             images.map((item, index) => {
17               return (
18                 <View
19                   key={index}
20                   style={{
21                       ...styles.carouselImg,
22                       backgroundColor: `${item}`
23                   }} />
24               )
25             })
```

```
26            }
27          </ScrollView>
28        </View>
29      )
30    }
31 }
32
33 const styles = StyleSheet.create({
34   carouselImg: {
35     width: Dimensions.get('window').width,
36     height: 200,
37   }
38 });
39
40 export default Carousel;
```

範例說明

1. 第 11 到 14 行主要為設定 ScrollView，showsVerticalScrollIndicator 為滾動條是否顯示、horizontal 為水平顯示、pagingEnabled 為滾動條會停在滾動檢視的尺寸的整數倍位置。
2. 第 16 行到 23 行透過 map 產生所有圖片。
3. 第 35 行透過 Dimensions 取得畫面寬度，定義圖片顯示的大小。

為了讓輪播圖能自動播放，透過 ref 取得 ScrollView 組件中的 scrollTo 方法，並設定定時器來定時捲動輪播圖，詳細程式碼如下。

【src / components / Carousel.js】

```
1  //... 省略其他程式碼
2  class Carousel extends Component {
3    state = {
4      activeIndex: 0,
5      transitionDuration: 5000
6    }
7  componentDidMount() {
8      const { transitionDuration } = this.state;
9      this.myInterval = setInterval(() => this.handleActiveIndex(),
   transitionDuration);
10   }
```

```
11
12   componentWillUnmount() {
13     clearInterval(this.myInterval);
14   }
15
16   handleActiveIndex() {
17     const { images } = this.props;
18     const { activeIndex } = this.state;
19     this.setState({
20       activeIndex: activeIndex >= images.length ? 0 : activeIndex + 1
21     });
22     this.scrollView.scrollTo({ x: Dimensions.get('window').width *
  activeIndex, y: 0, animated: true });
23   }
24
25
26   render() {
27     const { images } = this.props;
28     return (
29       <View>
30         <ScrollView
31           ref={(scrollView) => { this.scrollView = scrollView }}
32           showsVerticalScrollIndicator={false}
33           horizontal
34           pagingEnabled>
35           {
36             images.map((item, index) => {
37               return (
38                 <View
39                   key={index}
40                   style={{
41                     ...styles.carouselImg,
42                     backgroundColor: `${item}`
43                   }} />
44               )
45             })
46           }
47         </ScrollView>
48       </View>
49     )
50   }
51 }
52 //... 省略其他程式碼
```

範例說明

1. 第 4-5 行宣告輪播圖會用到的 state，activeIndex 為圖片索引、transitionDuration 為播放速度（毫秒）。
2. 第 7-10 行設定當該組件被載入時，自動生成一個定時器，定期呼叫捲動的副程式。
3. 第 12-14 行設定當組件被關閉時，將定時器清除。
4. 第 16-23 行的副程式將進行 ScrollView 捲動，固定將 activeIndex + 1，當超過數量時回到第一張。並因為第 30 行有將 ScrollView 的方法取出，因此可以直接使用 scrollView 的 scrollTo 方法捲動圖片。

完成輪播圖畫面如下。

圖 9-55 iOS 輪播圖

圖 9-56 Android 輪播圖

9-6-2 商品類別列表

本小節將設計一個類別列表，放入首頁中間位置，方便使用者可以直接點擊查看該商品類別中的商品內容。在 components 資料夾中新增一個 Category.js 檔案，用以開發類別組件。

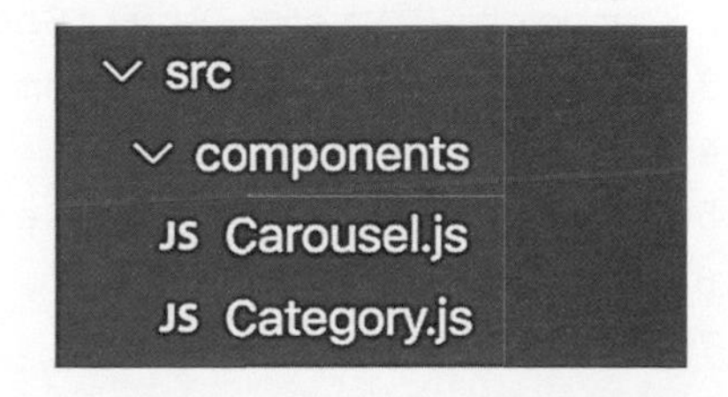

圖 9-57 Category.js 的檔案位置

接下來將類別資料從商品資料的 model 中取出，注入 Category 組件中。

【src / routes / Shop / Shop.js】

```
1  //... 省略其他程式碼
2  import Category from '../../components/Category';
3  //... 省略其他程式碼
4  class Shop extends Component {
5    state = {};
6
7    render() {
8      const { images, product_type } = this.props;
9      return (
10       <SafeAreaView>
11         <Carousel images={images} />
12         <Category product_type={product_type} />
13       </SafeAreaView>
14     )
15   }
16 }
17
18 const mapStateToProps = state => {
19   return {
20     images: state.carousel.images,
21     product_type: state.product.product_type,
22   }
23 }
24
25 export default connect(mapStateToProps, null)(Shop);
```

開始設計商品類別畫面。到商品類別組件中，透過 React Native 的 View 組件與 React Native Elements 的 Button 組件，設計出橫排一列四個的類別按鈕。

【src / components / Category.js】

```
1  import React, { Component } from 'react';
2  import { View, StyleSheet } from 'react-native';
3  import { Button } from 'react-native-elements';
4
5  export default class extends Component {
6    state = {}
7
8    render() {
```

```
9      const { product_type } = this.props;
10     return (
11       <View
12         style={styles.container}>
13         <View
14           style={styles.rowStyle}>
15           {
16             product_type.map((item, index) => {
17               return (
18                 <View
19                   key={index}
20                   style={styles.buttonContainer}>
21                   <Button
22                     buttonStyle={styles.buttonStyle}
23                     title={item.name}
24                   />
25                 </View>
26               );
27             })
28           }
29         </View>
30       </View>
31     )
32   }
33 }
34
35 const styles = StyleSheet.create({
36   container: {
37     padding: 10,
38     justifyContent: 'center',
39     backgroundColor: '#f7f7f7'
40   },
41   rowStyle: {
42     flexDirection: 'row',
43   },
44   buttonContainer: {
45     alignItems: 'center',
46     width: '25%'
47   },
48   buttonStyle: {
49     width: 80,
50     height: 80,
```

```
51     borderRadius: 50,
52     backgroundColor: '#F84930'
53   }
54 });
```

範例說明

1. 第 16 行透過 map 將傳入的每筆類別資料產生出按鈕元素。
2. 第 35-54 行爲類別畫面的樣式設定。

修改首頁，將傳入的商品類別切割成各四筆注入組件，設定當按下時導向 ProductDetail 商品內容畫面中，並將類別資料傳送過去。

【src / routes / Shop / Shop.js】

```
1  //... 省略其他程式碼
2  class Shop extends Component {
3    state = {};
4    render() {
5      const { images, product_type } = this.props;
6      const categoryList = [];
7      for (let i = 1; i <= product_type.length / 4; i += 1) {
8        categoryList.push(<Category
9          key={i}
10         product_type={product_type.slice((i - 1) * 4, i * 4)}
11         goToScreen={(screen, payload) => this.props.navigation.
   navigate(screen, payload)} />)
12     }
13     return (
14       <SafeAreaView>
15         <Carousel images={images} />
16         {categoryList}
17       </SafeAreaView>
18     )
19   }
20 }
21 //... 省略其他程式碼
```

範例說明

1. 第 7-12 行透過迴圈計算會產生幾列類別，並將組件放入 cateogryList 陣列變數中。

2. 第 11 行切換到商品內容畫面，並傳送選中的類別資料。
3. 第 16 行將 categoryList 陣列內容輸出到畫面中。

回到組件中，設定當點擊類別按鈕導向商品類別畫面。

【src / components / Category.js】

```
1 import React, { Component } from 'react';
2 import { View, StyleSheet } from 'react-native';
3 import { Button } from 'react-native-elements';
4
5 export default class extends Component {
6   state = {}
7
8   render() {
9     const { product_type, goToScreen } = this.props;
10    return (
11      <View
12        style={styles.container}>
13        <View
14          style={styles.rowStyle}>
15          {
16            product_type.map((item, index) => {
17              return (
18                <View
19                  key={index}
20                  style={styles.buttonContainer}>
21                  <Button
22                    buttonStyle={styles.buttonStyle}
23                    title={item.name}
24                    onPress={() => goToScreen('ProductDetail', {
  item })}
25                  />
26                </View>
27              );
28            })
29          }
30        </View>
31      </View>
32    )
33  }
34 }
```

商品類別畫面完成如下圖。

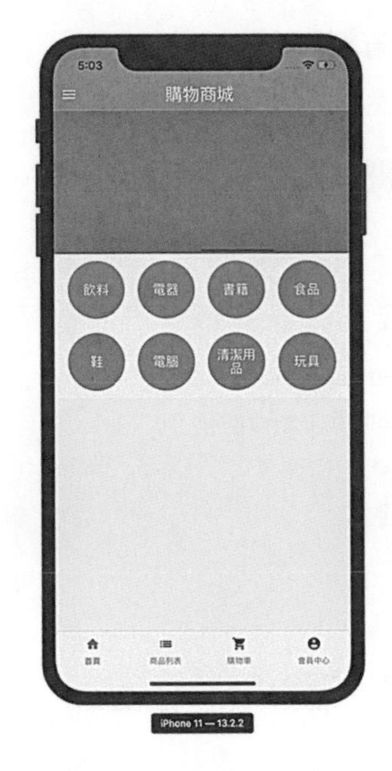

圖 9-58　iOS 商品類別

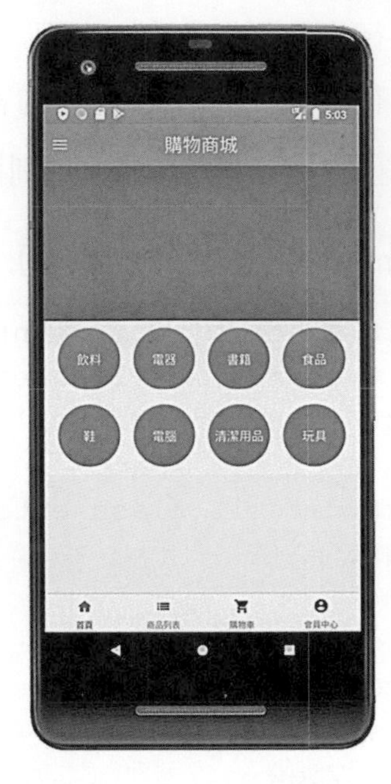

圖 9-59　Android 商品類別

9-6-3　最新商品

本小節將在首頁下方設計一個最新的商品內容，讓會員可以即時查看目前最新的商品。在商品的 models 中新增 new_product，用以存放最新產品的空陣列，並且在 models 中設計一個用來取出產品前五筆最新資料的 effect 事件。

【src / models / product.js】

```
1  import productJSONData from '../data/product.json';
2  export default {
3    namespace: 'product',
4    state: {
5      //... 省略其他程式碼
6      new_product: [],
7    }
8    effects: {
9      //... 省略其他程式碼
10     *GET_new_product({ loading }, { put, select }) {
11       // 正在讀取中
12       if (loading) loading(true);
13       // 取出產品
14      let productData = yield select((state) => state.product.products);
15       // 依照建立日期排序
```

```
16        productData = productData.sort((a, b) => {
17          return new Date(b.create_time) - new Date(a.create_time);
18        });
19        // 切割前五筆出來
20        productData = productData.slice(0, 5);
21        yield put({
22          type: 'SAVE_new_product',
23          payload: {
24            productData,
25          },
26        });
27        // 讀取完成
28        if (loading) loading(false);
29      }
30    },
31    reducers: {
32      //... 省略其他程式碼
33      SAVE_new_product(state, { payload }) {
34          return {
35              ...state,
36              new_product: payload.productData,
37          };
38      },
39    },
40 //... 省略其他程式碼
```

範例說明

1. 第 12 行以及第 28 行的 loading 主要是讓畫面能知道目前取出的狀態，若還沒取完，會回傳 false，反之則回傳 true。
2. 第 16-18 行將取出的產品資料依照建立日期由晚到早進行排序。
3. 第 20 行將最新的前五筆產品取出。

在 components 資料夾中建立 NewProduct.js 檔案，用來放置最新 New 商品的畫面程式碼。

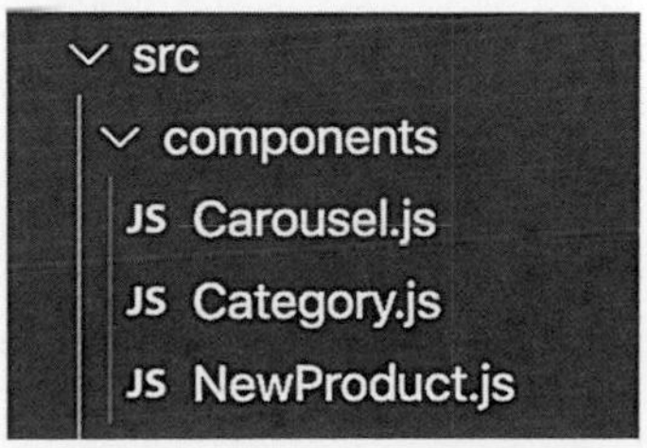

接著回到首頁 src/routes/Shop/Shop.js 中，要設定當進入畫面後，呼叫 effect 事件來取得最新的五筆商品，並且在讀取資料時顯示讀取畫面，最後將取得的資料注入至 NewProduct 組件中。

圖 9-60　最新商品的檔案位置

【src / routes / Shop / Shop.js】

```
1  //... 省略其他程式碼
2  import {View, SafeAreaView, ActivityIndicator} from 'react-native';
3  import NewProduct from '../../components/NewProduct';
4  //... 省略其他程式碼
5  class Shop extends Component {
6    state = {
7      loading: true,
8    };
9
10   componentDidMount() {
11     const { GET_new_product } = this.props;
12     GET_new_product((loading) => this.setState({ loading }));
13   }
14
15   render() {
16     const { loading } = this.props;
17     const { images, product_type, new_product } = this.props;
18     const categoryList = [];
19     for(let i = 1; i <= product_type.length / 4; i ++){
20       categoryList.push(
21          <Category
22             key = {i}
23             product_type={product_type.slice(( i - 1 ) * 4, i * 4)}
24             goToScreen = {(screen, payload) =>
25                this.props.navigation.navigate(screen, payload)
26             }
27     )
28 }
29
30     return (
31       <SafeAreaView>
32         {
33           loading ?
34             <View style={{
35               justifyContent: 'center',
36               height: '100%'
37             }}>
38               <ActivityIndicator size="large" color="#F84930" />
39             </View> :
40             (
41               <View>
42                 <Carousel images={images} />
43                 {categoryList}
44                 <NewProduct new_product={new_product} />
```

```
45                </View>
46              )
47          }
48        </SafeAreaView>
49      )
50    }
51 }
52
53 const mapStateToProps = state => {
54   return {
55     images: state.carousel.images,
56     product_type: state.product.product_type,
57     new_product: state.product.new_product,
58   }
59 }
60
61 const mapDispatchToProps = dispatch => {
62   return {
63     GET_new_product(loading) {
64       dispatch({ type: 'product/GET_new_product', loading });
65     },
66   }
67 }
68
69 export default connect(mapStateToProps, mapDispatchToProps)(Shop);
```

範例說明

1 第 7 行定義一個 loading 的 state 已儲存目前讀取狀態。

2 第 10-13 行設定當進入首頁畫面時，呼叫取得最新的前五筆商品的 effect 事件。

3 第 33-46 行爲當正在讀取時，顯示讀取畫面，反之則顯示首頁內容。

4 第 44 行則是將最新商品的資料注入至 NewProduct 組件中。

接下來設計最新商品畫面。打開 src/components/NewProduct.js 檔案，透過 ScrollView 組件設計可以左右滑動的畫面，以及使用 TouchableOpacity 組件來設計可以點擊的商品畫面。

【src / components / NewProduct.js】

```
1  import React, { Component } from 'react';
2  import { View, Text, StyleSheet, ScrollView, TouchableOpacity,
   } from 'react-native';
```

```
3  import { Avatar } from 'react-native-elements';
4
5  export default class extends Component {
6    state = {}
7    render() {
8      const { new_product } = this.props;
9      return (
10       <View
11         style={styles.container}>
12         <Text style={styles.title}>最新商品</Text>
13         <ScrollView
14           horizontal={true}
15           showsHorizontalScrollIndicator={false}
16           style={styles.scroll_container}>
17           {new_product.map((item, index) => {
18             return (
19               <TouchableOpacity
20                 key={index}
21                 style={styles.product_container}>
22                 <Avatar
23                 large
24                    style={{ backgroundColor:'gray' }}
25                    icon={{ name: 'shopping-basket', type: 'material' }}
26                    size={100}
27                    height={150}
28                    width={150} />
29                <Text style={styles.product_text}>{item.name}</Text>
30               </TouchableOpacity>
31             );
32           })}
33         </ScrollView>
34       </View>
35     )
36   }
37 }
38
39 const styles = StyleSheet.create({
40   container: {
41     padding: 10,
42     justifyContent: 'center',
43   },
44   title: {
45     fontSize: 24,
46     fontWeight: 'bold',
47     marginLeft: 10,
```

```
48     marginTop: 10
49   },
50   scroll_container: {
51     margin: 10
52   },
53   product_container: {
54     width: 160,
55     height: 200,
56     alignItems: 'center'
57   },
58   product_text: {
59     fontSize: 18,
60     margin: 5
61   }
62 });
```

範例說明

1. 第 13-34 行透過 ScrollView 顯示商品內容，並且讓商品可以左右滑動。
2. 第 17 行透過 map 將每筆最新商品的畫面顯示。

回到商城首頁，目前畫面內容過多，容易造成內容被截斷，因此在首頁用 ScrollView 進行包裝，讓首頁可以上下滑動。

【src / routes / Shop / Shop.js】

```
1 //... 省略其他程式碼
2 import { SafeAreaView, View, ActivityIndicator, ScrollView } from
  'react-native';
3 //... 省略其他程式碼
4     return (
5       <SafeAreaView>
6         <ScrollView
7           showsHorizontalScrollIndicator={false}>
8         //... 省略其他程式碼
9         </ScrollView>
10      </SafeAreaView>
11    )
12 //... 省略其他程式碼
```

完成後的最新商品畫面如下圖。

圖 9-61　iOS 最新商品

圖 9-62　Android 最新商品

9-7　多國語系

9-7-1　語系環境設置

使用本系統的會員可能會來自不同國家，所以購物商城必須設計成能切換不同的語言，因此本節將帶領讀者實作如何建立多國語系。首先在設計之前必須安裝多國語系套件，詳細套件內容如表 9-4。

```
npm install react-native-localize --save
npm install i18n-js --save
```

表 9-4　多國語系套件說明

套件名稱	套件版本
react-native-localize	1.3.3
i18n-js	3.5.1

爲了在 iOS 上完成鏈結，請執行以下指令：

```
cd ios
pod install
```

接著建置多國語系的資料庫。首先在 src 資料夾底下建立 translation 資料夾，用以存放語系資料庫，並建立 locales 資料夾來存放語系資料庫的資料。然後在該資料夾中建立繁體中文資料庫 zh_tw.js，以及英文語系資料庫 en_us.js。

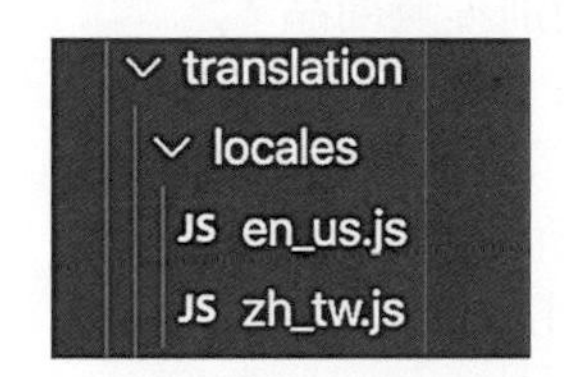

圖 9-63　資料夾以及資料庫檔案目錄

在 translation 資料夾底下建立 index.js 來進行語系的相關設定，並將剛才建立的兩個資料庫檔案透過多國語系套件將它啓用。

【src / translation / index.js】

```
1  import I18n from "i18n-js";
2  import * as RNLocalize from "react-native-localize";
3
4  import zh_tw from './locales/zh_tw';
5  import en_us from './locales/en_us';
6
7  I18n.locale = 'en_us';
8  I18n.fallbacks = true;
9
10 I18n.translations = {
11     zh_tw,
12     en_us
13 };
14
15 export default I18n;
```

範例說明

1. 第 4-5 行將資料庫引入。
2. 第 7 行設定初始語言爲英文。
3. 第 8 行將 fallbacks 設定爲 true，表示系統會依照第 10-13 行設定的順序依序遍歷翻譯。

4. 第 10-13 行將設計的資料庫透過套件的 translations 連結。

接著將多國語系的資料庫內容建置完成。

【src / translation / locales / zh_tw.js】

```
1  export default {
2    NewProduct: '最新商品',
3    NotFoundProduct: '該類別查無商品',
4    SelectAnotherCategory: '選擇其他類別',
5    AddCart: '加入購物車',
6    AddCartSuccess: '商品新增成功',
7    NotFoundCart: '購物車尚無任何商品',
8    GoToShopping: '去選購商品',
9    Price: '售價',
10   DeleteItem: '刪除商品',
11   Total: '合計',
12   EditUserInfo: '修改會員資料',
13   EditUserPassword: '修改會員密碼',
14   LogOut: '登出',
15   IncompleteConfirm: '輸入資料不完整',
16   EditSuccess: '修改成功',
17   NotFoundUser: '查無該用戶',
18   SystemError: '系統錯誤',
19   Name: '姓名',
20   NamePlaceholder: '請輸入姓名',
21   Email: '電子郵件',
22   EmailPlaceholder: '請輸入電子郵件',
23   Send: '送出',
24   PasswordCheckError: '兩次密碼輸入不一致',
25   PasswordError: '密碼錯誤',
26   OldPassword: '舊密碼',
27   OldPasswordPlaceholder: '請輸入舊密碼',
28   NewPassword: '新密碼',
29   NewPasswordPlaceholder: '請輸入新密碼',
30   NewPasswordConfirm: '確認新密碼',
31   NewPasswordConfirmPlaceholder: '再輸入一次新密碼',
32   LoginSuccess: '登入成功',
33   Shop: '購物商城',
34   Username: '帳號',
35   Password: '密碼',
36   UsernamePlaceholder: '請輸入帳號',
```

```
37   PasswordPlaceholder: '請輸入密碼',
38   Login: '登入',
39   Register: '註冊會員',
40   UsernameExist: '此帳號已存在',
41   PasswordConfirm: '密碼確認',
42   PasswordConfirmPlaceholder: '請再輸入一次密碼',
43   ReturnLogin: '返回登入',
44   NowLanguage: '目前語言',
45   Home: '首頁',
46   Product: '商品列表',
47   Cart: '購物車',
48   Member: '會員中心',
49   Language: '語言設定',
50 };
```

【src / translation / locales / en_us.js】

```
1  export default {
2    NewProduct: 'New Product',
3    NotFoundProduct: 'The catgory not found any items',
4    SelectAnotherCategory: 'Select another product category',
5    AddCart: 'Add to your cart',
6    AddCartSuccess: 'Success add to the cart',
7    NotFoundCart: 'The cart not found any items',
8    GoToShopping: 'Go to shopping',
9    Price: 'Price',
10   DeleteItem: 'Delete item',
11   Total: 'Total',
12   EditUserInfo: 'Edit user info',
13   EditUserPassword: 'Edit user password',
14   LogOut: 'Logout',
15   IncompleteConfirm: 'Incomplete informatioin',
16   EditSuccess: 'Edit success',
17   NotFoundUser: 'Not found this user',
18   SystemError: 'System error',
19   Name: 'Name',
20   NamePlaceholder: 'Please enter name',
21   Email: 'Email',
22   EmailPlaceholder: 'Please enter email',
23   Send: 'Send',
24   PasswordCheckError: 'The two passwords you typed do not match',
25   PasswordError: 'Wrong password',
```

```
26   OldPassword: 'Old password',
27   OldPasswordPlaceholder: 'Please enter old password',
28   NewPassword: 'New Password',
29   NewPasswordPlaceholder: 'Please enter new password',
30   NewPasswordConfirm: 'New Password Confirm',
31   NewPasswordConfirmPlaceholder: 'Please enter new password again',
32   LoginSuccess: 'Login success',
33   Shop: 'Market',
34   Username: 'Username',
35   Password: 'Password',
36   UsernamePlaceholder: 'Please enter account',
37   PasswordPlaceholder: 'Please enter password',
38   Login: 'Login',
39   Register: 'Register member',
40   UsernameExist: 'This username already exist',
41   PasswordConfirm: 'Password Confirm',
42   PasswordConfirmPlaceholder: 'Please enter user password again',
43   ReturnLogin: 'Return login',
44   NowLanguage: 'Now language',
45   Home: 'Home',
46   Product: 'Product',
47   Cart: 'Cart',
48   Member: 'Member',
49   Language: 'Language',
50 };
```

因為系統必須儲存該會員目前是使用哪種語系，因此要在 model 中建立一個語言的 model，並且在語言 model 中定義一個 language 變數，用來存放目前系統是選擇什麼語言，該變數會自動從 translation/index.js 的設定中取出預設語言。

```
∨ models
  JS carousel.js
  JS cart.js
  JS language.js
  JS member.js
  JS product.js
```

圖 9-64　語言 model 檔案目錄

【src / models / language.js】

```
1 import I18n from '../translation/index';
2 export default {
3     namespace: 'language',
4     state: {
5         language: I18n.locale,
6     },
7     effects: {},
8     reducers: {},
9 };
```

修改專案入口檔 src/App.js，將剛剛所建立的 model 啟用。

【src / App.js】

```
1 //... 省略其他程式碼
2 import language from './models/language';
3 //... 省略其他程式碼
4 const app = create();
5 app.model(member);
6 app.model(product);
7 app.model(cart);
8 app.model(carousel);
9 app.model(language);
10 //... 省略其他程式碼
```

9-7-2 修正畫面內容

接著要到各個畫面將內容修正成讀取多國語系的資料庫內容，引入語系設定檔 src/translation/index.js，並透過多國語系的 t 方法將要顯示的文字顯示出來。

【src / components / NewProduct.js】

```
1 //... 省略其他程式碼
2 import I18n from '../translation/index';
3 //... 省略其他程式碼
4 export default class extends Component {
5   state = {}
6 
7   render() {
8     const { new_product } = this.props;
9     return (
```

```
10       <View
11         style={styles.container}>
12         <Text style={styles.title}>{I18n.t('NewProduct')}</Text>
13 //... 省略其他程式碼
14       </View>
15     )
16   }
17 }
18 //... 省略其他程式碼
```

【src / routes / Shop / Screen / ProductDetail.js】

```
1  //... 省略其他程式碼
2  import I18n from '../../../translation/index';
3  //... 省略其他程式碼
4    handleSubmit() {
5      const { POST_cart } = this.props;
6      const { selectProduct, count } = this.state;
7      const callback = () => {
8        this.setState({
9          modal: false,
10       });
11       Alert.alert(I18n.t('AddCartSuccess'));
12     }
13     POST_cart({
14       product_id: selectProduct.id,
15       count: parseInt(count),
16     }, callback);
17   }
18   //... 省略其他程式碼
19   render() {
20     const { loading, modal, selectProduct, count } = this.state;
21     const { product_detail, navigation } = this.props;
22     return (
23       <SafeAreaView>
24         <ScrollView>
25           {
26             loading ? <ActivityIndicator size="large" /> :
27               product_detail.length === 0 ?
28                 <View style={styles.notfound}>
29                   <Text style={styles.notfound_text}>{I18n.
   t('NotFoundProduct')}</Text>
30                   <Button
```

```
31                      buttonStyle={styles.notfound_btn}
32                      title={I18n.t('SelectAnotherCategory')}
33                      color="white"
34                      onPress={() => navigation.navigate('Product')}
35                    />
36                  </View> :
37                  //... 省略其他程式碼
38                      <Button
39                        buttonStyle={styles.modal_btn}
40                        title={I18n.t('AddCart')}
41                        color="white"
42                        onPress={() => this.handleSubmit()}
43                      />
44                    </View>
45                  </TouchableOpacity>
46                </Modal>
47              </View>
48          }
49        </ScrollView>
50        //... 省略其他程式碼
```

【src / routes / Cart.js】

```
1 //... 省略其他程式碼
2 import I18n from '../../translation/index';
3 //... 省略其他程式碼
4                 <View style={styles.notfound_container}>
5                   <Text style={styles.notfound_text}>{I18n.
  t('NotFoundCart')}</Text>
6                   <Button
7                     buttonStyle={styles.notfound_btn}
8                     title={I18n.t('GoToShopping')}
9                     color="white"
10                    onPress={() => navigation.navigate('Product')}
11                  />
12                </View> :
13                //... 省略其他程式碼
14                       <Text style={{ color: 'gray' }}>{`${I18n.
  t('Price')}:${item.price}`}</Text>
15                       <Text
16                         style={styles.delete_btn}
17                         onPress={() => this.
  handleDeleteButton(item)}>
```

```
18                          {I18n.t('DeleteItem')}
19                        </Text>
20                      </View>
21                    }
22                    leftElement={
23                      <Avatar
24                        large
25                        icon={{ name: 'shopping-basket', type:
  'material' }}
26                        size={100} />
27                    }
28                    rightElement={<Text style={styles.item_
  price}>{item.price * item.count}</Text>}
29                  />
30                ))}
31              />
32          }
33        </ScrollView>
34          <View
35            style={styles.total}>
36            <Text style={styles.total_text}>{I18n.t('Total')}:
  {this.sumPrice()}</Text>
37          </View>
38        </SafeAreaView>
39      )
40      //... 省略其他程式碼
```

【src / routes / Member.js】

```
1  //... 省略其他程式碼
2  import I18n from '../../translation/index';
3  //... 省略其他程式碼
4    render() {
5      const { user, navigation, LOGOUT_user } = this.props;
6      const column = [
7        {
8          key: 'userinfo',
9          title: I18n.t('EditUserInfo'),
10         onPress: () => navigation.navigate('UserInfo'),
11       },
12       {
13         key: 'passwordreset',
```

```
14          title: I18n.t('EditUserPassword'),
15          onPress: () => navigation.navigate('PasswordReset'),
16        },
17        {
18          key: 'logout',
19          title: I18n.t('LogOut'),
20          onPress: () => {
21            const callback = () => {
22              navigation.navigate('Login');
23            }
24            LOGOUT_user(callback);
25          }
26        }
27      ];
28      //... 省略其他程式碼
```

【src / routes / Shop / Screen / UserInfo.js】

```
1  //... 省略其他程式碼
2  import I18n from '../../../translation/index';
3  class UserInfo extends Component {
4    constructor(props) {
5      super(props);
6      this.state = {
7        name: props.user.name,
8        email: props.user.email,
9      };
10   }
11
12   handleSubmit() {
13     const { PUT_user, navigation, user } = this.props;
14     const { name, email } = this.state;
15     if (name === '' || email === '') {
16       Alert.alert(I18n.t('IncompleteConfirm'));
17       return;
18     }
19
20     const callback = (status) => {
21       switch (status) {
22         case 200:
23           Alert.alert(I18n.t('EditSuccess'));
24           navigation.navigate('Member');
25           return;
```

```
26          case 404:
27            Alert.alert(I18n.t('NotFoundUser'));
28            return;
29          default:
30            Alert.alert(I18n.t('SystemError'));
31        }
32      }
33
34      // 修改資料
35      PUT_user({ username: user.username, name, email }, callback);
36    }
37
38    render() {
39      const { name, email } = this.state;
40      return (
41        <SafeAreaView>
42          <View style={styles.container}>
43      <Text>{I18n.t('Name')}</Text>
44            <Input
45              defaultValue={name}
46              placeholder={I18n.t('NamePlaceholder')}
47              onChangeText={(text) => this.setState({ name: text })}
48            />
49            <Text>{I18n.t('Email')}</Text>
50            <Input
51              defaultValue={email}
52              placeholder={I18n.t('EmailPlaceholder')}
53              onChangeText={(text) => this.setState({ email: text })}
54            />
55            <Button
56              buttonStyle={styles.btn}
57              title={I18n.t('Send')}
58              titleStyle={{
59                color: "white"
60              }}
61              onPress={() => this.handleSubmit()}
62            />
63          </View>
64        </SafeAreaView>
65      )
66    }
67 }
68 //... 省略其他程式碼
```

【src / routes / Shop / Screen / PasswordReset.js】

```
1  //... 省略其他程式碼
2  import I18n from '../../../translation/index';
3  class PasswordReset extends Component {
4    state = {
5      old_assword: '',
6      password: '',
7      password_check: '',
8    };
9
10   handleSubmit() {
11     const { PUT_user_password, navigation, user } = this.props;
12     const { old_password, password, password_check } = this.state;
13     if (old_password === '' || password === '' || password_check === '') {
14       Alert.alert(I18n.t('IncompleteConfirm'));
15       return;
16     }
17
18     const callback = (status) => {
19       switch (status) {
20         case 200:
21           Alert.alert(I18n.t('EditSuccess'));
22           navigation.navigate('Member');
23           return;
24         case 400:
25           Alert.alert(I18n.t('PasswordCheckError'));
26           return;
27         case 401:
28           Alert.alert(I18n.t('PasswordError'));
29           return;
30         case 404:
31           Alert.alert(I18n.t('NotFoundUser'));
32           return;
33         default:
34           Alert.alert(I18n.t('SystemError'));
35       }
36     }
37
38     // 修改密碼
39     PUT_user_password({ username: user.username, old_password,
   password, password_check }, callback);
40   }
```

```
41
42   render() {
43     const { old_password, password, password_check } = this.state;
44     return (
45       <SafeAreaView>
46         <View style={styles.container}>
47     <Text>{I18n.t('OldPassword')}</Text>
48           <Input
49             secureTextEntry={true}
50             defaultValue={old_password}
51             placeholder={I18n.t('OldPasswordPlaceholder')}
52            onChangeText={(text) => this.setState({ old_password: text })}
53           />
54           <Text>{I18n.t('NewPassword')}</Text>
55           <Input
56             secureTextEntry={true}
57             defaultValue={password}
58             placeholder={I18n.t('NewPasswordPlaceholder')}
59            onChangeText={(text) => this.setState({ password: text })}
60           />
61           <Text>{I18n.t('NewPasswordConfirm')}</Text>
62           <Input
63             secureTextEntry={true}
64             defaultValue={password_check}
65             placeholder={I18n.t('NewPasswordConfirmPlaceholder')}
66             onChangeText={(text) => this.setState({ password_
  check: text })}
67           />
68           <Button
69             buttonStyle={styles.btn}
70             title={I18n.t('Send')}
71             titleStyle={{
72               color: "white"
73             }}
74             onPress={() => this.handleSubmit()}
75           />
76         </View>
77       </SafeAreaView>
78     )
79   }
80 }
81 //... 省略其他程式碼
```

【src / routes / Shop / Screen / Login.js】

```
1 //... 省略其他程式碼
2 import I18n from '../../../translation/index';
3 //... 省略其他程式碼
4 class Login extends Component {
5   state = {
6     username: 'root',
7     password: 'root',
8   };
9
10  handleLoginButton = () => {
11    const { username, password } = this.state;
12    const { POST_login, navigation } = this.props;
13    if (username === '' || password === '') {
14      Alert.alert(I18n.t('IncompleteConfirm'));
15      return;
16    }
17
18    const callback = (status) => {
19      switch (status) {
20        case 200:
21          Alert.alert(I18n.t('LoginSuccess'));
22          navigation.navigate('Shop');
23          return;
24        case 400:
25          Alert.alert(I18n.t('PasswordError'));
26          return;
27        case 404:
28          Alert.alert(I18n.t('NotFoundUser'));
29          return;
30        default:
31          Alert.alert(I18n.t('SystemError'));
32      }
33    }
34
35    // 登入確認
36    POST_login({ username, password }, callback);
37  }
38
39  render() {
40    const { username, password } = this.state;
41    const { navigation } = this.props;
```

```
42      return (
43        <SafeAreaView
44          style={styles.container}>
45          <Text style={styles.title}>{I18n.t('Shop')}</Text>
46          <View style={styles.content}>
47            <Text style={styles.username}>{I18n.t('Username')}</
  Text>
48            <Input
49              defaultValue={username}
50              placeholder={I18n.t('UsernamePlaceholder')}
51              onChangeText={(text) => this.setState({ username: text })}
52            />
53            <Text style={styles.password}>{I18n.t('Password')}</
  Text>
54            <Input
55              secureTextEntry={true}
56              defaultValue={password}
57              placeholder={I18n.t('PasswordPlaceholder')}
58              onChangeText={(text) => this.setState({ password: text })}
59            />
60            <Button
61              buttonStyle={styles.btn}
62              title={I18n.t('Login')}
63              titleStyle={{
64                color: "#F84930"
65              }}
66              onPress={() => this.handleLoginButton()}
67            />
68            <Button
69              buttonStyle={styles.btn}
70              title={I18n.t('Register')}
71              titleStyle={{
72                color: "#F84930"
73              }}
74              onPress={() => navigation.navigate('Register')}
75            />
76          </View>
77        </SafeAreaView>
78      )
79    }
80 }
81 //... 省略其他程式碼
```

【src / routes / Shop / Screen / Register.js】

```
1  //...省略其他程式碼
2  import I18n from '../../../translation/index';
3  //...省略其他程式碼
4  class Register extends Component {
5    state = {
6      username: '',
7      password: '',
8      password_check: '',
9      name: '',
10     email: '',
11   };
12
13   handleRegisterButton() {
14     const { username, password, password_check, email, name } =
   this.state;
15     const { POST_user, navigation } = this.props;
16     if (username === '' || password === '' || password_check ===
   '' || email === '' || name === '') {
17       Alert.alert(I18n.t('IncompleteConfirm'));
18       return;
19     }
20
21     if (password !== password_check) {
22       Alert.alert(I18n.t('PasswordCheckError'));
23       return;
24     }
25     const callback = (status) => {
26       switch (status) {
27         case 200:
28           navigation.navigate('Login');
29           return;
30         case 400:
31           Alert.alert(I18n.t('UsernameExist'));
32           return;
33         default:
34           Alert.alert(I18n.t('SystemError'));
35       }
36     }
37
38     // 註冊確認
39     POST_user({ username, password, email, name }, callback);
```

```
40   }
41
42   render = () => {
43     const { username, password, password_check, email, name } =
   this.state;
44     const { navigation } = this.props;
45
46     return (
47       <SafeAreaView style={styles.container}>
48         <Text style={styles.register_text}>{I18n.t('Register')}</Text>
49         <View style={styles.content}>
50     <Text style={styles.username}>{I18n.t('Username')}</Text>
51           <Input
52             defaultValue={username}
53             placeholder={I18n.t('UsernamePlaceholder')}
54            onChangeText={(text) => this.setState({ username: text })}
55           />
56           <Text style={styles.text}>{I18n.t('Password')}</Text>
57           <Input
58             defaultValue={password}
59             placeholder={I18n.t('PasswordPlaceholder')}
60            onChangeText={(text) => this.setState({ password: text })}
61           />
62          <Text style={styles.text}>{I18n.t('PasswordConfirm')}</Text>
63           <Input
64             defaultValue={password_check}
65             placeholder={I18n.t('PasswordConfirmPlaceholder')}
66             onChangeText={(text) => this.setState({ password_
   check: text })}
67           />
68           <Text style={styles.text}>{I18n.t('Name')}</Text>
69           <Input
70             defaultValue={name}
71             placeholder={I18n.t('NamePlaceholder')}
72             onChangeText={(text) => this.setState({ name: text })}
73           />
74           <Text style={styles.text}>{I18n.t('Email')}</Text>
75           <Input
76             defaultValue={email}
77             placeholder={I18n.t('EmailPlaceholder')}
78             onChangeText={(text) => this.setState({ email: text })}
```

```
79            />
80            <Button
81              buttonStyle={styles.btn}
82              title={I18n.t('Send')}
83              titleStyle={{
84                color: "#F84930"
85              }}
86              onPress={() => this.handleRegisterButton()}
87            />
88            <Button
89              buttonStyle={styles.btn}
90              title={I18n.t('ReturnLogin')}
91              titleStyle={{
92                color: "#F84930"
93              }}
94              onPress={() => navigation.navigate('Login')}
95            />
96          </View>
97        </SafeAreaView>
98      )
99    }
100   }
101   //... 省略其他程式碼
```

【src / Router.js】

```
1  //... 省略其他程式碼
2  import I18n from './translation/index';
3  //... 省略其他程式碼
4  export default class extends Component {
5    render() {
6      const Tab = createBottomTabNavigator();
7      // 商城下方分頁
8      const TabNavigator = () => (
9        <Tab.Navigator
10         //... 省略其他程式碼
11         >
12         <Tab.Screen
13           name="Shop"
14           component={Shop}
15           options={{
```

```
16              tabBarLabel: I18n.t('Home'),
17              tabBarIcon: ({ focused, color }) => (
18                <Icon name="home" style={{
19                  color: focused ? '#F84930' : 'black'
20                }} size={20} />),
21            }} />
22          <Tab.Screen
23            name="Product"
24            component={Product}
25            options={{
26              tabBarLabel: I18n.t('Product'),
27              tabBarIcon: ({ focused, color }) => (
28                <Icon name="list" style={{
29                  color: focused ? '#F84930' : 'black'
30                }} size={20} />),
31            }}
32          />
33          <Tab.Screen
34            name="Cart"
35            component={Cart}
36            options={{
37              tabBarLabel: I18n.t('Cart'),
38              tabBarIcon: ({ focused, color }) => (
39                <Icon name="shopping-cart" style={{
40                  color: focused ? '#F84930' : 'black'
41                }} size={20} />),
42            }} />
43          <Tab.Screen
44            name="Member"
45            component={Member}
46            options={{
47              tabBarLabel: I18n.t('Member'),
48              tabBarIcon: ({ focused, color }) => (
49                <Icon name="account-circle" style={{
50                  color: focused ? '#F84930' : 'black'
51                }} size={20} />),
52            }} />
53        </Tab.Navigator>
54      )
55
56      const Drawer = createDrawerNavigator();
57
```

```
58      // 左側折疊選單內文
59      const CustomDrawerComponent = (props) => (
60        <DrawerContentScrollView {...props}>
61          <DrawerItemList {...props} />
62        </DrawerContentScrollView>
63      )
64
65      // 左側折疊選單
66      const DrawerNavigator = () => (
67        <Drawer.Navigator
68          //... 省略其他程式碼
69          >
70          <Drawer.Screen
71            name="Shop"
72            component={TabNavigator}
73            options={{
74              drawerLabel: I18n.t('Shop'),
75              drawerIcon: ({ tintColor }) => <Icon name="store"
    size={20} color="white" />,
76            }} />
77        </Drawer.Navigator >
78      );
79
80      const Stack = createStackNavigator();
81
82      const StackNavigator = () => (
83        <Stack.Navigator
84          initialRouteName="Login">
85          <Stack.Screen
86            name="Shop"
87            component={DrawerNavigator}
88            options={{
89              header: ({ navigation }) => (
90                /**
91                 * 標題列
92                 */
93                <Header
94                  //... 省略其他程式碼
95                  centerComponent={{
96                    text: I18n.t('Shop'),
97                    style: {
98                      fontSize: 24,
```

```
99                      color: '#fff'
100                   },
101                 }}
102                 //... 省略其他程式碼
103               />
104             )
105           }}
106         />
107         <Stack.Screen
108           name="ProductDetail"
109           component={ProductDetail}
110           options={({ route }) => ({
111             title: route.params.item.name,
112             headerBackTitle: I18n.t('Return'),
113           })}
114         />
115         //... 省略其他程式碼
116         <Stack.Screen
117           name="UserInfo"
118           component={UserInfo}
119           options={{
120             title: I18n.t('EditUserInfo'),
121             headerBackTitle: I18n.t('Return'),
122           }}
123         />
124         <Stack.Screen
125           name="PasswordReset"
126           component={PasswordReset}
127           options={{
128             title: I18n.t('EditUserPassword'),
129             headerBackTitle: I18n.t('Return'),
130           }}
131         />
132       </Stack.Navigator>
133     );
134 
135     return (
136       <StackNavigator />
137     );
138   }
139 };
```

9-7-3 語言設定畫面

接著設計用來給會員設定語系的畫面，在設計前必須先開發一個用來修改語言的事件，到語言 model 中將該 effect 事件新增完成。

【src/models/language.js】

```
1  import I18n from  '../translation/index';
2  export default {
3    namespace: 'language',
4    state: {
5      language: I18n.locale
6    },
7    effects: {
8      *SET_language({ payload }, { put, select }) {
9        // 設定語言
10       I18n.locale = payload;
11       yield put({
12         type: 'SAVE_language',
13         payload: {
14           language: payload,
15         },
16       });
17     },
18   },
19   reducers: {
20     SAVE_language(state, { payload }) {
21       return {
22         ...state,
23         language: payload.language,
24       };
25     },
26   }
27 };
```

範例說明

1. 第 10 行將欲修改的語言透過設定語言設定檔 src/translation/index.js 中的 locale 進行設定。

本範例會將語言設定放入側拉欄中，讓會員可以更改系統語言。在 src/routes 資料夾中建立設定語言畫面檔 Setting.js，然後到路由配置檔 src/Router.js 的側拉欄中新增一個新的畫面，並引入 Setting.js。

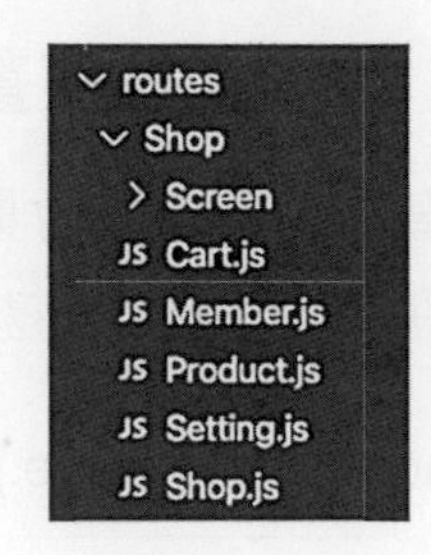

圖 9-65　設定語言檔的檔案目錄

【src / Router.js】

```
1  //... 省略其他程式碼
2  import Setting from './routes/Shop/Setting';
3  //... 省略其他程式碼
4          <Drawer.Screen
5            name="Setting"
6            component={Setting}
7            options={{
8              drawerLabel: I18n.t('Language'),
9              drawerIcon: ({ tintColor }) => <Icon name="settings"
   size={20} />,
10           }} />
11         //... 省略其他程式碼
```

在修改語言後，必須將所有畫面檔重新整理，裡面的文字才會被修改。因此，在 src 資料夾底下新增一個 LanguageProvider 檔案，到 App.js 入口中將所有畫面封裝起來，並且在 Provider 的 value 中設定從 mapDispatchToProps 取出 model 的語言變數，當 model 更改，便會將所有畫面檔重新整理。

【src / LanguageProvider.js】

```
1  import React, { Component } from 'react';
2  import { connect } from 'react-redux';
3
4  class LanguageProvider extends Component {
5    render() {
6      const LanguageContext = React.createContext({});
7      const { language, children } = this.props;
8      return (
9        <LanguageContext.Provider value={language}>
10         {children}
11       </LanguageContext.Provider>
12     );
```

```
13   }
14 }
15
16 const mapStateToProps = state => {
17   return {
18     language: state.language.language,
19   }
20 }
21
22 export default connect(mapStateToProps, null)(LanguageProvider);
```

【src / App.js】

```
1  //... 省略其他程式碼
2  import LanguageProvider from './LanguageProvider';
3  //... 省略其他程式碼
4  export default class App extends Component {
5    render() {
6      return (
7        <Provider store={store}>
8          <LanguageProvider>
9            <NavigationContainer>
10             <Router />
11           </NavigationContainer>
12         </LanguageProvider>
13       </Provider>
14     );
15   }
16 }
```

到設定語言畫面檔來設計畫面，設計一個 handleLanguageButton 方法來呼叫語言 model 中的修改事件，來切換系統的語言。

【src / Shop / Setting.js】

```
1  import React, { Component } from 'react';
2  import { SafeAreaView, Text, FlatList } from 'react-native';
3  import { ListItem } from 'react-native-elements';
4  import { connect } from 'react-redux';
5  import I18n from '../../translation/index';
6
7  class Setting extends Component {
8    state = {
```

```
9       loading: false,
10    };
11
12    handleLanguageButton(item) {
13      const { SET_language } = this.props;
14      SET_language(item.value);
15    }
16
17    render() {
18      const { language } = this.props;
19      const languageData = [
20        {
21          key: 1,
22          name: '繁體中文',
23          value: 'zh_tw'
24        },
25        {
26          key: 2,
27          name: 'English',
28          value: 'en_us'
29        }
30      ];
31      return (
32        <SafeAreaView>
33          <Text style={{
34            fontSize: 20,
35            margin: 10
36          }}>{I18n.t('NowLanguage')}:{I18n.t(language)}</Text>
37          <FlatList
38            keyExtractor={(item, index) => index.toString()}
39            data={languageData}
40            renderItem={({ item }) => (
41              <ListItem
42                index={item.key}
43                bottomDivider
44                title={item.name}
45                onPress={() => this.handleLanguageButton(item)}
46              />
47            )}
48          />
49        </SafeAreaView>
50      )
```

```
51    }
52 }
53
54 const mapStateToProps = state => {
55   return {
56     language: state.language.language,
57   }
58 }
59
60 const mapDispatchToProps = dispatch => {
61   return {
62     SET_language(payload) {
63       dispatch({ type: 'language/SET_language', payload });
64     },
65   }
66 }
67
68 export default connect(mapStateToProps, mapDispatchToProps)
   (Setting);
```

完成語言設定畫面如下。

圖 9-66　iOS 語言設定畫面

圖 9-67　Android 語言設定畫面

NOTE

附錄 A

Windows 10 環境建置

本章內容

- A-1　開發環境
- A-2　開發工具

A-1 開發環境

A-1-1 Python

React Native 的構建是建立於 Python 程式語言之上，主要負責編譯部分套件的程式碼，而過去大部分的套件都依賴於 Python 2 進行開發，但近幾年 React Native 的套件有慢慢依賴於 Python 3，若以比例計算，有大約 55% 的比例依賴於 Python 3 上，產生一個很尷尬的狀況，讓開發者不知道該不該換成 Python 3 的環境。而 2020 年，Python 官方也要停止維護 Python 2.7，但 2020 年 4 月又推出了 Python 2.7.18，以至於 Python 2 正式停止使用還需要一段時間。

目前 React Native 的主流，還是採用 Python 2 的環境構建方式；因此，本書還是採用 Python 2.7.17 版作為範例，如下所示：

官方網站：https://www.python.org/downloads/

1. 至官方網站下載頁面，點擊「Python 2.7.17」，如下所示：

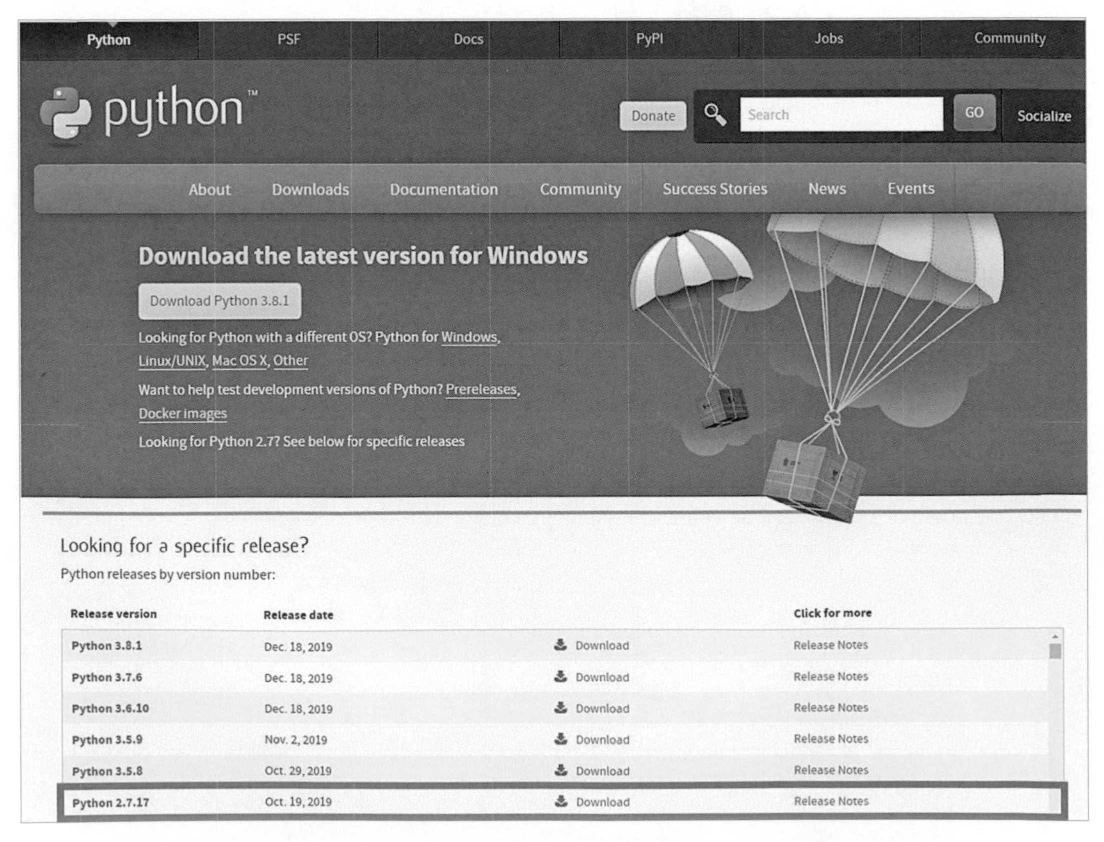

圖 A-1 Python 下載頁面

2. 接著點擊「Windows x86-64 MSI installer」進行下載，如圖 A-2 所示：

Python 2.7.17

Release Date: Oct. 19, 2019

Python 2.7.17 is a bug fix release in the Python 2.7.x series. It is expected to be the penultimate release for Python 2.7

Full Changelog

Files

Version	Operating System	Description	MD5 Sum	File Size	GPG
Gzipped source tarball	Source release		27a7919fa8d1364bae766949aaa91a5b	17535962	SIG
XZ compressed source tarball	Source release		b3b6d2c92f12a60667814358ab9f0cfd	12855568	SIG
macOS 64-bit/32-bit installer	Mac OS X	for Mac OS X 10.6 and later	b19552ee752f62dd07292345aaf740f9	30434554	SIG
macOS 64-bit installer	Mac OS X	for OS X 10.9 and later	02a7ae49b389aa0967380b7db361b46e	23885926	SIG
Windows debug information files	Windows		eed87f356264a9977d7684903aa99402	25178278	SIG
Windows debug information files for 64-bit binaries	Windows		117d7f001bd9a026866907269d2224b5	26005670	SIG
Windows help file	Windows		b14e17bd1ecf5803ba539750c4fb9550	6265114	SIG
Windows x86-64 MSI installer	Windows	for AMD64/EM64T/x64	55040ce1c1ab34c32e71efe9533656b8	20541440	SIG
Windows x86 MSI installer	Windows		4cc27e99ad41cd3e0f2a50d9b6a34f79	19570688	SIG

圖 A-2　Python 2.7.17 下載

3. 開始安裝後，先點選「Install for all users」，再點選「Next」，如圖 A-3 所示：

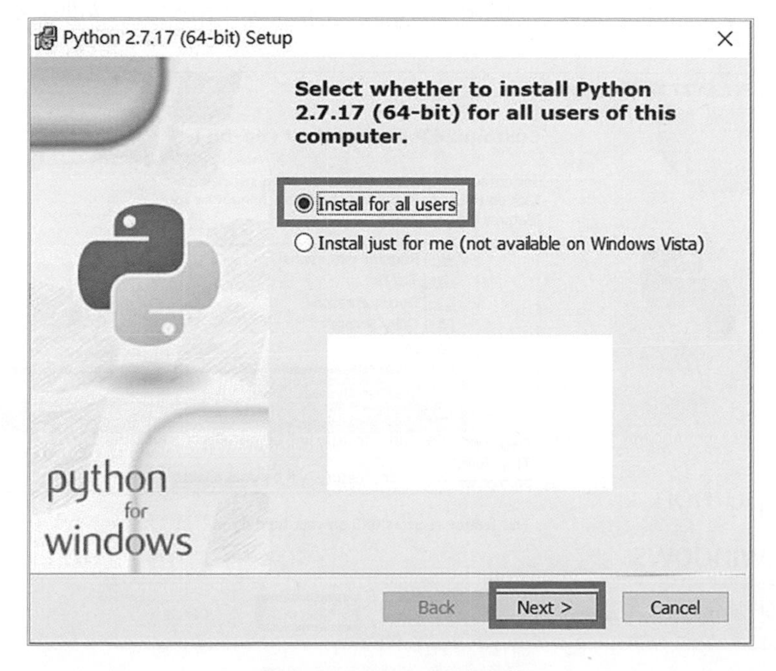

圖 A-3　Python 開始安裝

4. 接著選取欲安裝的路徑位置，再點選「Next」，如圖 A-4 所示：

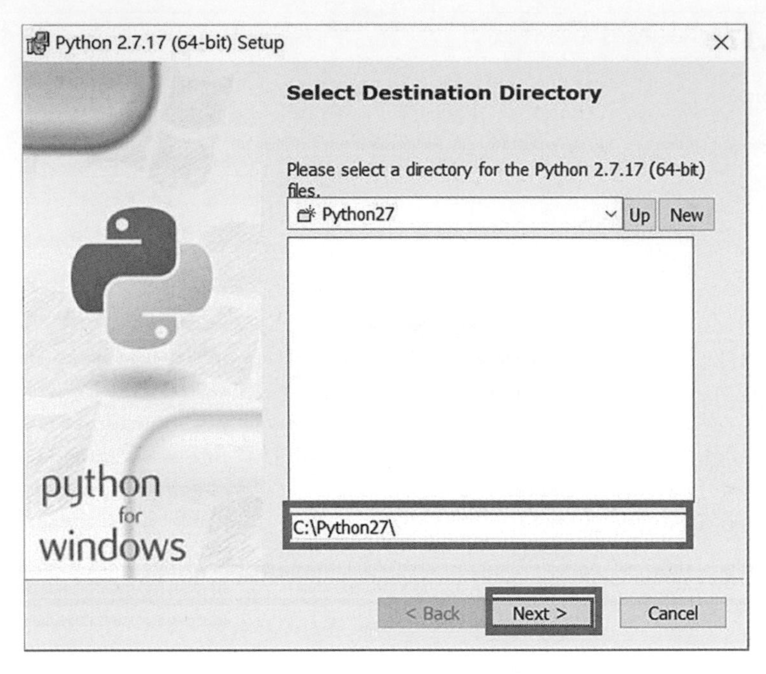

圖 A-4　Python 選取安裝路徑

5. 並於安裝選項中，設定將 Python 安裝至環境變數中，點選「Add python.exe to Path」選取「Will be installed on local hard drive」，再點選「Next」，如圖 A-5 所示：

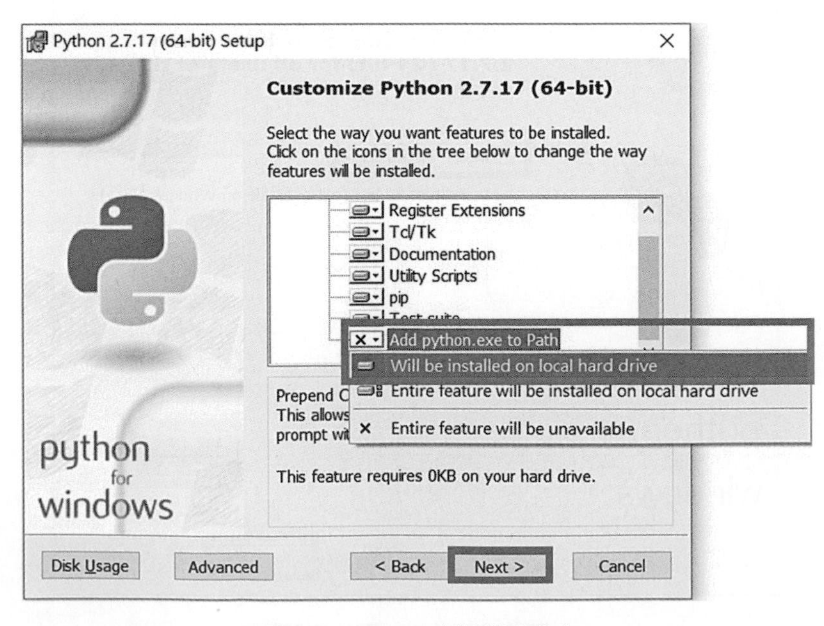

圖 A-5　Python 安裝選項設定

6. 安裝完成後，點選「Finish」結束整個安裝流程，如圖 A-6 所示：

圖 A-6　Python 安裝完成

A-1-2　Node.js

React Native 是採用 Node.js 語言來構建 JavaScript 的程式。因此請讀者前往官方網站進行下載。本書採用 Node.js 的 13.9.0 版作為範例。

官方網站：https://nodejs.org/cn/

1. 至官方網站進行下載，點擊「13.9.0 Current」，如圖 A-7 所示：

圖 A-7　node.js 官方網站

2. 開始安裝後，點選「Next」前往下一步，如圖 A-8 所示：

圖 A-8　node.js 開始安裝

接著先勾選「I accept the terms in the License Agreement」，再點選「Next」，如圖 A-9 所示：

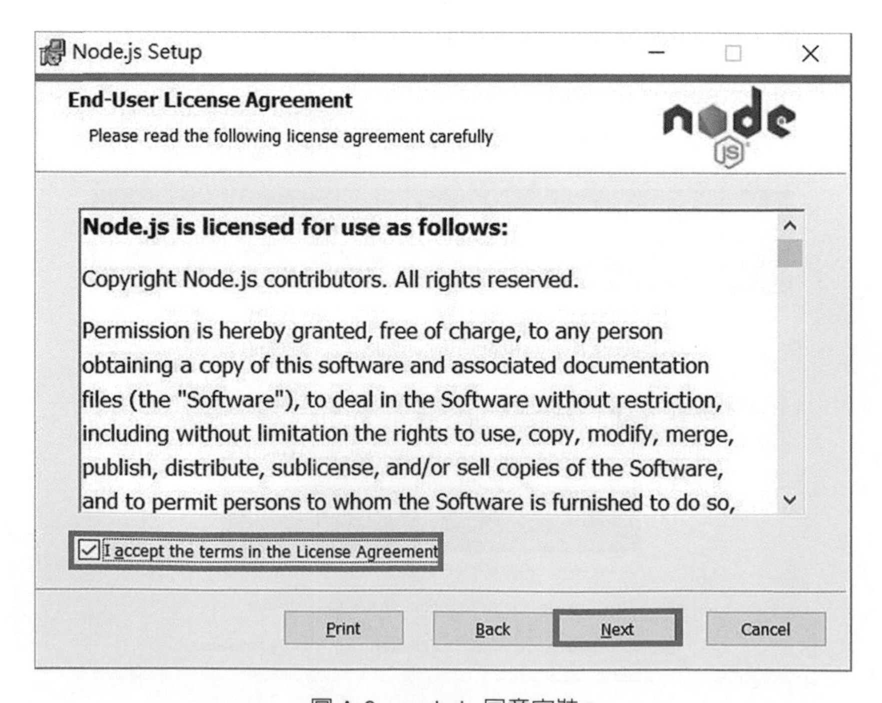

圖 A-9　node.js 同意安裝

3. 同意後，選取欲安裝的路徑位址，再點選「Next」，如圖 A-10 所示：

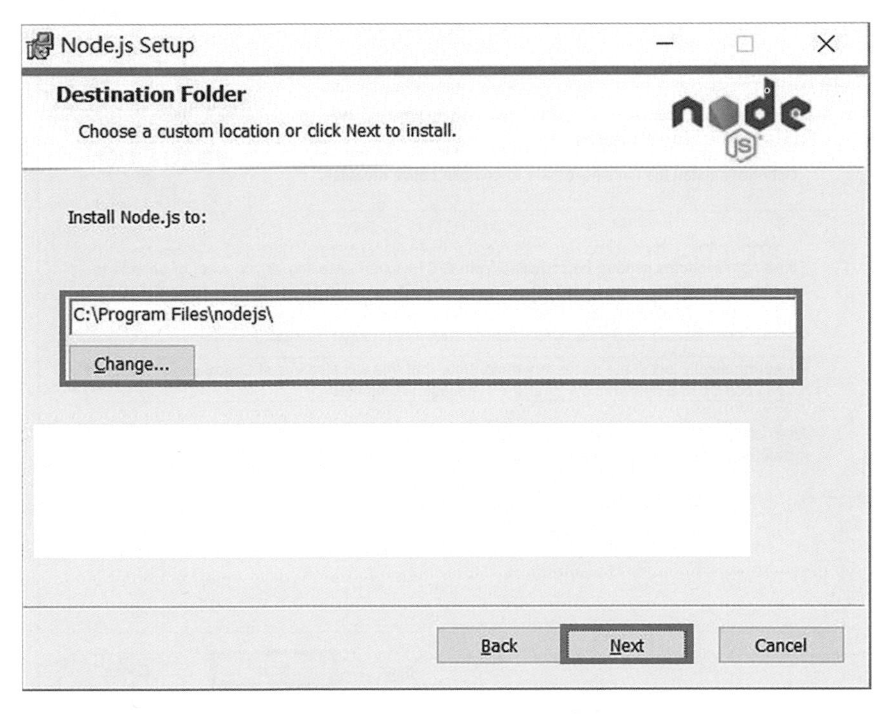

圖 A-10　node.js 選取安裝路徑

4. 不需設定任何安裝選項，可直接點選「Next」，如圖 A-11 所示：

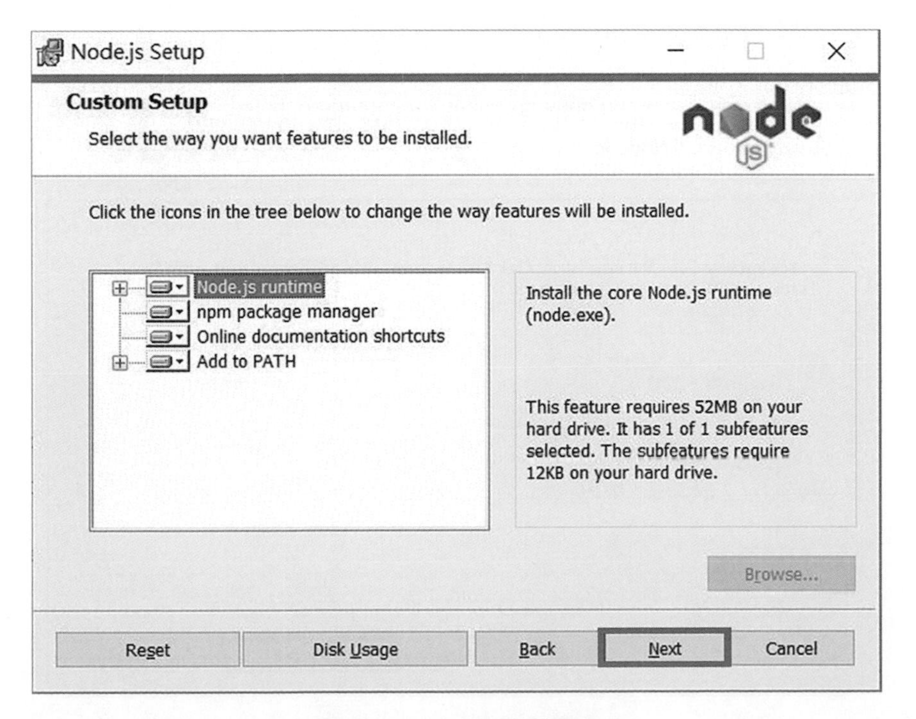

圖 A-11　node.js 安裝選項

5. 在此也不需要安裝到 Chocolatey 管理套件，故不勾選，直接點選「Next」，如圖 A-12 所示：

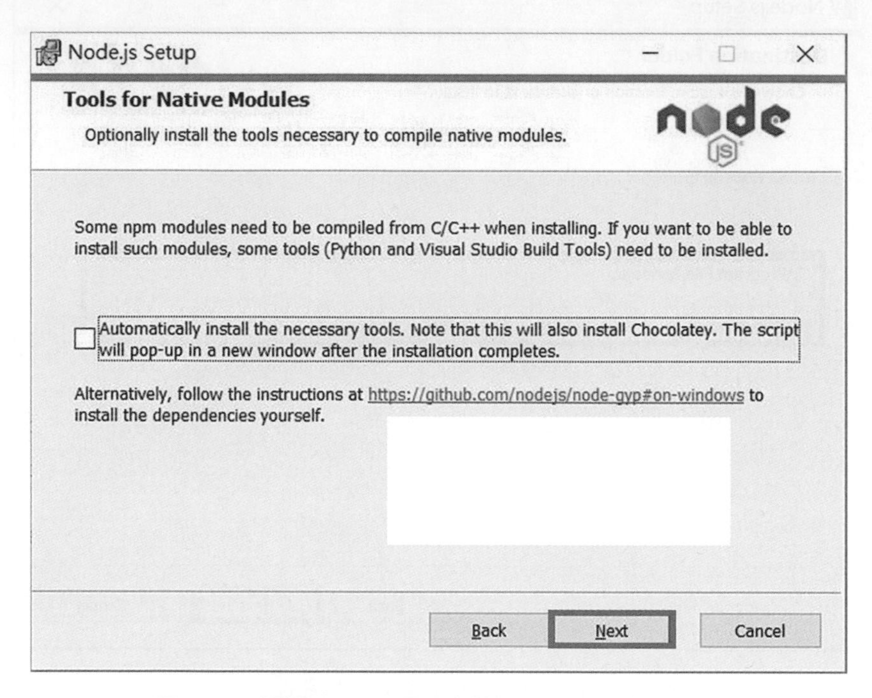

圖 A-12　選擇 node.js 是否安裝 Chocolatey 管理套件

6. 接著點選「Install」開始進行安裝，如圖 A-13 所示：

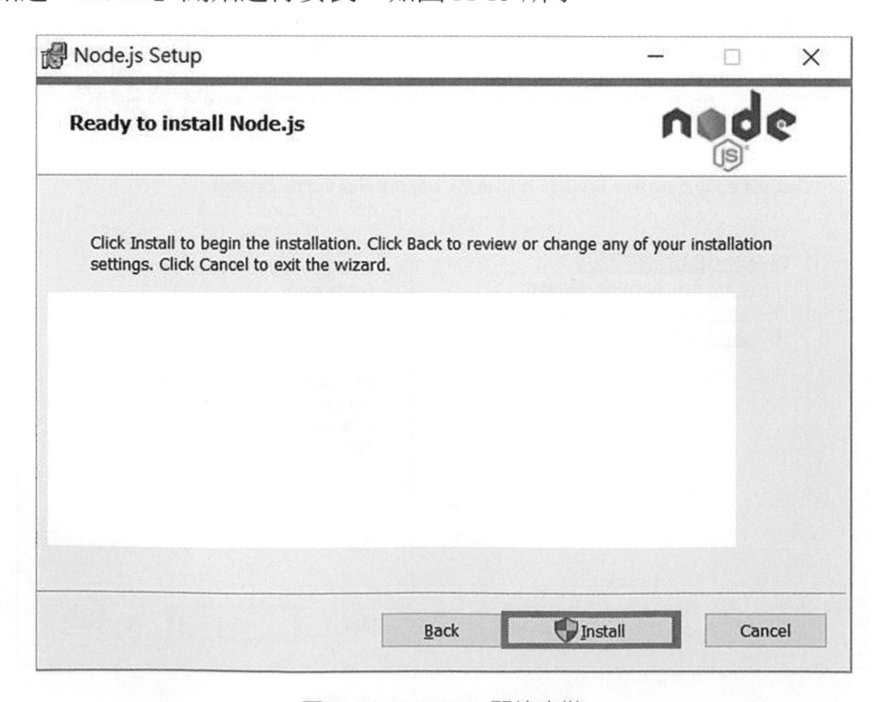

圖 A-13　node.js 開始安裝

7. 安裝完成後，點選「Finish」結束整個安裝流程，如圖 A-14 所示：

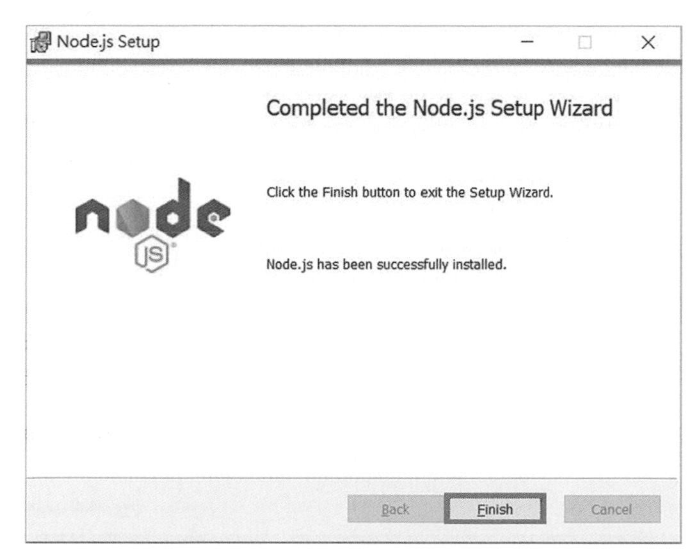

圖 A-14　node.js 安裝完成

A-1-3　Java Development Kit（JDK）

本小節介紹安裝 Android Studio 所需要的 Java Development Kit（JDK）。請讀者前往 Oracle 的官方網站下載 JDK，本書採用 JDK 13.0.2 版作爲範例，如下所示，或者可至本書網站的範例檔中取得安裝檔。

官方網站：https://www.oracle.com/tw/java/technologies/javase-downloads.html

1. 至官方網站進行下載，點擊 Java SE 13 的「JDK Download」，如圖 A-15 所示：

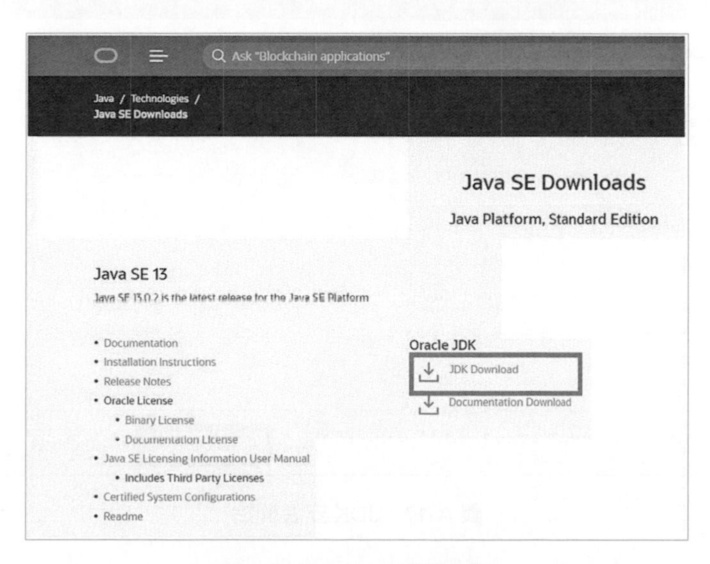

圖 A-15　Oracle 官方網站

2. 至 JDK 下載頁面，點擊「jdk-13.0.2_windows-x64_bin.exe」下載 Windows x64 Installer，如圖 A-16 所示：

Java SE Development Kit 13.0.2

This software is licensed under the Oracle Technology Network License Agreement for Oracle Java SE

Product / File Description	File Size	Download
Linux Debian Package	155.72 MB	jdk-13.0.2_linux-x64_bin.deb
Linux RPM Package	162.66 MB	jdk-13.0.2_linux-x64_bin.rpm
Linux Compressed Archive	179.41 MB	jdk-13.0.2_linux-x64_bin.tar.gz
macOS Installer	173.3 MB	jdk-13.0.2_osx-x64_bin.dmg
macOS Compressed Archive	173.7 MB	jdk-13.0.2_osx-x64_bin.tar.gz
Windows x64 Installer	159.83 MB	jdk-13.0.2_windows-x64_bin.exe
Windows x64 Compressed Archive	178.99 MB	jdk-13.0.2_windows-x64_bin.zip

圖 A-16　JDK 下載頁面

3. 開始安裝後，點選「Next」前往下一步，如圖 A-17 所示：

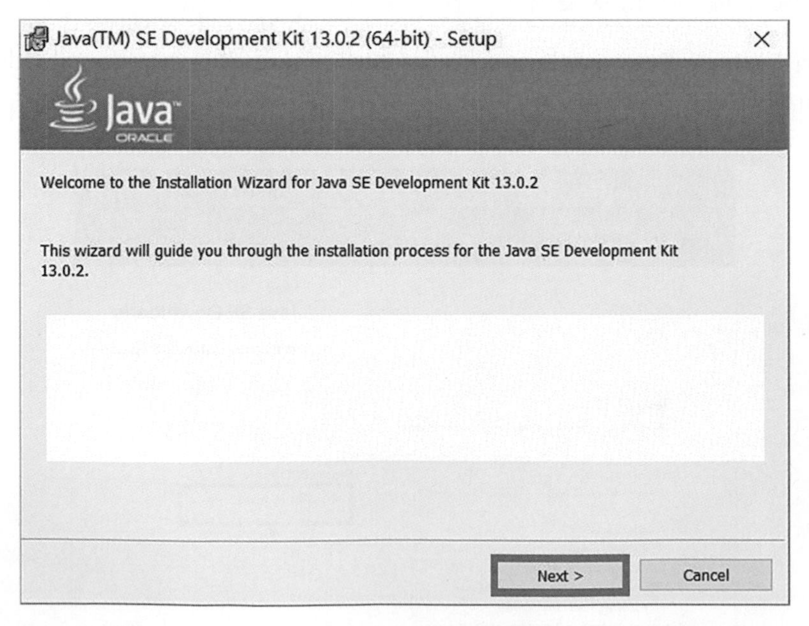

圖 A-17　JDK 安裝開始

4. 接著選取欲安裝的路徑位置，再點選「Next」，如圖 A-18 所示：

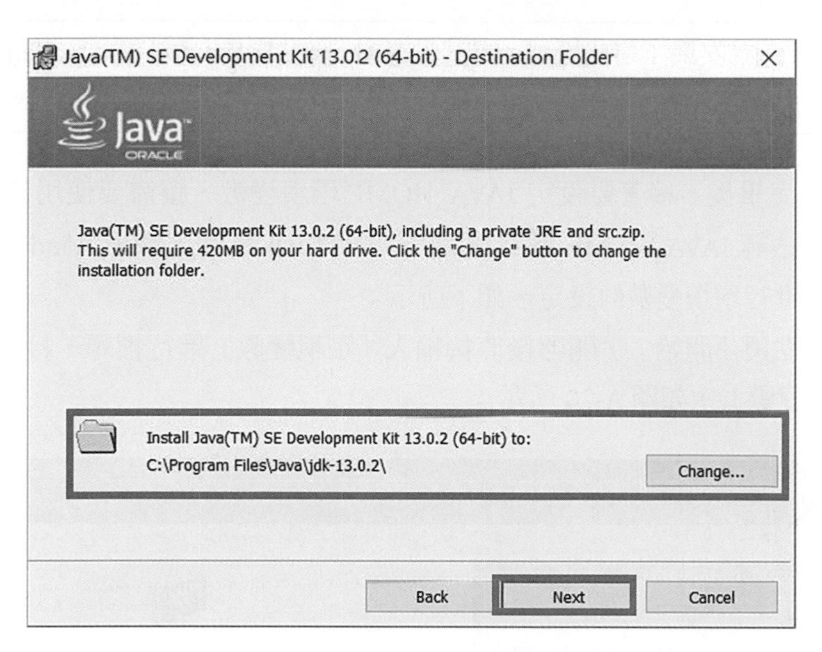

圖 A-18　JDK 選取安裝路徑

5. 安裝完成後，點選「Close」結束整個安裝流程，如圖 A-19 所示：

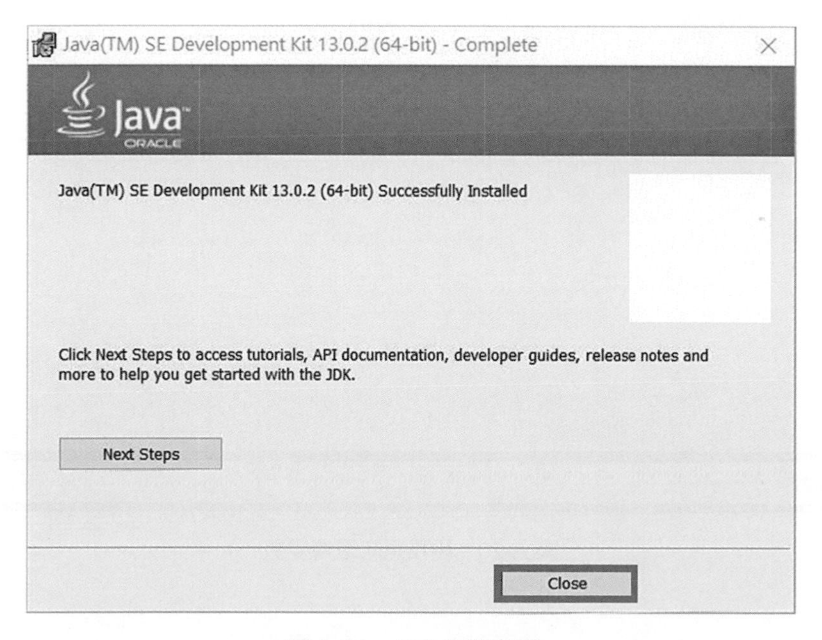

圖 A-19　JDK 安裝完成

備註：環境版本
如果電腦內已安裝了這些環境，尤其是Node.js與JDK，請注意，Node.js必須是8.3或8.3以上的版本，JDK必須是8或8以上的版本。

JDK 安裝完畢後，接著要設定 JAVA_HOME 環境變數，讓需要使用到 Java 語言的工具，能藉由搜尋 JAVA_HOME 變數找到安裝好的 JDK。在此採用 Windows 10 作業系統作爲範例，進行環境變數的設定，如下所示：

1. 至左下角點選「開始」，開啓後直接輸入「環境變數」進行搜尋，接著點選「編輯系統環境變數」，如圖 A-20 所示：

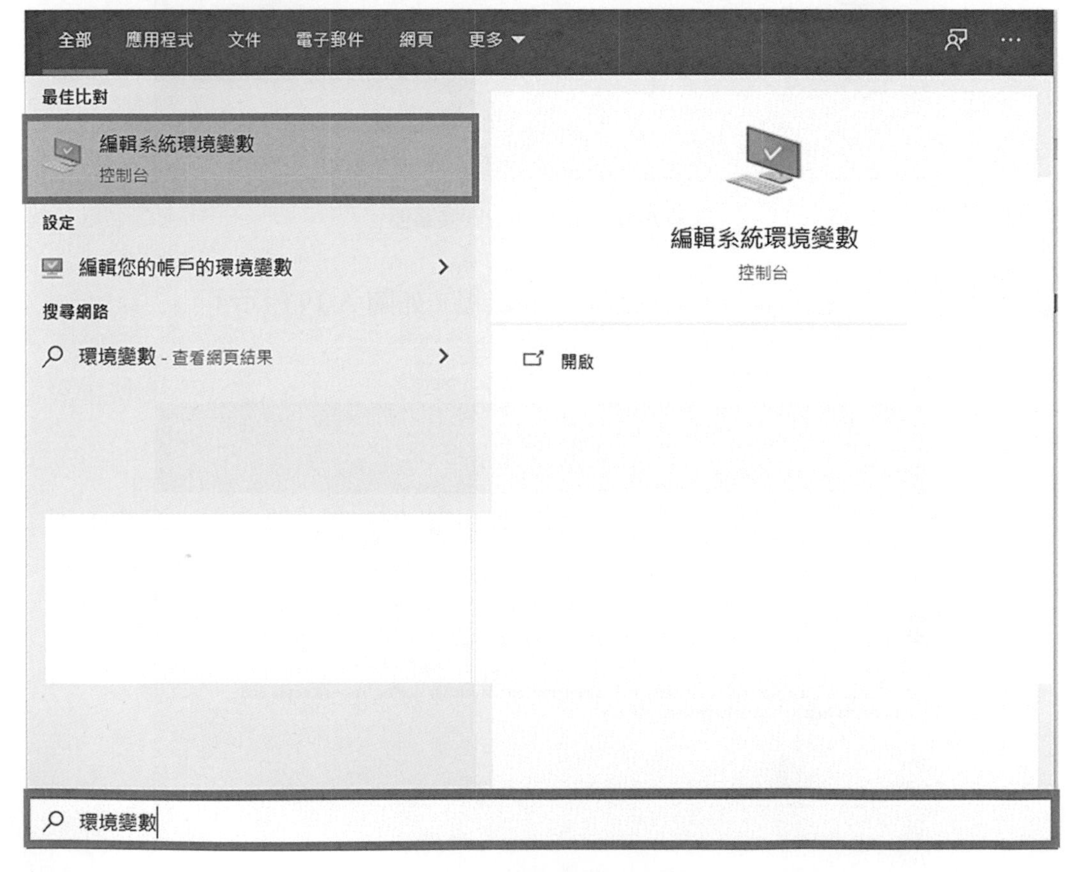

圖 A-20　編輯系統環境變數

2. 點選「環境變數」，開啓環境變數編輯頁面，如圖 A-21 所示：

圖 A-21 系統內容

3. 點選使用者變數的「新增」，增加該名使用者新的環境變數，如圖 A-22 所示：

圖 A-22 新增環境變數

4. 於新增使用者變數中，變數名稱輸入「JAVA_HOME」，變數值輸入 JDK 的所屬路徑，完成後，點選「確定」，如圖 A-23 所示：

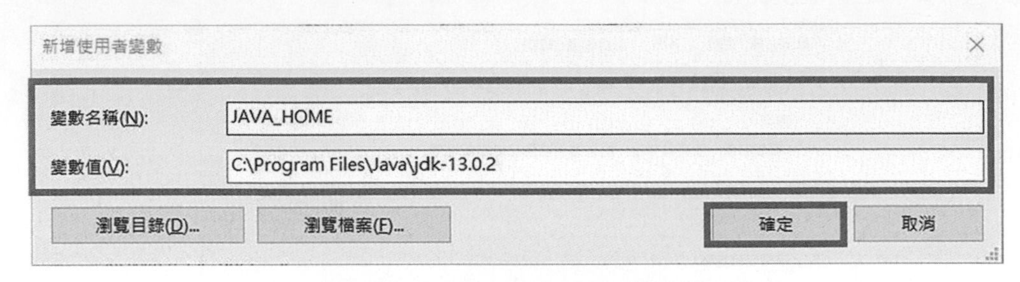

圖 A-23　新增 JAVA_HOME 環境變數

備註：JDK 路徑
JDK 的路徑：C:\Program Files\Java\jdk-13.0.2，若安裝的 JDK 版本與本書不同，僅需將 jdk-13.0.2 改爲自己下載的 JDK 版本號碼即可。

5. 完成變數的設定後，回到環境變數的視窗，確定「JAVA_HOME」變數是否已設定完畢，再點選「確定」，如圖 A-24 所示：

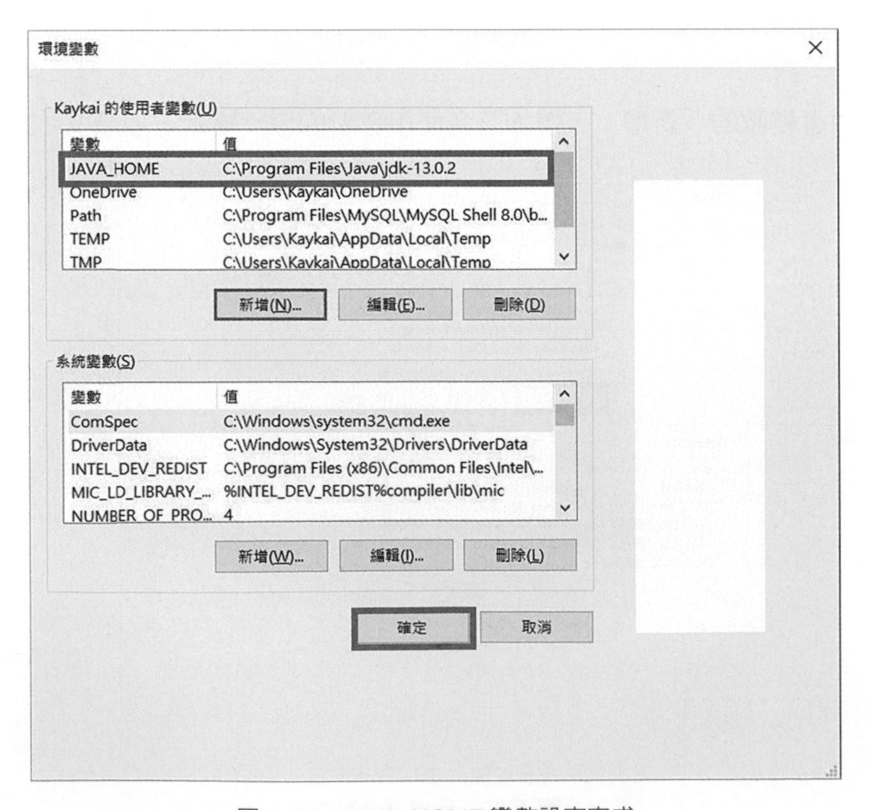

圖 A-24　JAVA_HOME 變數設定完成

A-1-4　Android Studio

我們必須先安裝 Android Studio，設定 Software Development Kit（SDK）與 Android 模擬器，才能構建 React Native 的 Android 應用程式，但在開發時，並不會使用到 Android Studio 進行開發，因此請讀者前往 Android Studio 的官方網站進行下載，本書採用 Android Studio 3.5.3 版作爲範例，如下所示：

官方網站：https://developer.android.com/studio

1. 至官方網站進行下載，點擊「DOWNLOAD ANDROID STUDIO」，如圖 A-25 所示：

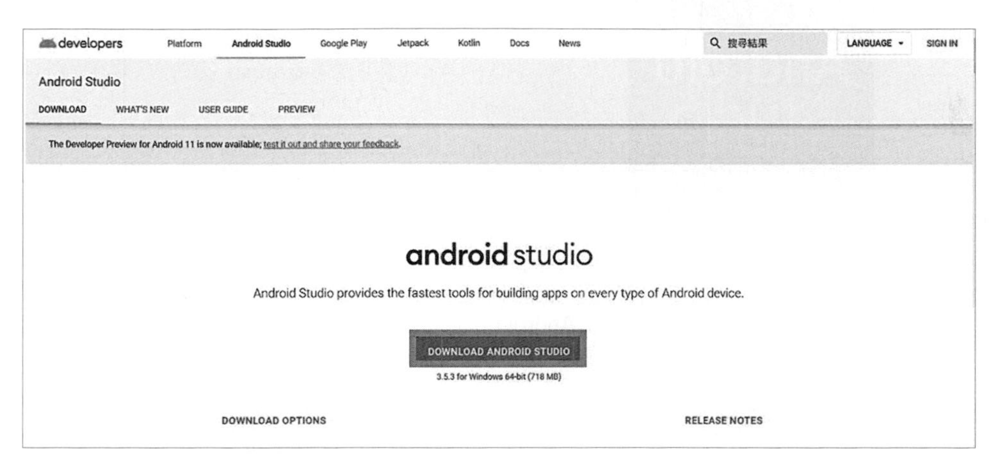

圖 A-25　Android Studio 官方網站

2. 接著勾選「I have read and agree with the above terms and conditions」同意後，點選「DOWNLOAD ANDROID STUDIO FOR WINDOWS」，如圖 A-26 所示：

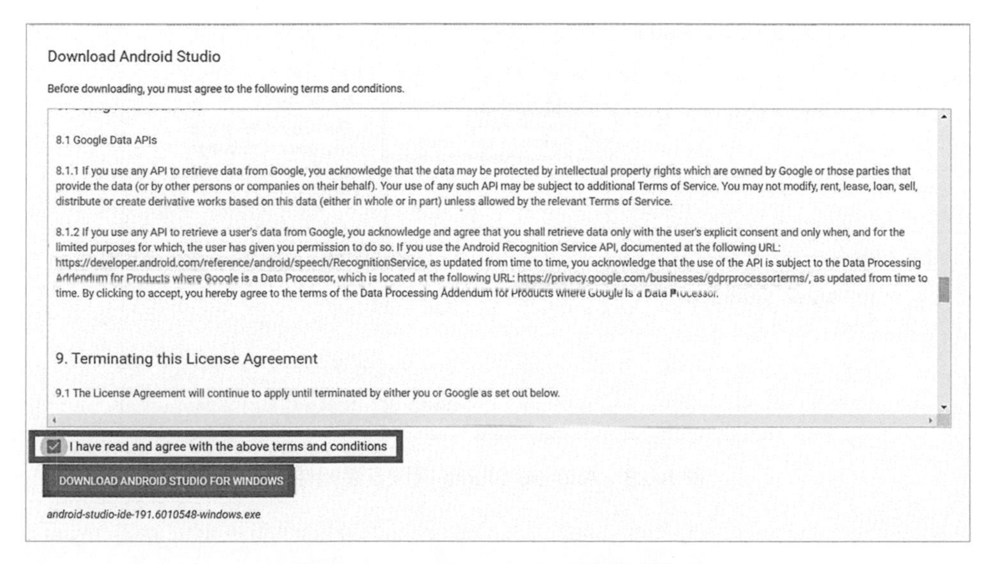

圖 A-26　Android Studio 同意下載聲明

3. 開始安裝後，點選「Next」前往下一步，如圖 A-27 所示：

圖 A-27　Android Studio 安裝開始

4. 接著選取欲安裝的組件，再點選「Next」，如圖 A-28 所示：

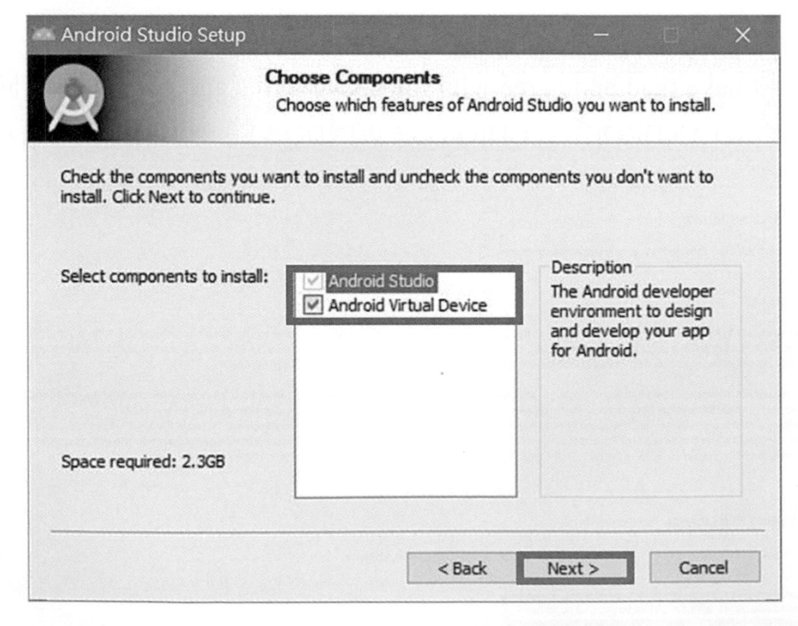

圖 A-28　Android Studio 選取安裝組件

5. 選取欲安裝的路徑位置，再點選「Next」，如圖 A-29 所示：

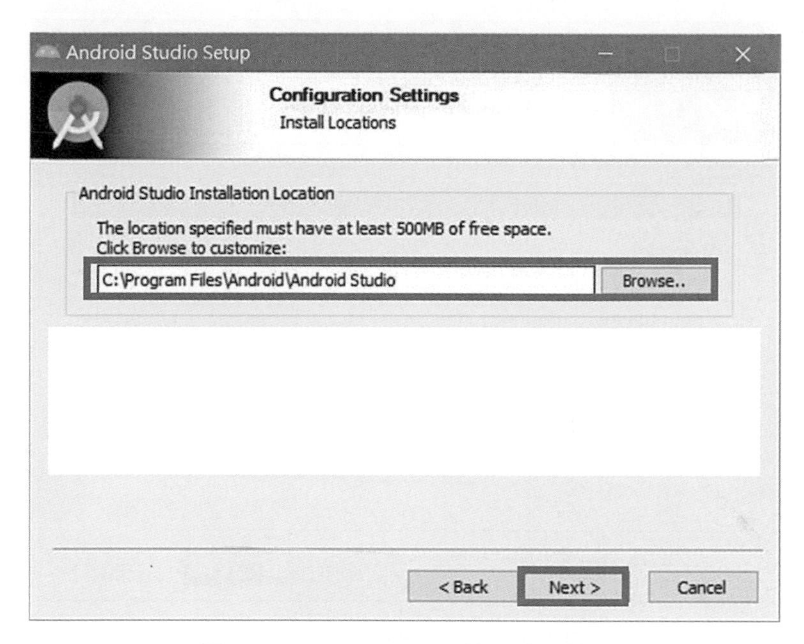

圖 A-29　Android Studio 選取安裝路徑

6. 設定安裝的資料夾名稱，再點選「Install」，如圖 A-30 所示：

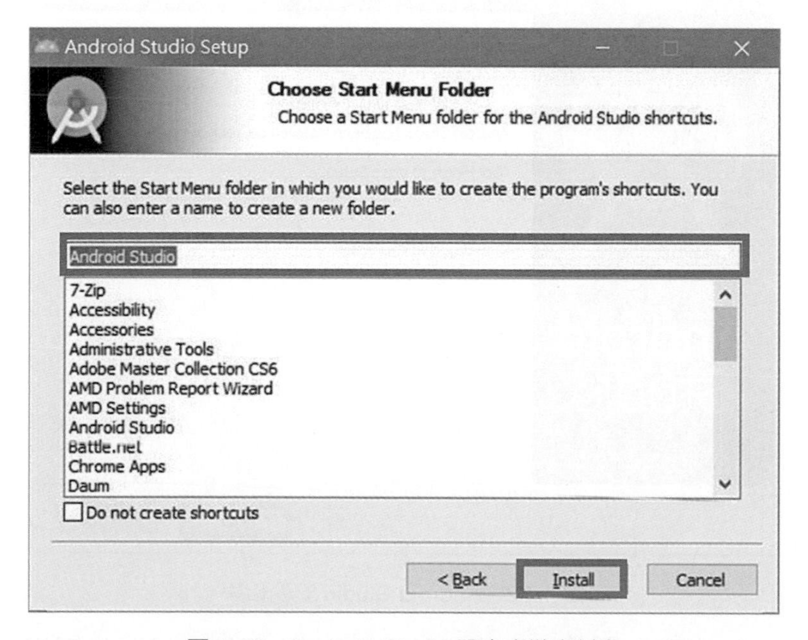

圖 A-30　Android Studio 設定安裝資料夾

7. 安裝完成後，點選「Next」，如圖 A-31 所示：

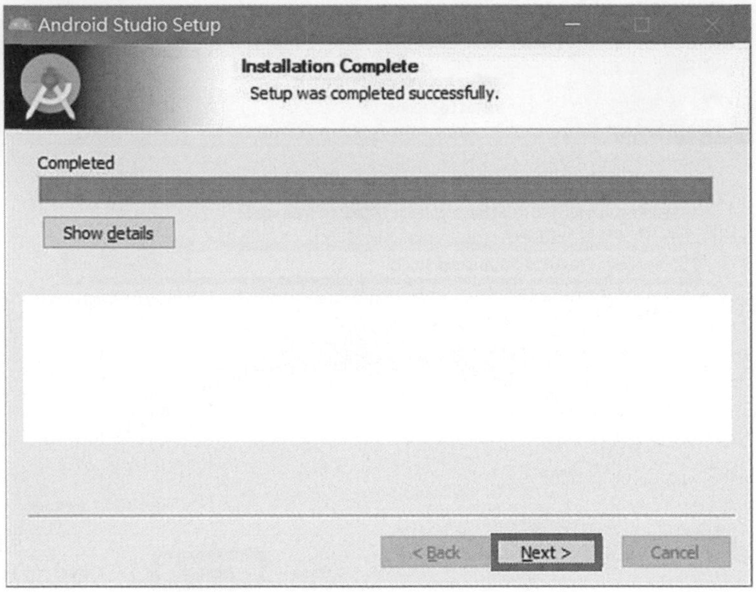

圖 A-31　Android Studio 安裝完成

8. 最後點選「Finish」結束整個安裝流程，如圖 A-32 所示：

圖 A-32　Android Studio 安裝結束

Android Studio 安裝完畢後，接著要設定 SDK 的環境，這關係到模擬器執行時是採用哪一個版本的 Android 系統。在此採用 Android 10.0 (Q) 作業系統作爲範例，進行 SDK 的安裝，如下所示：

1. 開啓 Android Studio，點選右下角「Configure」，接著點選「SDK Manager」，開啓 SDK 管理介面，如圖 A-33 所示：

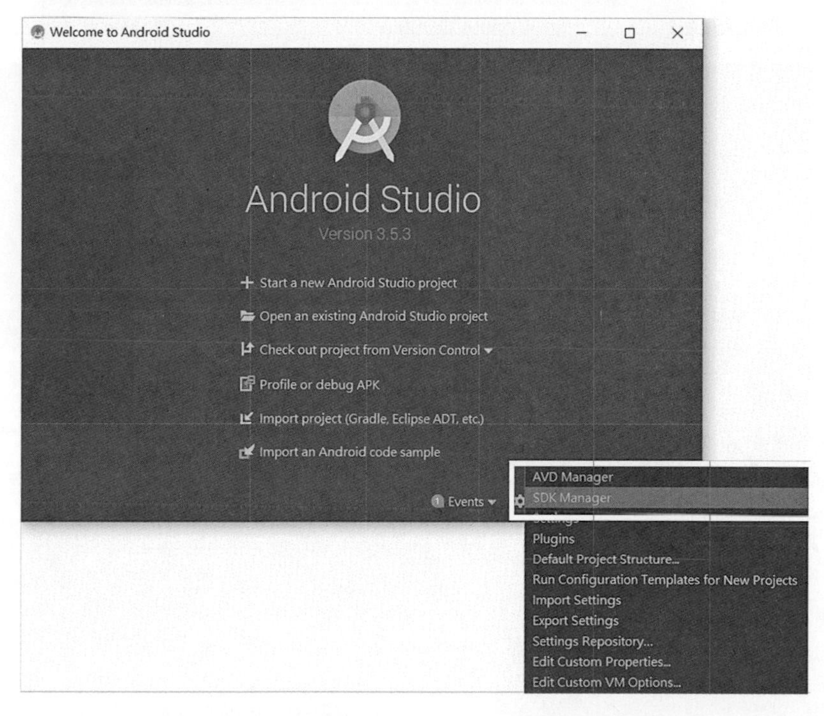

圖 A-33　Android Studio

2. 打開 SDK 管理介面後，點選「Show Package Details」，列出詳細的 SDK 安裝內容，如圖 A-34 所示：

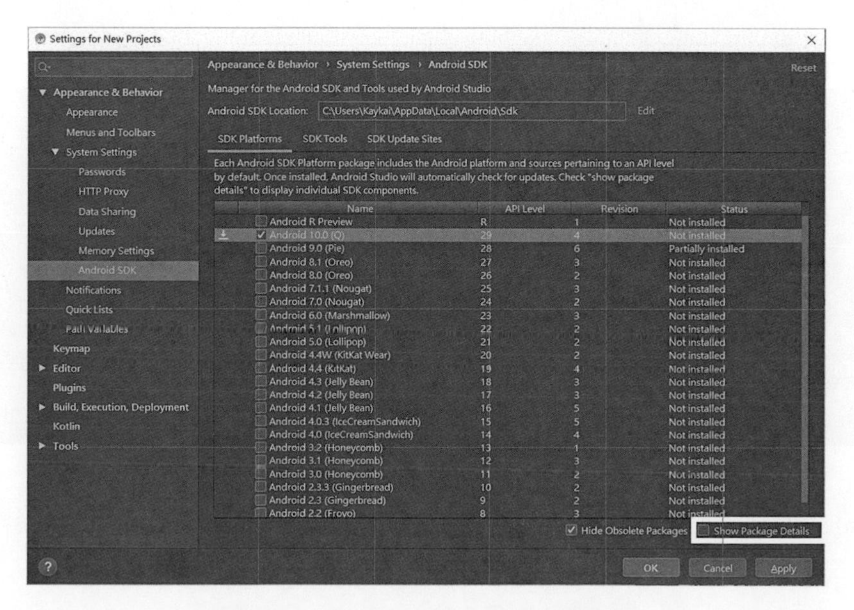

圖 A-34　Android Studio SDK 管理介面

3. 接著將所有 Android 10.0 版的內容全數勾選，點選「OK」即可進行安裝，如圖 A-35 所示：

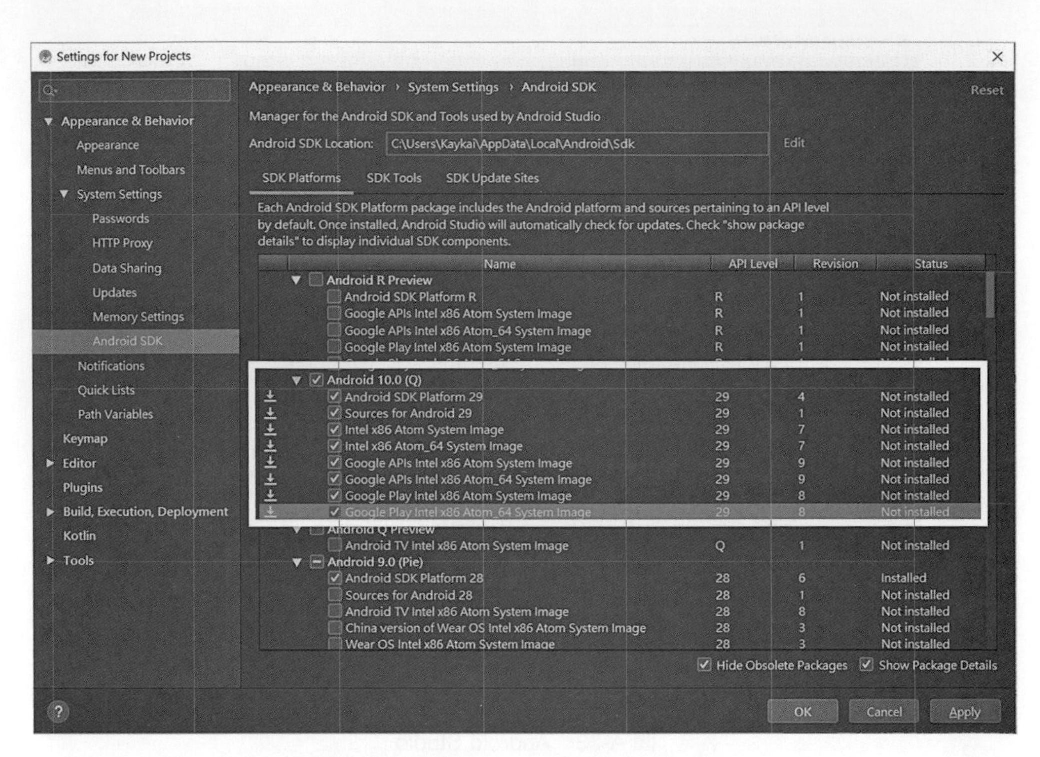

圖 A-35　Android Studio SDK 安裝選擇

4. 接著確認安裝的內容，點選「OK」，如圖 A-36 所示：

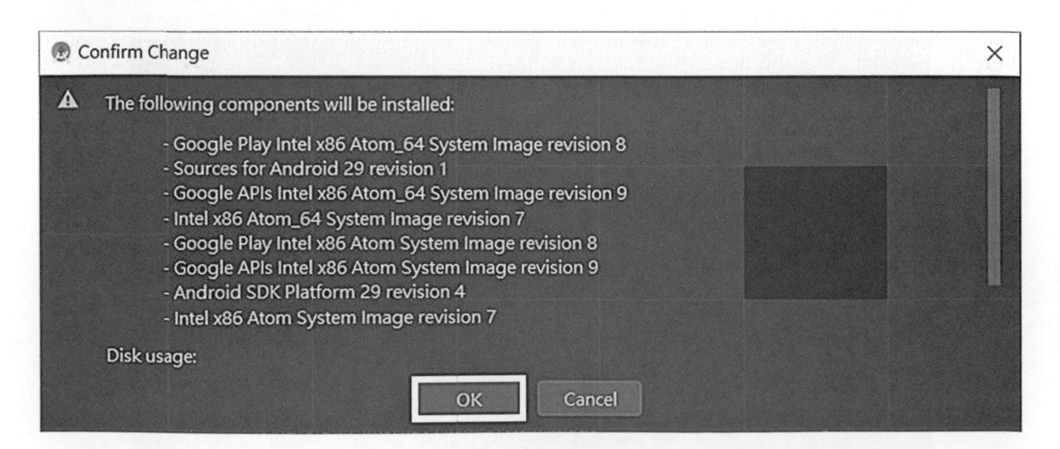

圖 A-36　Android Studio SDK 安裝內容確認

5. 在同意安裝聲明中點選「Accept」，接著點選「Next」即可開始安裝，如圖 A-37 所示：

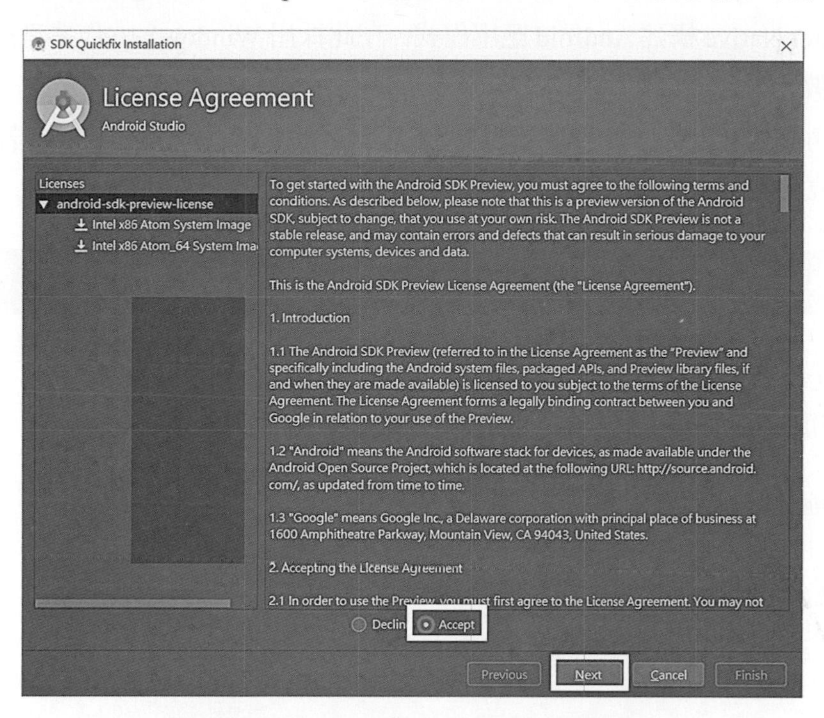

圖 A-37 Android Studio SDK 安裝同意聲明

6. 安裝完成後，點選「Finish」即可結束 SDK 的安裝流程，如圖 A-38 所示：

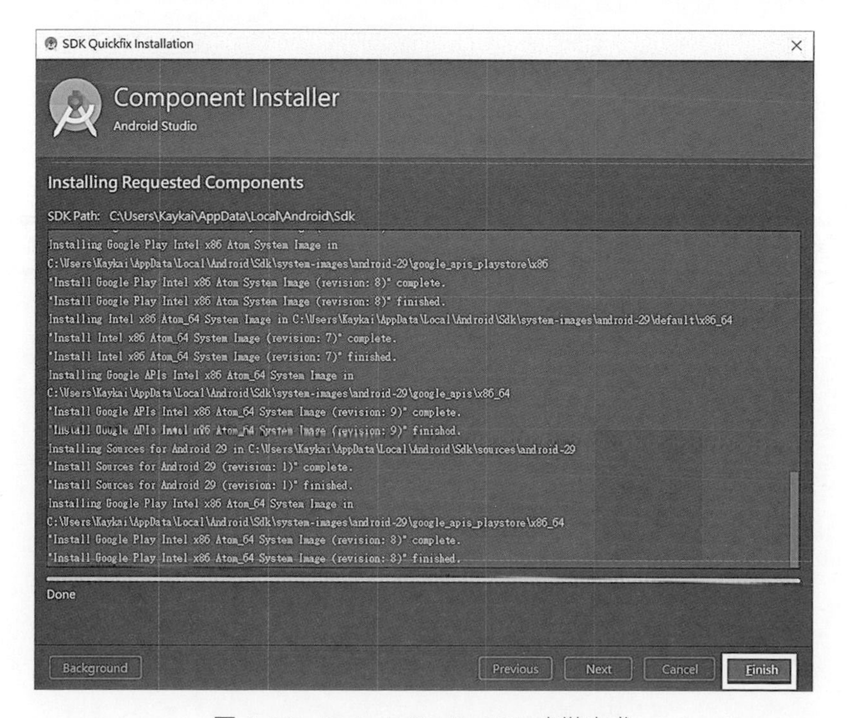

圖 A-38 Android Studio SDK 安裝完成

Android Studio 與 SDK 安裝完畢後，接著要設定 ANDROID_HOME 與 Path 環境變數，以便 React Native 構建 Android 應用程式。在此採用 Windows 10 作業系統作為範例，進行環境變數的設定，如下所示：

1. 至左下角點選「開始」，開啟後直接輸入「環境變數」進行搜尋，接著點選「編輯系統環境變數」，如圖 A-39 所示：

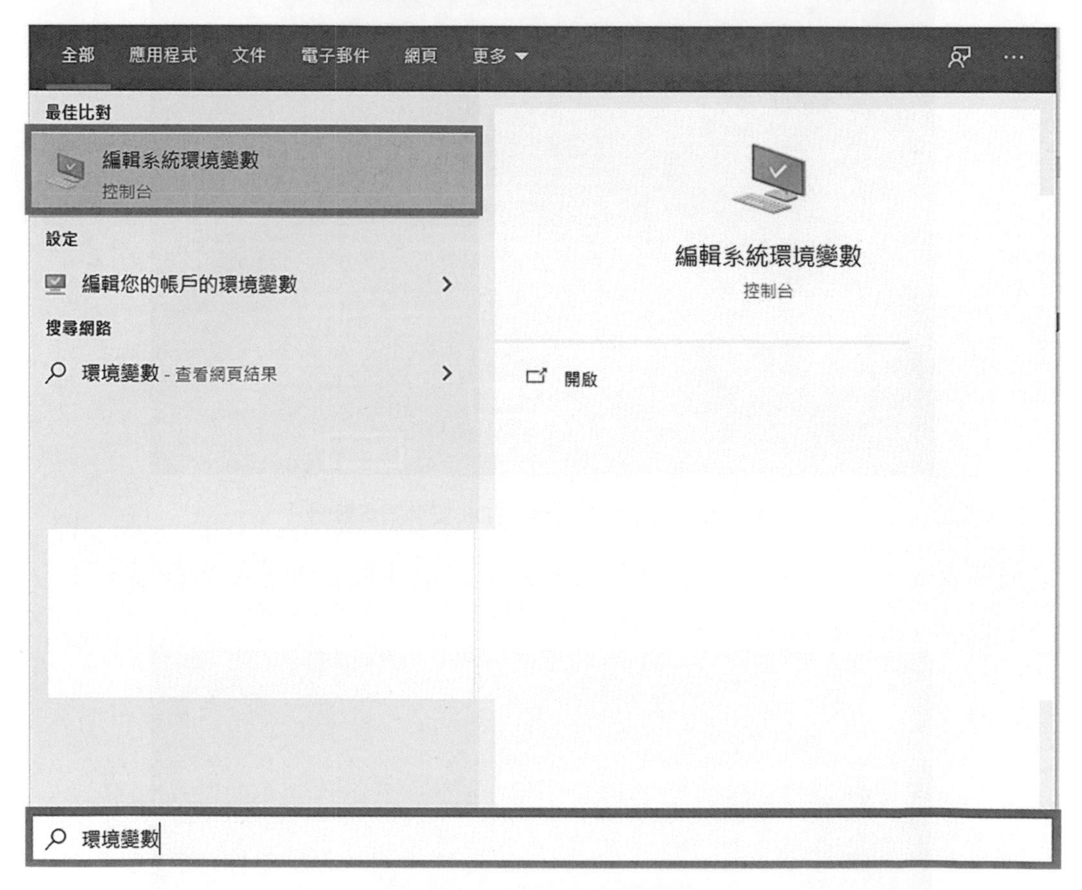

圖 A-39　編輯系統環境變數

2. 點選「環境變數」，開啟環境變數編輯頁面，如圖 A-40 所示：

圖 A-40　系統內容

3. 點選使用者變數的「新增」，增加該名使用者新的環境變數，如圖 A-41 所示：

圖 A-41　新增環境變數

4. 於新增使用者變數中，變數名稱輸入「ANDROID_HOME」，變數值輸入 Android Sdk 的所屬路徑，完成後，點選「確定」，如圖 A-42 所示：

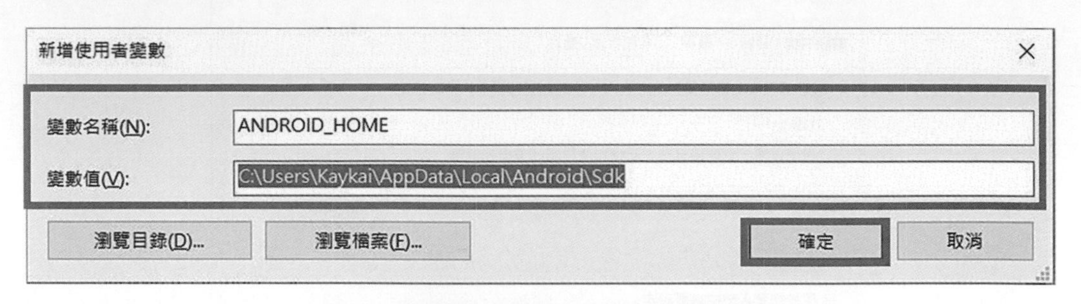

圖 A-42　新增 ANDROID_HOME 環境變數

備註：Android SDK 路徑
SDK 的路徑：C:\Users\Kaykai\AppData\Local\Android\Sdk，將變數值中的 Kaykai 改為自己電腦的使用者名稱即可。

5. 設定好 ANDROID_HOME 的變數後，接著要設定 Path 的變數，選擇 Path 並點選使用者變數的「編輯」，編輯該名使用者的 Path 變數，如圖 A-43 所示：

圖 A-43　編輯 Path 變數

6. 於新增使用者變數中，變數名稱輸入「ANDROID_HOME」，變數值輸入 Android Sdk 的所屬路徑，完成後，點選「確定」，如圖 A-44 所示：

圖 A-44　新增 Path 變數的路徑

7. 將 Android 模擬器的路徑加入至 Path 變數中，分別是「Sdk\tools」與「Sdk\platform-tools」，再點選「確定」，如圖 A-45 所示：

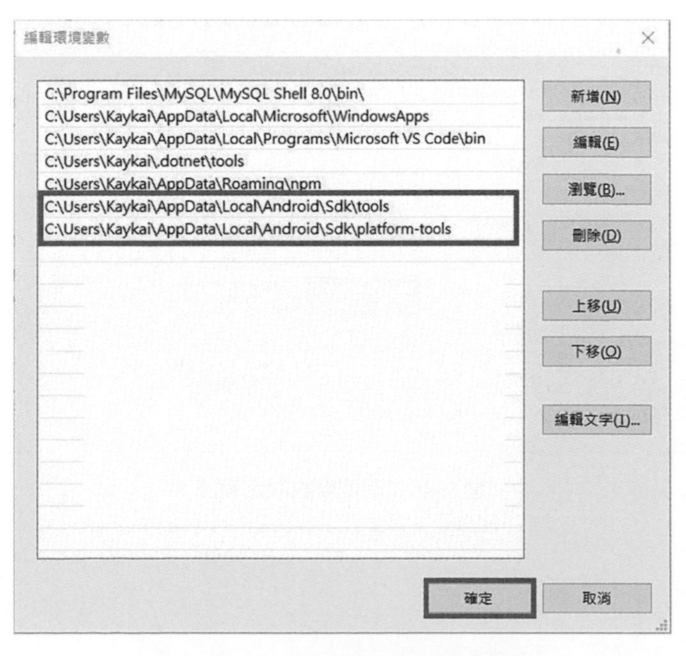

圖 A-45　加入 Android 模擬器的路徑

備註：Android 模擬器路徑
SDK　Tools 路徑： C:\Users\Kaykai\AppData\Local\Android\Sdk\tools SDK　Platform-Tools 路徑： C:\Users\Kaykai\AppData\Local\Android\Sdk\platform-tools 在此一樣，將變數值中的 Kaykai 改爲自己電腦的使用者名稱即可。

8. 完成所有變數的設定後，回到環境變數的視窗，檢查完畢後，再點選「確定」關閉視窗，如圖 A-46 所示：

圖 A-46　環境變數設定完成

A-2　開發工具

A-2-1　Visual Studio Code

本書推薦使用 Visual Studio Code 開發工具，進行 React Native 的開發。請讀者前往 Visual Studio Code 的官方網站進行下載，本書採用 Visual Studio Code 1.42 版作爲範例，如下所示：

官方網站：https://code.visualstudio.com/

1. 至官方網站進行下載，點擊「Download for Windows」，如圖 A-47 所示：

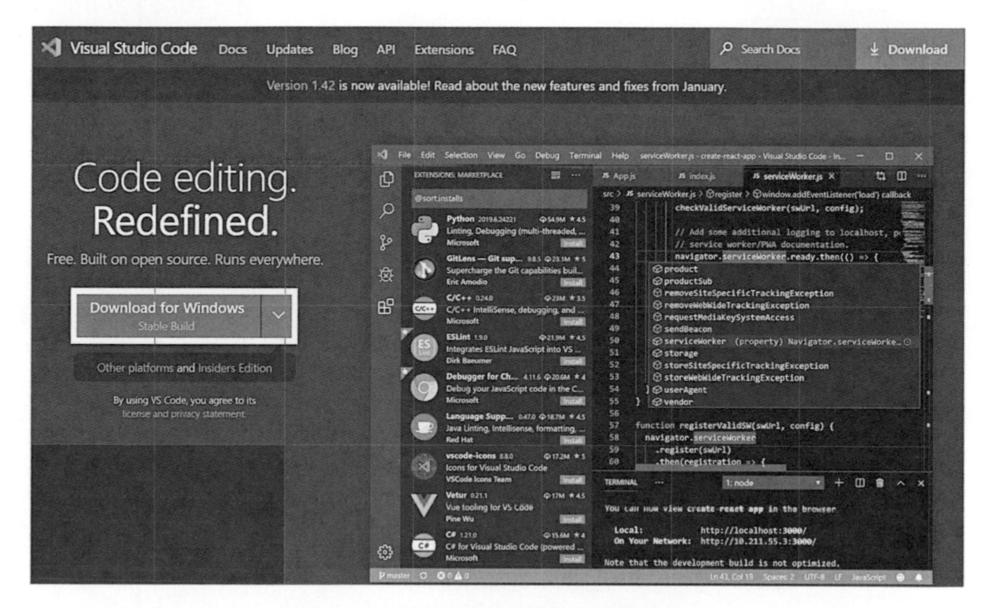

圖 A-47　Visual Studio Code 官方網站

2. 開始安裝後，需先同意安裝授權合約，點選「我接受合約」，再點選「下一步」，如圖 A-48 所示：

圖 A-48　Visual Studio Code 安裝授權合約

3. 選取欲安裝的路徑位置，再點選「下一步」，如圖 A-49 所示：

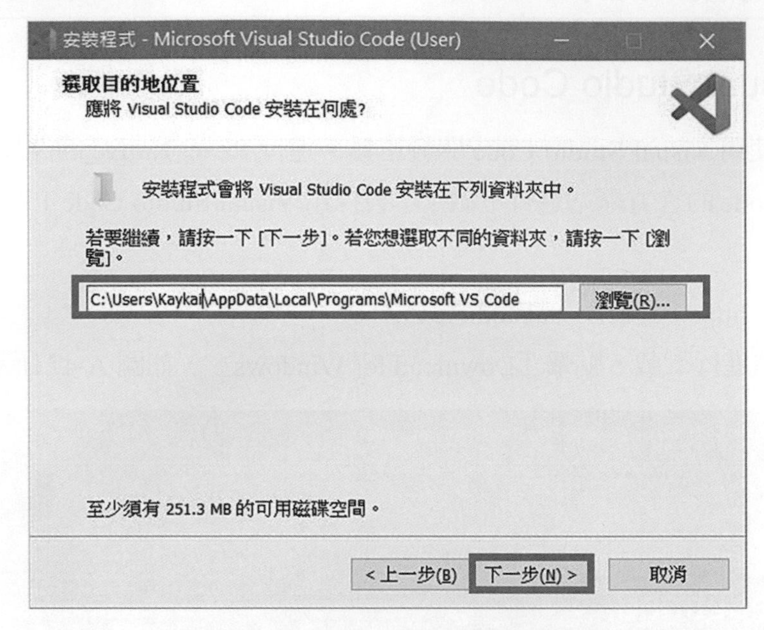

圖 A-49　Visual Studio Code 選取安裝路徑

4. 設定安裝的資料夾名稱，再點選「下一步」，如圖 A-50 所示：

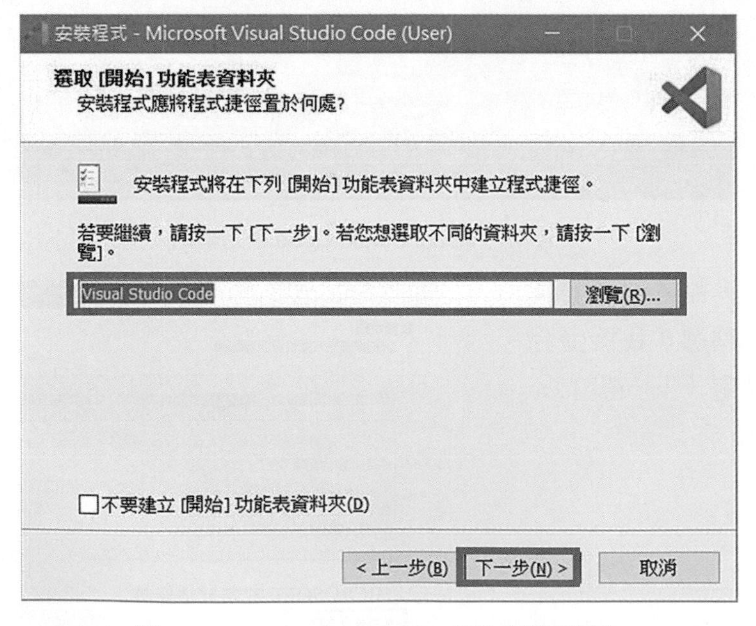

圖 A-50　Visual Studio Code 設定安裝資料夾

5. 接著將安裝選項內，「其他」的部分全數勾選，再點選「下一步」，如圖 A-51 所示：

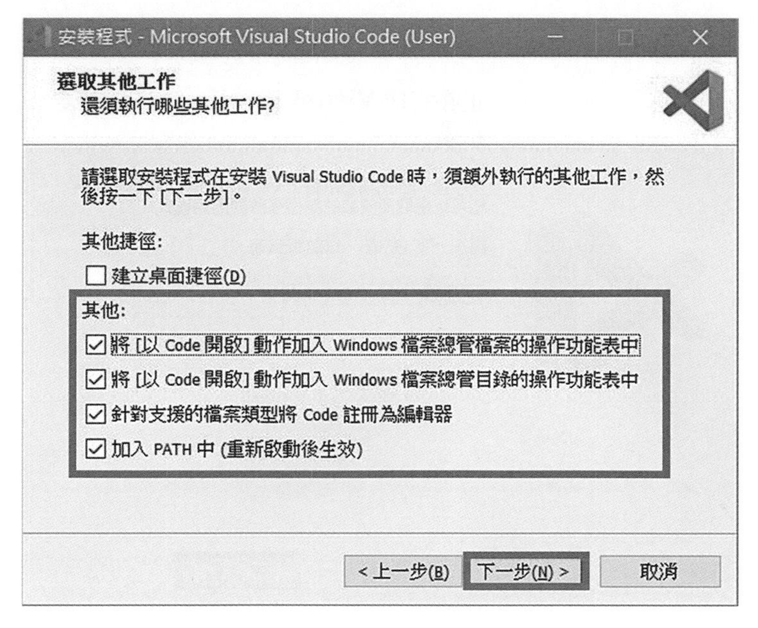

圖 A-51 Visual Studio Code 安裝選項

6. 以上都設定完畢後，即可點選「安裝」開始安裝 Visual Studio Code，如圖 A-52 所示：

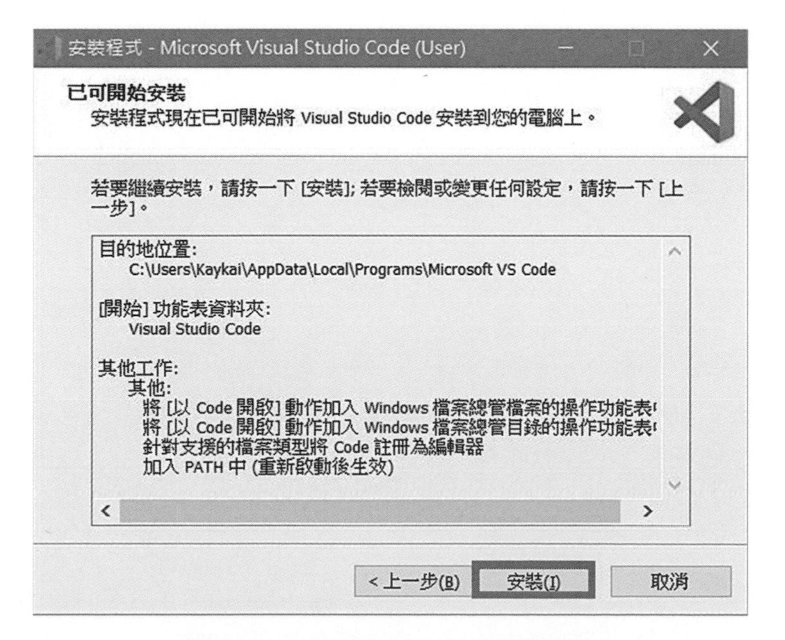

圖 A-52 Visual Studio Code 開始安裝

7. 最後點選「完成」結束整個安裝流程，如圖 A-53 所示：

圖 A-53　Visual Studio Code 安裝結束

歡迎加入 全華會員

● 會員獨享

會員享購書折扣、紅利積點、生日禮金、不定期優惠活動…等。

● 如何加入會員

填妥讀者回函卡直接傳真（02）2262-0900 或寄回，將由專人協助登入會員資料，待收到 E-MAIL 通知後即可成為會員。

如何購買 全華書籍

1. 網路購書

全華網路書店「http://www.opentech.com.tw」，加入會員購書更便利，並享有紅利積點回饋等各式優惠。

2. 全華門市、全省書局

歡迎至全華門市（新北市土城區忠義路 21 號）或全省各大書局、連鎖書店選購。

3. 來電訂購

(1) 訂購專線：(02) 2262-5666 轉 321-324
(2) 傳真專線：(02) 6637-3696
(3) 郵局劃撥（帳號：0100836-1　戶名：全華圖書股份有限公司）
※ 購書未滿一千元者，酌收運費 70 元。

全華網路書店 www.opentech.com.tw
E-mail: service@chwa.com.tw

※ 本會員制如有變更則以最新修訂制度為準，造成不便請見諒。

廣　告　回　信
板橋郵局登記證
板橋廣字第540號

行銷企劃部　收

23671 新北市土城區忠義路21號
全華圖書股份有限公司

讀者回函卡

填寫日期：　　/　　/

姓名：＿＿＿＿ 生日：西元＿＿年＿＿月＿＿日 性別：□男 □女

電話：（ ）＿＿＿＿ 傳真：（ ）＿＿＿＿ 手機：＿＿＿＿

e-mail：（必填）

註：數字零，請用 Φ 表示，數字 1 與英文 L 請另註明並書寫端正，謝謝。

通訊處：□□□□□

學歷：□博士 □碩士 □大學 □專科 □高中・職

職業：□工程師 □教師 □學生 □軍・公 □其他

學校／公司：＿＿＿＿ 科系／部門：＿＿＿＿

・需求書類：

□ A. 電子 □ B. 電機 □ C. 計算機工程 □ D. 資訊 □ E. 機械 □ F. 汽車 □ I. 工管 □ J. 土木

□ K. 化工 □ L. 設計 □ M. 商管 □ N. 日文 □ O. 美容 □ P. 休閒 □ Q. 餐飲 □ B. 其他

・本次購買圖書為：＿＿＿＿ 書號：＿＿＿＿

・您對本書的評價：

封面設計：□非常滿意 □滿意 □尚可 □需改善，請說明＿＿＿＿

內容表達：□非常滿意 □滿意 □尚可 □需改善，請說明＿＿＿＿

版面編排：□非常滿意 □滿意 □尚可 □需改善，請說明＿＿＿＿

印刷品質：□非常滿意 □滿意 □尚可 □需改善，請說明＿＿＿＿

書籍定價：□非常滿意 □滿意 □尚可 □需改善，請說明＿＿＿＿

整體評價：請說明＿＿＿＿

・您在何處購買本書？

□書局 □網路書店 □書展 □團購 □其他＿＿＿＿

・您購買本書的原因？（可複選）

□個人需要 □幫公司採購 □親友推薦 □老師指定之課本 □其他＿＿＿＿

・您希望全華以何種方式提供出版訊息及特惠活動？

□電子報 □ DM □廣告（媒體名稱＿＿＿＿）

・您是否上過全華網路書店？（www.opentech.com.tw）

□是 □否 您的建議＿＿＿＿

・您希望全華出版那方面書籍？＿＿＿＿

・您希望全華加強那些服務？＿＿＿＿

～感謝您提供寶貴意見，全華將秉持服務的熱忱，出版更多好書，以饗讀者。

全華網路書店 http://www.opentech.com.tw　　客服信箱 service@chwa.com.tw

2011.03 修訂

親愛的讀者：

感謝您對全華圖書的支持與愛護，雖然我們很慎重的處理每一本書，但恐仍有疏漏之處，若您發現本書有任何錯誤，請填寫於勘誤表內寄回，我們將於再版時修正，您的批評與指教是我們進步的原動力，謝謝！

全華圖書　敬上

勘　誤　表

書　號		書　名		作　者	
頁　數	行　數	錯誤或不當之詞句		建議修改之詞句	

我有話要說：（其它之批評與建議，如封面、編排、內容、印刷品質等・・・）